测绘工程与遥感技术

廖世芳　李　光　陈俊任　著

吉林科学技术出版社

图书在版编目（CIP）数据

测绘工程与遥感技术 / 廖世芳，李光，陈俊任著
. -- 长春：吉林科学技术出版社，2023.10
ISBN 978-7-5744-0883-8

Ⅰ.①测… Ⅱ.①廖…②李…③陈… Ⅲ.①工程测
量②遥感技术 Ⅳ.① TB22②P237

中国国家版本馆 CIP 数据核字 (2023) 第 188179 号

测绘工程与遥感技术

著　　　廖世芳　李　光　陈俊任
出 版 人　宛　霞
责任编辑　郝沛龙
封面设计　刘梦杏
制　　版　刘梦杏
幅面尺寸　185mm×260mm
开　　本　16
字　　数　350 千字
印　　张　17.25
印　　数　1-1500 册
版　　次　2023年10月第1版
印　　次　2024年2月第1次印刷

出　　版　吉林科学技术出版社
发　　行　吉林科学技术出版社
地　　址　长春市福祉大路5788号
邮　　编　130118
发行部电话/传真　0431-81629529 81629530 81629531
　　　　　　　　　 81629532 81629533 81629534
储运部电话　0431-86059116
编辑部电话　0431-81629518
印　　刷　三河市嵩川印刷有限公司

书　　号　ISBN 978-7-5744-0883-8
定　　价　72.00元

前 言
PREFACE

随着我国科学技术的不断发展，测绘技术已经应用于各行各业，而传统测绘技术存在诸多弊端，难以满足新时期工程建设的需要。今天的测绘技术日新月异，朝向信息化、数字化方向不断发展，并且大量的新测绘技术已经应用于工程建设之中。

传统测绘工程依靠人工记录和操作，随着全球定位系统、地理信息系统、测绘仪器、遥感技术的不断发展成熟，测绘工程逐渐向数字化、智能化、网络化、自动化发展，这种转变降低了工作人员的工作强度和工作压力，大大提升工作效率和测量精度，减少了人员成本和物资投入，提升了企业经济效益。自从全球定位系统出现后，在全球任何区域和角落都能进行无线导航，测量工作不再受环境等因素的影响，即便是复杂、恶劣的环境也能顺利完成测量任务。遥感技术的出现实现了远程操控，有助于人们长期对地球表面进行动态的系统化研究。日益完善的地理信息系统方便了人们随时随地了解各地地理信息，测量工作更加顺畅。

海洋遥感是海洋科学、信息科学与遥感技术交叉、融合发展形成的技术领域，它通过传感器对海洋进行远距离的非接触观测，实现海面风场、海浪、海面高度、海表温度和盐度、海洋水色、海冰等信息的获取。根据所采用的电磁波波长（或频率）的不同，通常将海洋遥感技术分为海洋短波（高频）遥感、微波遥感、红外遥感、可见光遥感、紫外遥感等。可以说，没有海洋遥感技术，就无法对占地球表面积71%的全球海洋进行大尺度、准同步、实时动态监测。

海洋测绘是提供海岸带、海底地形、海底底质、海面地形、海洋导航、海底地壳等海洋地理环境动态数据的主要手段，是研究、开发和利用海洋的基础性、过程性和保障性工作，是国家海洋经济发展的需要、海洋权益维护的需要、海洋环境保护的需要、海洋防灾减灾的需要、海洋科学研究的需要。

本书主要介绍了测绘工程与遥感技术方面的基本知识，包括测绘基础知识、测绘技术历史发展与应用、工程测绘、测绘管理、测绘工程的质量控制、房建工程测绘技术、无人机摄影测量制图技术、卫星导航与定位技术及其应用、海洋遥感基础、海洋水色遥感、海洋环境监测等内容。本书突出了基本概念与基本原理，在写作时尝试多方面知识的融会贯通，注重知识层次递进，同时注重理论与实践的结合。希望可以为广大读者提供借鉴或帮助。

由于作者水平有限以及时间仓促，书中难免存在一些不妥之处，恳请广大读者批评指正，以便进一步完善。

目　录
CONTENTS

第一章　测绘基础知识

第一节　地球在测绘中的描述

一、地球椭球体

地球椭球是地球的数学模型，其形状和大小仅仅反映地球的基本几何特性，而从几何和物理两个方面来研究地球，仅有两个参数是不够的，需要引入一些物理参数用于描述和研究地球物理相关特性。物理大地测量使人类对地球形状的认识产生了一次飞跃，即将椭球面推进到大地水准面的新阶段。

（一）地球椭球及其常用坐标系统

地球椭球普遍指大地体几何性质和物理性质的某种数学近似，而经典几何大地测量中地球椭球特指定位定向后的旋转椭球。本节介绍地球椭球基本参数、导出参数、几何参数和物理参数及其相互关系。

大地测量常数是指与地球几何表面和特定物理属性最吻合的地球椭球参数，是定义和建立大地测量系统的重要参数。地球椭球的几何和物理属性可由4个基本常数确定：赤道半径、地心引力常数（包含大气质量）、地球动力形状因子、地球自转角速度。这4个基本常数通常称为大地测量基本常数。

（二）地球椭球的正常重力和正常重力位

地球重力位、重力以及大地水准面的形状等都是不规则的。由于地球真实形状及其内部质量分布均未知，致使地球重力场中的许多问题难以直接研究，如计算重力位，求定大地水准面形状，等等。大地测量学或地球物理学等学科要解决的恰恰是其反问题，即要通过重力位或大地水准面去确定地球形状或地球内部质量分布。为此，需引进一个函数关系简单且非常接近地球重力场的辅助重力位，称为正常重力位，对应的重力场称为正常重力场。将一个形状规则、密度已知的自转质体作为实际地球的近似，该质体称为正常地球。正常地球满足以下基本条件：

（1）已知形状及质量分布，正常重力位及正常重力与实际尽量接近；

（2）其表面应为正常重力位水准面。

正常地球的选取因研究目的不同而不同，正常重力场与正常地球的选取有关。

（三）椭球面上的曲率半径

在地球椭球面上进行各种计算时，会用到椭球面上有关曲线的性质。过椭球面任意一点可作一条垂直于椭球面的法线，包含该法线的平面称为法截面，法截面与椭球面的交线叫法截线。研究法截线的性质是椭球几何学的重要内容，其中法截线曲率半径便是一个基本内容。

过椭球面一点存在无穷多个法截面，相应地有无穷多法截线。椭球面上的法截线曲率半径不同于球面上的法截线曲率半径都等于圆球半径，其不同方向法截弧的曲率半径都不相同。下面导出子午线及卯酉线的曲率半径，在此基础上给出平均曲率半径及任意方向的曲率半径。

二、测绘系统与测绘基准

大地测量系统（规定了大地测量的起算基准、尺度标准及其实现方式，包括理论、模型和方法）是总体概念，大地测量参考框架是大地测量系统的具体应用形式。大地测量系统包括坐标系统、高程系统、深度基准和重力参考系统。我国目前采用的测绘基准主要包括大地基准、高程基准、深度基准和重力基准。与大地测量系统相对应的大地参考框架有坐标（参考）框架、高程（参考）框架和重力测量（参考）框架3种。

（一）大地坐标系统与大地基准

1.大地坐标系统

大地坐标系统是用来表述地球上点的位置的一种地球坐标系统，它将接近地球整体形状的椭球作为点的位置及其相互关系的数学基础。大地坐标系统的3个坐标是大地经度、大地纬度、大地高。中华人民共和国成立以来，我国先后采用了北京坐标系和西安坐标系。随着社会的进步，经济建设、国防建设和社会发展、科学研究等对国家大地坐标系提出了新的要求，迫切需要采用原点位于地球质量中心的坐标系统（以下简称地心坐标系）作为国家大地坐标系。地心坐标系的利用有利于采用现代空间技术对坐标系进行维护和快速更新，测定高精度三维坐标，提高测图工作效率。经国务院批准，我国全面启用国家大地坐标系，原国家测绘地理信息局授权组织实施。目前，我国已经全面推广使用国家大地坐标系（China Geodetic Coordinate System，CGCS）。国家大地控制网是定义在ITRS2000地心坐标系统中的区域性地心坐标框架。区域性地心坐标框架一般由三级构成：第一级为连续运行基准站构成的动态地心坐标框架，它是区域性地心坐标框架的主控制；第二级是与连续运行基准站定期联测的大地控制点构成的准动态地心坐标框架；第三级是加密大地控制点。

大地坐标系主要用于描述物体在地球上的位置或在近地空间的位置。根据坐标原点所处的位置不同，大地坐标系可分为参心坐标系（以参考椭球的中心为坐标原点）和地心坐标系（以地球质心为坐标原点）。参心坐标系是我国基本测图和常规大地测量的基础。地心坐标系是为满足远程武器和航空航天技术发展需要而建立的一种大地坐标系统。

2.大地基准

大地基准是建立大地坐标系统和测量空间点大地坐标的基本依据。我国目前大多数地区采用的大地基准是西安坐标系。其大地测量常数采用国际大地测量与地球物理联合会第16届大会推荐值，大地原点设在陕西省泾阳县永乐镇。经国务院批准，我国正式开始启用国家大地坐标系。国家大地坐标系是全球地心坐标系在我国的具体体现。

我国完成全国一、二等天文大地网的布测和平差工作，建成了由4.8万个点组成的国家平面控制网，建立了1980国家大地坐标系——西安坐标系。与北京坐标系相比，国家大地坐标系精度明显提高。

我国建成了国家高精度GPS A、B级网，实现了二维地心坐标的全国覆盖，精度比之前国家平面控制网提高了两个数量级，标志着我国空间大地建设进入一个崭新阶段。

（二）高程系统与高程基准

1.高程系统

高程系统是相对于不同性质的起算面（如大地水准面、似大地水准面、椭球面等）所定义的高程体系。

（1）大地水准面与正高。设想一个与静止的平均海水面重合并延伸到大陆内部的、包围整个地球的封闭的重力位水准面，其被称为大地水准面。地面一点沿该点的重力线到大地水准面的距离称为正高。大地水准面是正高的起算面。

（2）似大地水准面和正常高。从地面一点沿正常重力线按正常高相反方向量取至正常高对应端点所构成的曲面称为似大地水准面。地面一点沿正常重力线到似大地水准面的距离称为正常高。

（3）大地高。从地面点沿法线到所采用的参考椭球面的距离称为大地高。

（4）高程异常。似大地水准面到参考椭球面距离之差称为高程异常，记为ξ。大地水准面到参考椭球面距离之差称为大地水准面差距，记为N。设地面某一点的大地高为$H_{大地}$，正高为$h_{正高}$，正常高为$h_{正常高}$、大地水准面差距为N、高程异常为ξ，则有

$$H_{大地}=h_{正高}+N=h_{正常高}+\xi \qquad (1-1)$$

我国采用的是正常高系统，为获取大地高必须按一定分辨率精确求定高程异常ξ，该项工作称为似大地水准面精化。

2.高程基准

要布测全国统一的高程控制网，首先必须建立一个统一的高程基准面，所有水准测量测定的高程都以这个面为起算，也就是将高程基准面作为零高程。长期观测海水面水位升降的工作称为验潮，进行这项工作的场所称为验潮站。各地的验潮结果表明，不同地点平均海水面之间还存在着差异。因此，对于一个国家来说，只能将根据一个验潮站的数据所求得的平均海水面作为全国高程的统一起算面——高程基准面。

中华人民共和国成立后，确定了基本验潮站应具备的条件。青岛验潮站地处我国海岸线的中部，位置适中，而且其所在的港口是有代表性的规律性半日潮港，避开了江河入海口，外海海面开阔，无密集岛屿和浅滩，海底平坦，水深在10m以上，验潮井建在地质结构稳定的花岗石基岩上，因此确定青岛验潮站为我国基本验潮站。根据该站7年间的潮汐资料推求的平均海水面作为我国的高程基准面，将以此高程基准面为我国统一起算面的高程系统称为"黄海高程系统"。"黄海高程系统"高程基准面的确立，对统一全国高程有重要的历史意义，对国防、经济建设、科学研究等都起了重要的作用。但从潮汐变化周期来看，确立"黄海高程系统"的平均海水面所采用的验潮资料时间较短，还不到潮汐变化的一个周期（一个周期一般为18.61年），同时又发现验潮资料中含有粗差，因此有必要确定新的国家高程基准。

新的国家高程基准面是根据青岛验潮站27年间的验潮资料计算确定，将这个高程基准面作为全国高程的统一起算面，称为"国家高程基准"。在"国家高程基准"系统中，我国水准原点的高程为72.260m。高程基准是建立高程系统和测量空间点高程的基本依据。"国家高程基准"已经获得国家批准，并开始启用，以后凡涉及高程基准时，一律由原来的"黄海高程系统"改用"国家高程基准"。由于新布测的国家一等水准网点是以"国家高程基准"起算，因此以后凡进行各等级水准测量、三角高程测量及各种工程测量时，尽可能与新布测的国家一等水准网点联测。如不便于联测时，可在"黄海高程系统"的高程值上改正一固定数值，得到"国家高程基准"下的高程值。

我国在中华人民共和国成立前曾将不同地点的平均海水面作为高程基准面。高程基准面的不统一使高程值比较混乱，因此在使用旧有的高程资料时，应弄清楚当时将哪里的

平均海水面作为高程基准面。目前，我国常见的高程系统主要包括黄海高程系统、国家高程系统、吴淞高程系统和珠江高程系统4种，4套高程系统的换算关系为：黄海高程=国家高程基准+0.029（米），黄海高程=吴淞高程基准-1.688（米），黄海高程=珠江高程基准+0.586（米）。

为了长期牢固地表示高程基准面的位置，必须建立稳固的水准原点作为传递高程的起算点，用精密水准测量方法将它与验潮站的水准标尺进行联测，以高程基准面推求水准原点的高程，将此高程作为全国各地推算高程的依据。建成了总里程9.3万千米，包括100个环的国家一等水准网；建成了总里程13.6万千米的国家二等水准网。在上述成果的基础上建成国家高程系统，与1956黄海高程系统相比，密度增加，精度提高，结构更合理。

第二节　平面坐标系统

一、北京坐标系

中华人民共和国成立后，为了加速我国社会主义经济建设和国防建设，发展我国的测绘事业，迫切需要建立一个参心大地坐标系。总参测绘局在有关方面的建议与支持下，鉴于当时的历史条件，采取先将我国一等锁与苏联远东一等锁相连接，然后以连接处呼玛、吉拉林、东宁基线网扩大边端点的苏联1942普尔科沃坐标系的坐标为起算数据，平差我国东北及东部一等锁，这样从苏联传算来的坐标系定名为北京坐标系。由此可知，我国的北京坐标系实际上是苏联1942普尔科沃坐标系在我国的延伸，但我国坐标系的大地点高程却与苏联坐标系的计算基准面不同，因此严格意义上来说，二者不是完全相同的大地坐标系。

北京坐标系建立后，在全国的测绘生产中发挥了巨大的作用。15万个国家大地点以及8万个军控点，测图控制点均按照此坐标系统进行计算；以北京坐标系为基础的测绘成果和文档资料，已渗透到经济建设和国防建设的许多领域，特别是用它测绘的全国1∶50000、1∶100000比例尺地形图已经完成，1∶10000比例尺地形图也在相当范围内得以完成。

但是北京坐标系与现代精确的参心大地坐标系相比也存在着问题和缺点：

（1）克拉索夫斯基椭球比现代精确椭球相差过大。

（2）只涉及2个几何性质的椭球参数（a和α），满足不了当今理论研究和实际工作中所需4个地球椭球基本参数的要求。

（3）处理重力数据时采用的是赫尔默特1901—1909年正常重力公式，与之相应的赫尔默特扁球不是旋转椭球，它与克拉索夫斯基椭球是不一致的。

（4）对应的参考椭球面与我国大地水准面存在着自西向东明显的系统性倾斜，在东部地区高程异常，最大达到+65m，全国范围平均29m。

（5）椭球定向不明确，椭球短轴的指向既不是国际协议原点，也不是我国地极原点。

（6）起始子午面也不是国际时间局BIH所定义的格林尼治平均天文台子午面，给坐标换算带来一些不便和误差。

（7）坐标系未经整体平差而仅是局部平差成果，点位精度不高，也不均匀。

（8）名不副实，容易引起一些误解。

二、西安大地坐标系

在西安召开了《全国天文大地网整体平差会议》，参加会议的专家学者对建立我国新的大地坐标系做了充分的讨论和研究，认为北京坐标系在技术上存在椭球参数不够精确，参考椭球与我国大地水准面拟合也不好等缺点。因此，建立我国新的大地坐标系是必要的。在这次会议上，与会专家明确了以下的原则：

（1）全国天文大地网整体平差要在新的参考椭球面上进行。为此，需要首先建立一个新的大地坐标系，对应于一个新的参考椭球，并命名该坐标系为西安大地坐标系。

（2）即将建立的西安大地坐标系原点应建在我国的中部，并具体定在陕西省西安市泾阳县永乐镇。

（3）同意采用国际大地测量与地球物理联合会推荐的地球参考椭球4个基本常数（a、J_2、GM、ω），并根据基本常数推算地球扁率、赤道正常重力值和正常重力公式的各项常数。

（4）西安大地坐标系的椭球短轴平行于由地球质心指向我国协议地极原点JYD1968.0的方向，起始大地子午面平行于格林尼治平均天文台子午面。

（5）椭球定位参数以我国范围内高程异常平方和最小条件求定。

（6）考虑到经典大地测量和空间大地测量的不同需求，本着独立自主、自力更生、有利保密、方便使用的原则，分别建立两套坐标系，即西安大地坐标系和地心坐标系。前者根据定位条件，属参心坐标系，应该保持其在相当长时期中稳定不变，供全国各部门使用；后者在西安大地坐标系的基础上，通过精确求定坐标转换参数，换算成地心坐标，以满足我国远程武器和空间技术发展的需要。地心坐标转换参数，可随着测绘技术的不断发展，综合利用天文、大地、重力和空间大地测量技术的资料而不断精化。

会后，有关部门根据上述原则，建立了西安大地坐标系。由于我国自己定义的地极原点是JYD1968.0，不是国际协议地极原点，因此要求西安大地坐标系的起始子午面平行于格林尼治平均天文台子午面的条件是不能严格满足的，只能说西安大地坐标系的起始子午面平行于我国起始天文子午面。

将西安大地坐标系和北京坐标系相比较，前者明显优于后者。例如：前者的建立完全符合经典参心大地坐标系的原理，容易解释；地球椭球的参数个数和数值大小更加合理、准确；坐标轴指向明确；椭球面与大地水准面获得了较好的密合，全国平均差值由北京坐标系的29m减小到10m，最大值出现在西藏西北角，全国广大地区多数在15m以内。

此外，由于严格按投影法进行观测数据归算，全国统一整体平差，消除了分区平差不合理的影响，提高了平差结果的精度，因此用西安大地坐标系通过数学模型转换得到的地心坐标的精度有所提高。

建立西安大地坐标系后，带来了一些新问题：原来的各种有关地球椭球参数的用表均要做相应的变更，低等点要重新平差，编纂新的三角点成果表，地形图图廓线和方里线位置发生变化；由于椭球参数和定位的改变，产生了大地网尺度的改变，引起地形图内地形、地物相关位置的改变。实际计算表明，这种改变对任何一种常用比例尺地形图来说，完全可以忽略不计。由于椭球参数与定位的改变，也引起了大地坐标的变化，产生了使用中的一些具体问题。同时，西安大地坐标系的地极原点JYD1968.0已不能适应当代建立高精度天文地球动力学参考系的要求。

三、平面测量

（一）经纬仪的安置

用经纬仪测角时，首先应在测站点上安置仪器，经纬仪的安置包括对中和整平两项工作。

对中与整平的目的，就是通过平移或旋转经纬仪使仪器中心与测站点点位中心位于同一铅垂线上并同时保持水平度盘水平。对中有两种方法：用垂球对中和用光学对中器对中。整平是借助水准管通过升降经纬仪的脚架，或调整基座脚螺旋的高低使水平度盘处于水平位置。

（1）用垂球对中时，其基本步骤如下。①张开脚架安置在测点上方。注意架头大致水平，架头中心大致对准测站点中心。挂上垂球，平移三脚架使垂球尖大致对准测站点中心。然后连接经纬仪，并踩实三脚架，使它稳固地插入土中。②旋松连接螺旋。双手扶基座在架头上轻轻移动仪器，使垂球尖对准测站点中心直到满足相关要求为止。然后再旋紧连接螺旋。③调整脚螺旋，使圆水准管气泡居中，粗略整平仪器。④调整脚螺旋，使管水准器气泡居中，精确整平仪器。

（2）用光学对中器对中时，其基本步骤如下。①先将三脚架升到合适高度，然后在测点上方张开脚架，连接经纬仪。双手轻轻提起三脚架，眼睛同时通过光学对中器瞄准地面，直至对中器分画板的刻画中心与测点标志中心大致相重合，然后轻轻放下三脚架并踩实。②与调节圆水准器气泡居中一样。调节脚螺旋使测站点标志中心与对中器分画板的刻画中心重合。③根据圆水准器气泡偏离中心位置的方向，依次升降三脚架两条腿的高度，直至圆水准器气泡基本居中。应强调的是，在升降三脚架的高时，应保持三条腿的脚尖在地面上的位置不发生移动。④调节圆水准器气泡居中，观察测点标志中心是否与对中器分画板的刻画中心重合。当偏离较小时，可以稍许旋松连接螺旋，双手扶基座在架头上轻轻平移仪器，使测点标志中心与对中器分画板的刻画中心重合，随即旋紧连接螺旋。⑤回调整脚螺旋，使管水准器气泡居中，精确整平仪器。

（二）照准目标

测角时的照准标志，一般是竖立于地面目标点的标杆。用望远镜瞄准目标的一般方法是：松开照准部和望远镜的制动螺旋，通过望远镜筒上面的准星、照门粗略瞄准目标，并使目标的成像位于十字丝附近，旋紧照准部和望远镜的制动螺旋，转动物镜调焦螺旋将目标像调到最清楚；旋转照准部和望远镜微动螺旋，将十字丝对准目标的适当位置。观测水平角时，应用十字丝纵丝的中间部分平分或夹准目标，并尽量瞄准目标底部，以便减小目标倾斜的影响。

（三）水平角测量的主要误差

水平角测量受多种误差的综合影响，主要有仪器误差、仪器安置误差、目标偏心误差、观测误差及外界条件的影响。研究这些误差的成因及性质，以便采取适当措施来消除或减弱其对水平角的影响，从而提高测角的精度是必要的。

1.仪器误差

仪器误差来源于仪器的制造加工和验校不完善，主要包括视准轴误差、横轴误差、竖轴误差、度盘偏心差及度盘刻画误差等。

仪器误差对于水平角测量的影响主要属于系统误差，其符号和大小具有一定的规律，因此可采取一定的措施消除或减弱其影响。例如，仪器的视准轴误差、横轴误差、度盘偏心差等对水平角的影响，在盘左和盘右观测时，其影响值的大小相等，符号相反。因此，可通过盘左、盘右观测取平均值的方法消除这些误差的影响。度盘刻画误差一般很小，在多测回观测中，可通过各测回配置度盘读数来减弱其影响。

2.仪器安置误差

仪器安置误差包括仪器对中误差和整平误差。

仪器对中时，垂球或光学对中器对中标志没有对准测站点标志中心，从而产生仪器对中误差。仪器对中误差对水平角的影响，与测站至目标间的距离成反比——距离越短，影响越大。故而，在短边上测角时更应注意仪器的对中。

整平误差不能用观测方法消除，对观测水平角的影响与观测目标的倾角大小有关：当所观测目标与仪器大致同高时影响最小；随着目标倾角增大，整平误差的影响明显增大。所以，观测水平角前要认真整平仪器。

3.目标偏心误差

测角时所瞄准的目标倾斜或者目标没有准确安置在标志中心时，将产生目标偏心误差。目标偏心对测角的影响与测站至目标间的距离成反比：距离越短，影响越大。所以，照准标志必须竖直，在用标杆观测水平角时，应尽量瞄准标杆底部。或采用专用觇牌，以减少目标倾斜对水平角的影响。

4.外界条件的影响

外界条件影响的因素很多，如大风会影响仪器的稳定，地面热辐射影响大气的稳定而引起物像的跳动，烈日暴晒和温度变化使水准管气泡的位置发生变化，大气的透明度和目标背景的明暗程度会影响瞄准精度，大气折射和旁折光会改变光线的方向，等等。要完全避免这些不利因素的影响是不可能的，只能采取适当的措施，选择有利的观测条件和时间，使外界因素的影响降低到最小的程度。

第三节　高程系统

一、高程系统概念

地面点高程指的是地面点至一定高程基准面的垂直距离，高程是表示地面点位置三维空间信息的一个重要参数。相对于一定基准面所定义的高程体系称高程系统。测绘工作常用的高程系统有大地高系统、正高系统和正常高系统等。

（1）大地高系统。大地高系统是以地球椭球体面为基准面的高程系统。大地高表示地面点沿椭球法线到椭球面的距离。

（2）正高系统。正高系统是以大地水准面为基准的高程系统。正高表示地面点沿该点的重力线到大地水准面的距离。

（3）正常高系统。正常高系统是以似大地水准面为基准的高程系统。正常高表示地面点沿正常重力线到似大地水准面的距离。

大地水准面是受地球自转和地球重力场影响的地球重力等位面。似大地水准面则是由基于地球正常椭球的地球正常重力场所求得的曲面，它不是重力等位面，只有几何意义，没有确定的物理意义。

似大地水准面与大地水准面很接近，但两者不相重合。由于大地水准面与地球椭球面的差距难以求得，而似大地水准面与地球椭球体面的差距可以求得，能将地面点的正常高换算到地球椭球体面，因此我国的高程采用的是依据似大地水准面所建立的正常高系统，国家高程点的高程是正常高。

二、绝对高程与相对高程

（1）绝对高程。绝对高程是指地面点沿正常重力线到似大地水准面的距离。

（2）相对高程。是在局部地区，当无法知道绝对高程时，假定一个水准面作为高程起算面，地面点到该假定水准面的垂直距离。

三、国家高程基准

由特定验潮站在特定时期的平均海水面所确定的高程起算面和由此起算面所决定的水准原点高程称国家高程基准。

我国的国家高程基准有1956年黄海高程系和1985年国家高程基准。

根据青岛验潮站1950—1956年的验潮数据所确定的黄海平均海水面所定义的高程基准，称1956年黄海高程系，其青岛水准原点起算高程为72.289m。

根据青岛验潮站1952—1979年的验潮数据所确定的黄海平均海水面所定义的高程基准，称1985年国家高程基准，其青岛水准原点起算高程为72.260m。

四、高程测量

测量地面上各点高程的工作，称为高程测量。高程测量根据所使用的仪器和施测方法不同，有水准测量、三角高程测量、GPS高程测量、气压高程测量以及液体静力水准测量等。目前常用的是水准测量和三角高程测量。水准测量是高程测量中最基本的和精度最高的一种测量方法，广泛应用于国家高程控制测量、工程勘测和施工测量中。由于测距仪和全站仪的普及，三角高程测量的精度得以提高，也逐步被广泛采用。

（一）水准测量

1.水准测量的仪器和工具

水准测量所使用的仪器为水准仪，工具为水准尺和尺垫。

水准仪按其精度可分为DS05、DS1、DS3和DS10等4个等级。建筑工程测量广泛使用DS3级水准仪。因此，本节着重介绍这类仪器。

（1）水准仪的构造。根据水准测量的原理，水准仪的主要作用是提供一条水平视线，并能照准水准尺进行读数。因此，水准仪主要由望远镜、水准器及基座三部分构成。

（2）水准尺和尺垫。水准尺是水准测量时使用的标尺。其质量好坏直接影响水准测量的精度。因此，水准尺要求尺长稳定，分画准确。常用的水准尺有塔尺和双面尺两种。

塔尺多用于等外水准测量，其长度有3m和5m两种，分成几节套接在一起。尺的底部为零点，尺上一面黑白格相间，每格宽度为1cm，另一面为0.5cm，每一米和分米处均有注记。

双面水准尺多用于三、四等水准测量。其长度多为3m，且两根尺为一对。尺的两面均有刻画，一面为红白相间，称红面尺（也称辅尺）；另一面为黑白相间，称黑面尺（也称主尺），两面的刻画均为1cm，并在分米处注记。两根尺的黑面均由零开始；而红面尺则一根尺由4.687m开始至7.687m，另一根由4.787m开始至7.787m。

尺垫是在转点处放置水准尺用的，它用生铁铸成，一般为三角形，中央有一突起的半球体，下方有三个支脚。用时将支脚牢固地插入土中，以防下沉，上方突起的半球形顶点作为竖立水准尺和标志转点之用。

2.水准仪的使用

水准仪的使用包括仪器的安置、粗略整平（简称粗平）、瞄准水准尺、精平和读数等操作步骤。

（1）安置水准仪。打开三脚架并使高度（与胸口同高为佳）适中，目估使架头大致水平，检查脚架伸缩螺旋是否拧紧。架腿张开的角度与地面大致成45°，并将架腿踩入土中，使三脚架稳固。然后打开仪器箱取出水准仪，置于三脚架头上用连接螺旋将仪器牢固地固连在三脚架上。

（2）粗略整平。粗略整平是借助圆水准器的气泡居中，使仪器竖轴大致竖直，从而视准轴粗略水平。其操作方法与经纬仪圆水准器相同。

（3）照准水准尺。首先进行目镜对光，使十字丝清晰。再松开制动螺旋，转动望远镜。用望远镜筒上的照门和准星瞄准水准尺，拧紧制动螺旋。然后从望远镜中观察水准尺，转动物镜对光螺旋进行对光，使目标清晰。再转动水平微动螺旋，使竖丝对准水准尺。若在照准过程中出现视差，则重复进行目镜对光和物镜对光操作，直至消除视差为止。

（二）竖直角观测

1.竖直角测量原理

竖直角是同一竖直面内视线与水平线间的夹角。其角值为0°～90°。竖直角与水平角一样，其角值也是度盘上两个方向读数之差；不同的是竖直角的两个方向有一个是水平方向。任何类型的光学经纬仪，制作上都要求当望远镜视准轴水平时，竖盘读数是一个固定值（0°、90°、180°、270° 4个值中的一个）。电子经纬仪或全站仪则有竖直角和天顶距两种模式，即选择水平方向为0°或天顶方向为0°。因此，在观测竖直角时，只要观测目标点一个方向并读取竖盘读数便可算得该目标点的竖直角，而不必观测水平方向。

2.竖直度盘

光学经纬仪的竖盘装置包括竖直度盘、竖盘指标水准管和竖盘指标水准管微动螺旋（或自动归零补偿器）。光学经纬仪的竖盘是由玻璃制成，刻画的注记有顺时针方向与逆时针方向两种，盘左时起始读数为90°。

第四节 地面点位的确定

一、定位过程

地面点定位，即以某种技术过程确定地面点的位置。这是测绘工作的基本任务。一般而言，地面点的定位过程有测绘和测设两个方面。

（一）测绘

利用测量技术手段测定地面点的空间位置，并以图像、图形或数据等信息形式表示出来的过程，称测绘。假设有地面上3个点M、N和P，其空间位置经测绘技术处理后用数据形式表示为M（X_m，Y_m，H_m），N（X_n，Y_n，H_n），P（X_p，Y_p，H_p）。

（二）测设

利用测量技术手段把设计拟定的点标定到地面上，称测设。由于测设往往是将设计的建筑物图样标定在实地上，故亦称放样。

二、地面点定位元素

由于地面点的三维坐标（X，Y，H）代表着地面点的空间位置，因此称点的平面坐标（X，Y）和高程（H）为地面点的三维定位参数，其中平面坐标（X，Y）称二维定位参数。

采用现代测量仪器和定位技术，可以直接测定地面点的三维坐标，或根据点的三维设计坐标将点标定在实地上，这种直接依据定位参数的技术称绝对定位或直接定位。除绝对定位技术外，还常用相对定位技术。

就平面坐标而言，地面点之间是可以用一定的几何图形（如三角形、四边形或折线等）联系起来的，它们之间的联系可用构成该几何图形的图形元素来表示。因此，只要测量或测设这些地面点间所构成图形的边长和夹角，便可以确定它们之间的相对关系。而如果其中的某些点的平面位置已确定，则可依据该相对关系确定其余点的平面位置。同样，地面点间的竖直方向的相对关系为高差，依据一点的高程也可以确定另一点的竖向位置。由于使用了点与已知点的相对关系进行定位，故称此定位技术为相对定位技术。

可见，在相对定位中，确定点的地面位置（测量或测设）的基本工作是角度测量、距离测量和高差测量。角度距离和高差是地面点定位的基本定位元素，亦称为地面定位的基本观测量。

三、定位测量基本方法

地面点定位测量，即用测量技术方法确定点的三维坐标。如上所述，由于技术条件原因，一般将平面坐标与高程分别测量。在应用GPS定位技术时，可以同时测定点的三维坐标。点高程的测定，一般使用水准测量和三角高程测量方法。

（一）导线测量定位

依相邻次序将地面上所选的点连接成折线形式，测量各线段的边长和转折角，再根据起始数据用坐标传递方法确定各点平面位置的测量工作，称导线测量。导线测量布设灵活，要求通视方向少，边长直接测定，精度均匀，是一种应用比较广泛的平面定点定位测量方法，适合布设于建筑物密集的城市和工矿建筑区以及视野不甚开阔的隐蔽区、森林区，也适于铁路、公路、隧道、渠道、输电线路等狭长地带的控制测量。随着电磁波测距仪、电子经纬仪和全站仪的普及，测角测距的精度和自动化程度的提高，导线测量已成为在中小城市、工矿区以及高山地带建立平面控制和定点定位的主要方法。

1.导线的形式

根据测区地形情况和工程建设需要，导线可布设成以下4种形式：

（1）闭合导线。起讫于同一高级控制点的导线，称闭合导线。

（2）附合导线。布设在两个高级控制点间的导线，称附合导线。

（3）支导线。仅从一个已知控制点和一个已知方向出发，支出1～2个点的导线，称支导线。

（4）导线网。由若干闭合导线和附合导线组合的闭合网形称导线网。

2.导线测量的外业工作

导线测量外业工作包括设计选点、设立标志、边长测量、角度测量、内业计算等。

（1）设计选点及设立标志。设计选点时应首先收集已有高级控制点坐标高程和原有地形图，在图上选择导线的走向和布设导线点位置，再到实地踏勘确定点的位置并设立标志。

导线选点的原则是：保证测图和施工的需要，又满足各项技术要求，同时便于导线测量。为此，选点时要注意以下几点：①相邻导线点间通视良好，便于测角和测距（量距）；②点位应选在土质坚实、便于保存标志和安置仪器的地方；③将待连测点尽量包含于导线中；④视野开阔，便于连测或施测碎部；⑤数量足够、密度均匀、方便放样；⑥边长符合规范规定，最长不超过平均边长的两倍，相邻边长比一般不超过1：3。

导线点选定后应在地面上设立标志，统一编号。导线点标志根据不同的保存时限可分别设置为混凝土桩或木桩。

（2）边长测量。导线边长可用测距仪测定。由于测得的是倾斜距离，因此还须同时观测竖直角，以计算倾斜改正。当使用全站仪测距时能自动显示水平距离，无须另测竖直角。导线边长亦可用检定过的钢尺丈量。边长测量时，无论是使用测距仪还是使用钢尺，一般都应观测两个测回或往返（或同向）观测各1次。

（3）角度测量。附合导线和支导线中的角度测量是观测导线的转折角，在前进方向左侧的角称左角，右侧的角称右角。闭合导线中的角度测量，观测多边形的内角。

（4）连接角测量。导线连接角亦称导线定向角，目的是使导线与高级控制点相连接，取得坐标方位角的起算数据。

当测区内无高级控制点时，可用罗盘仪测定导线起始边的磁方位角，并假定起始点的坐标做起算数据。

（二）交会法定位

交会法定位的方法主要有前方交会法、侧方交会法、后方交会法和边长交会法。前3种因只观测图形的部分内角，统称角度交会。

（三）全站仪极坐标法定位

极坐标法定位，实质上是支一个点的支导线定位。全站仪的应用，使得同时观测极角和极距成为可能，给地面点定位带来很大的方便。

第二章　测绘技术历史发展与应用

第一节　测绘技术历史发展

一、测绘学来源

测绘学有着悠久的历史。测绘技术起源于社会的生产需求，随着社会的进步而向前发展。在埃及肥沃的河谷与平原上发现的证据表明，早在公元前1400年，就已有地产边界的测定，开始了测量工作。在公元前3世纪，中国人已经知道天然磁石的磁性，并已有了某些形式的磁罗盘。在公元前2世纪，我国司马迁在《史记·夏本纪》中叙述了禹受命治理洪水而进行测量工作的情况，所谓"左准绳，右规矩，载四时，以开九州、通九道、陂九泽、度九山"。这说明在上古时代，中国人为了治水就已经会用简单的测量工具了。

二、测绘学研究对象

测绘学的主要研究对象是地球，人类对地球形状认识的逐步深化，要求精确测定地球的形状和大小，从而促进了测绘学的发展。人类最早对地球的认识为天圆地方。直到公元前6世纪古希腊的毕达哥拉斯（Pythagoras）才提出地球为球形的概念，2个世纪后，亚里士多德（Aristotle）对此做了进一步论证支持这一学说，此称地圆说。又1个世纪后，亚历山大的埃拉托斯尼（Eratosthenes）采用在两地观测日影的方法，首次推算出地球子午圈的周长和地球的半径，证实了地圆说。这是测量地球大小的"弧度测量"方法的初始形式。

世界上最早的实地弧度测量是公元8世纪南宫说在张遂（一行）的指导下于今河南境内进行的。它由测绳丈量的距离和日影长度测得的纬度推算出了纬度为1°的子午弧长。可惜当时使用的尺长迄今未得到确认，因此无法验证这次弧度测量结果的精度。到17世纪末，为了用地球的精确大小定量证实万有引力定律，英国牛顿（J.Newton）和荷兰的惠更斯（C.Huygens）首次从力学原理提出地球是两极略扁的椭球，称为地扁说。18世纪中叶，法国科学院在南美洲的秘鲁和北欧的拉普兰进行弧度测量，证实了地扁说。1743年，法国的克莱洛（A.C. Clairaut）证明了重力值与地球扁率之间的数学关系，使人们对地球形状有了更进一步的认识，并且为利用地球重力的物理方法研究地球形状奠定了基础。19世纪初，随着测量精度的提高，通过各处弧度测量结果的研究，法国的拉普拉斯（P.S.Laplace）和德国的高斯（C.F.Gauss）相继指出地球的非椭球性。1849年，英国的斯托克司（G.C.Stokes）提出由重力测量资料确定地球形状的完整理论和实际的计算方法，称为斯托克司理论。1873年，利斯汀（Listing）首次提出大地水准面的概念，即与包围全球的静止海水面相重合的一个重力等位面，并以此大地水准面表示地球形状。直到1945年，苏联的莫洛坚斯基（Molodenskey）创立了用地面重力测量数据直接研究真实地球自然表面形状的理论，称为莫洛坚斯基理论。因此人类对地球形状的认识经历了圆球—椭球—大地水准面—真实地球自然表面的过程。这一认识过程促进了测绘学理论和技术的发展，如距离、角度直至弧度测量技术的进步以及确定地球形状理论的创立。

测绘学的主要研究成果之一是地图，地图的演变及其制作方法的进步是测绘学发展的重要标志。公元前25世纪至公元前3世纪开始出现画在或刻在陶片、铜板等材料上的地图。这些原始地图只是根据文字记述或见闻绘成的极为简单的略图，其可靠性很差。公元前3世纪，埃拉托斯尼最先在地图上绘制经纬线。公元前168年，中国长沙马王堆汉墓中绘在帛上的地图有了方位和比例尺，具有一定的精度。公元2世纪，古希腊的托勒密（Ptolemy）在他的巨著《地理学指南》里汇集了当时已明确的有关地球的一般知识，阐述了编制地图的方法，并提出将地球曲面表示为平面的地图投影问题。100多年后，中国西晋的裴秀总结前人和自己的制图经验，创立了"制图六体"的制图原则，即分率、准望、道里、高下、方邪、迂直，使地图制图有了标准，提高了地图的可靠程度。16世纪，以荷兰墨卡托的《世界地图集》和中国罗洪先的《广舆图》为代表，总结了16世纪以前西方和东方地图学的历史成就。从这一时期起，新的高精度测绘仪器相继发明，测绘精度大为提高，因此可以根据实地测量结果绘制国家规模的地形图。这种地形图不仅有方位和比例尺，精度较高，而且能在地图上描绘出地表形态的细节，并按不同用途将实测地形图缩制编绘成各种比例尺的地图。中国历史上首次使用这样的方法在广大国土上测绘的地形图是清初康熙年间完成的全国性大规模的《皇舆全览图》。这次地形图的测绘任务奠定了中国近代地图测绘的基础。

从20世纪50年代开始，地图制图方法出现了巨大的变革，计算机辅助地图制图的研究经历了原理探讨、设备研制、软件设计，到20世纪70年代已由实验试用阶段发展到较广泛的应用。这不仅使地图制图的精度和速度都有很大的提高，而且地图制图理论不断丰富。

进入20世纪80年代，人们开始应用一些高速度、高精度新型机助制图设备研究机助制图软件，纷纷建立地图数据库，在此基础上，由单一的机助制图系统发展为多功能、多用途的综合性的地图信息系统。

三、测绘工具的历史发展

测绘学获取观测数据的工具是测量仪器，测绘学的形成和发展在很大程度上依赖测绘方法和测绘仪器的创造和变革。17世纪前使用简单的工具，如中国的绳尺、步弓、矩尺等，以量距为主。17世纪初发明了望远镜。1617年，荷兰的斯涅耳（W.Snell）首创三角测量法，以代替在地面上直接测量弧长，从此测绘工作不仅量距，而且开始了角度测量。约于1640年，英国的加斯科因（W.Gascoigne）在望远镜透镜上加十字丝，用于精确瞄准，这是光学测绘仪器的开端。1730年，英国西森（Sisson）制成测角用的第一台经纬仪，促进了三角测量的发展。随后陆续出现小平板仪、大平板仪及水准仪，用于野外直接测绘地形图。16世纪中叶起，为欧美两洲间的航海需要，许多国家相继研究海上测定经纬度，以确定船位。直到18世纪发明了时钟，有关经纬度的测定，尤其是经度测定方法才得到圆满解决，从此开始了大地天文学的系统研究。随着测量仪器和方法不断改进，测量数据精度的提高要求有精确的计算方法。1806年和1809年，法国的勒让德（A.M. Legendre）和德国的高斯分别提出了最小二乘准则，为测量平差奠定了基础。19世纪50年代，法国的洛斯达首创摄影测量方法，到20世纪初形成地面立体摄影测量技术。由于航空技术的发展，1915年制造出自动连续航空摄影机，可将航空摄像片在立体测图仪上加工成地形图，因而形成了航空摄影测量方法。在这一时期，又先后出现了测定重力值的摆仪和重力仪，使陆地和海洋上的重力测量工作得到迅速发展，为研究地球形状和地球重力场提供了丰富的实测重力数据。可以说，从17世纪末到20世纪中叶，主要是光学测绘仪器的发展，此时测绘学的传统理论和方法也已发展成熟。到20世纪50年代，测绘仪器又朝着电子化和自动化的方向发展，1948年发展起来的电磁波测距仪，可精确测定远达几十千米的距离，相应地，在大地测量定位方法中发展了精密导线测量和三边测量。与此同时，随着电子计算机的出现，发明了电子设备和计算机控制相结合的测绘仪器设备，如摄影测量中的解析测图仪等，使测绘工作更为简便、快速和精确。继而在20世纪60年代又出现了计算机控制的自动绘图机，用以实现地图制图的自动化。自1957年苏联第一颗人造卫星发射成功，测绘工作出现了新的飞跃，发展了卫星测绘工作。卫星定位技术和遥感技术在测绘学中得到广泛的应用，形成航天测绘。

第二节 测绘技术现代发展

传统测绘学的相关理论与测量手段相对落后，使得传统测绘学具有很多的局限性。如各类观测都在地面作业，观测方式多为手工操作，野外作业和室内数据处理时间持续长，劳动强度大，测量精度低，并且仅限于局部范围的静态测量，从而直接导致测绘学科的应用范围和服务对象比较狭窄。随着空间技术、计算机技术和信息技术及通信技术的发展及其在各行各业的不断渗透和融合，测绘学这一古老的学科在这些新技术的支撑和推动下，出现了以全球卫星导航系统、航天遥感和地理信息系统等技术为代表的现代测绘科学技术，从而使测绘学科从理论到手段都发生了根本性的变化。

一、传统测绘学

随着我国综合国力的不断增强，空间网络传输技术、精密卫星定位技术、高分辨率遥感技术等现代科学技术的迅猛发展及广泛应用，我国的测绘科学与技术也相应地发生了翻天覆地的变化，并直接服务于地理信息的应用。目前，我国的现代数字测绘技术已全面取代了传统的模拟测绘技术。同时，由于现代化测绘技术不断地出现新方法、新设备、新理论，因而其应用领域也正在不断地扩展，并正向信息化测绘实现质的飞跃。

人类经济社会活动与地理位置、地理环境及地理信息密切相关。促进我国国民经济与社会信息化，转变发展模式，优化国土空间布局，增强地理国情应急处理能力，保障国家安全利益，提高人民群众的生活质量等都对地理信息支撑保障的需求越来越迫切；同时，地理信息产业在近些年来取得了持续快速的发展，已成为最具发展潜力的战略性新兴产业，是建设数字地球、物联网（the internet of things）及智慧地球的重要支撑。

目前，我国测绘事业正向测绘地理信息事业发展，尤其是人类社会已经进入地理信息大应用、大发展的新时代，急需国家强化对地理信息技术和应用的管理，为转变发展模式、加快信息化建设提供有力支撑，为提升应急救急能力、维护国家地理信息安全提供服务保证。

测绘学作为一门古老的学科，早在1880年德国科学家赫尔默特便对"Geodesy"（测绘学）下了一个定义，即测量和描述地球的学科，一直以来国内外都将"Geodesy"定义为大地测量学。从赫尔默特对该词的定义与内涵来看，既然"Geodesy"是测量和描述地球的学科，那么似乎所指的便是现在的测绘学，因而曾有人将该词译成"测地学"。

传统测绘学如果按照赫尔默特的定义，就是采用测量仪器来测定地球表面自然形态的地理要素与地表人工设施的形状、大小、空间位置及其属性等，然后根据观测到的数据，通过地图制图的方法将地面的自然形态和人工设施等绘制成地图。随着科学技术的不断发展和社会的不断进步，测绘学的研究对象已从地球表层，扩展到地球外层空间的各种自然与人造实体。同时，测绘学不仅研究地球表面的自然形态与人工设施的几何信息的获取和表述问题，还将地球作为一个整体，研究获取及表述其几何信息之外的物理信息，如地球重力场的信息及这些信息随时间的变化等。由此可看出，传统测绘学较为完整的基本概念为：研究对实体（包括地球整体、表面，以及外层空间各种自然和人造的物体）中与地理空间分布有关的各种几何、物理、人文，及其随时间变化的信息采集、处理、管理、更新和利用的科学与技术。而针对地球来说，测绘学就是研究测定和推算地面及其外层空间点的几何位置，确定地球形状和地球重力场，获取地球表面自然形态和人工设施的几何分布及与其属性有关的信息，编制全球或局部地区的各种比例尺的普通地图和专题地图，建立各种地理信息系统，为国民经济发展和国防建设及地学研究服务。

二、现代测绘新技术的发展

当今社会已进入信息时代，世界各国都把加速信息化进程视为新型发展战略，测绘信息服务的方式和内容在国家信息化的大环境下发生了深刻变化，由此促进了测绘信息化的发展，推动测绘事业优化升级，充分发挥测绘在国家经济建设和社会发展中的作用，继而催生了信息化测绘的新概念，因此现阶段的测绘科学技术学科的发展现状和趋势，主要是以3S[3S技术是遥感技术（Remote sensing，RS）、地理信息系统（Geography information systems，GIS）和全球定位系统（Global positioning systems，GPS）的统称]技术为代表的现代测绘技术作支撑，发展地理空间信息的快速获取、自动化处理、一体化管理和网络化服务，以此推进信息化测绘的建设进程。

传统的测绘技术由于受到观测仪器和方法的限制，只能在地球的某一局部区域进行测量工作，而空间导航定位、航空航天遥感、地理信息系统和数据通信等现代信息技术的发展及相互渗透和集成，则为我们提供了对地球整体进行观察和测绘的工具。卫星航天观测技术能采集全球性、重复性的连续对地观测数据，数据的覆盖可达全球范围，因此这类数据可用于对地球整体的了解和研究，这就好像把地球放在实验室里进行观察、测绘和研究一样。现代测绘高新技术日新月异的迅猛发展，使得测绘学的理论基础、测绘工程技术体系、研究领域和科学目标等正在适应新形势的需要而发生深刻的变化。GPS（全球定位系统）等空间定位技术的引进，导致大地测量从分维式发展到整体式，从静态发展到动态，从描述地球的几何空间发展到描述地球的物理—几何空间，从地表层测量发展到地球内部结构的反演，从局部参考坐标系中的地区性测量发展到统一地心坐标系中的全球性测量。大地测量学已成为测绘学和地学领域的基础性学科。由于现代航天技术和计算机技术的发展，当代卫星遥感技术可以提供比光学摄影所获得的黑白照片更加丰富的影像信息，因此在摄影测量中引进了卫星遥感技术，形成了航天测绘。摄影测量学中由于应用了遥感技术，并与计算机视觉等交叉融合，因此它已是基于电子计算机的现代图像信息学科。随着计算机地图制图和地图数据库技术的飞速发展，作为人们认知地理环境和利用地理条件的根据，地图制图学已进入数字（电子）制图和动态制图的阶段，并且成为地理信息系统的支撑技术。地图制图学已发展成为以图形和数字形式传输空间地理环境的学科。

现代工程测量学也已远离了单纯为工程建设服务的狭隘概念，正向着"广义工程测量学"的方向发展，即"一切不属于地球测量，不属于国家地图集的陆地测量和不属于公务测量的应用测量，都属于工程测量"。工程测量的发展可以概括为内外业一体化、数据获取与处理自动化、测量工程控制和系统行为的智能化、测量成果和产品的数字化。同样，在海洋测量中，广泛应用先进的激光探测技术、空间定位与导航技术、计算机技术、网络技术、通信技术、数据库管理技术及图形图像处理技术，使海洋测量的仪器和测量方法自动化和信息化。

测绘学科的这些变化从技术层面上影响到测绘学科由传统的模拟测绘过渡到数字化测绘，例如测绘生产任务由纸上或类似介质的地图编制、生产和更新发展，到对地理空间数据的采集、处理、分析和显示，出现了所谓的"4D"测绘系列产品，即数字高程模型、数字正射影像、数字栅格地图和数字线画图。测绘学科和测绘工作正在向着信息采集、数据处理和成果应用的数字化、网络化、实时化和可视化的方向发展，生产中体力劳动得到解放，生产力得到很大的提高。今天的光缆通信、卫星通信、数字化多媒体网络技术可使测绘产品从单一的纸质信息转变为磁盘和光盘等电子信息，测绘生产产品分发方式从单一的邮路转到"电路"（数字通信和计算机网络、传真等），测绘产品的形式和服务社会的方式由于信息技术的支持发生了很大的变化，表现为以高新技术为支撑和动力，测绘行业和地理信息产业正成为21世纪的朝阳产业。它的服务范围和对象正在不断扩大，不再是原来单纯从控制到测图，为国家制作基本地形图，而是扩大到国民经济和国防建设中与地理空间数据有关的各个领域。

（一）卫星导航定位

1.现代测绘基准建设

现代测绘基准（又称地理空间信息基准），是确定地理空间信息的几何形态和时空分布的基础，是反映真实世界空间位置的参考基准，它由大地测量坐标系统、高程系统/深度基准、重力系统和时间系统及其相应的参考框架组成。近年来，我国现代测绘基准的建设取得了重要进展。基于现代理念和高新技术的新一代大地坐标系已进入实用阶段。经国务院批准，我国启用"2000国家大地坐标系（简称CCS2000）"，并规定CGS2000与现行国家大地坐标系的转换、衔接过渡期为8～10年。关于我国的高程基准，除了建立新的一等精密水准网作为高程参考框架外，还可借助厘米级精度（似）大地水准面形成全国统一的高程基准。因此，我国信息化测绘体系所要建立的现代测绘基准，是在多种现代大地测量技术支撑下的全国统一、高精度、地心、动态的几何—物理一体化的测绘基准。

"5·12"汶川大地震将灾区原有维护测绘基准的国家平面与高程系统及城市坐标系的控制点摧毁殆尽，已经完全不能满足救灾、抢险和灾后家园重建的要求，为此国家测绘局编制了汶川地震灾后重建测绘保障工作实施方案，对灾区及周边地形进行分析，并采用现代测绘技术，快速高效地恢复和建立了灾区应急测绘基准体系，为灾情评估、灾后重建规划和建设提供及时、可靠的测绘服务。

2.全球导航卫星系统的组建

当今世界上全球导航卫星系统除美国的GPS和俄罗斯的GLONASS（格洛纳斯）之外，现在正在建设的有欧盟的GALILEO和中国的北斗四代。近年来，后两者的建设有较大进展。

3.卫星定位技术的研究热点

网络RTK（Real-time kinematic）和精密单点定位技术仍是当前主要的研究热点。尤其是利用网络RTK技术在大区域内建立连续运行基准站网系统，为用户全天候、全自动、实时地提供不同精度的定位/导航信息。这里主要研究其技术实现的方法。现在比较成熟的方法有虚拟基准点技术、主辅站技术及数据通信模式等。由于当前出现了多种卫星和多种传感器导航定位系统，因此产生了多模组合导航和多传感器融合导航技术。它们都是按某种最优融合准则进行最优组合，以实现提高目标跟踪精度的目的。

4.GPS/重力相结合的高程测量新方法

这种新方法是在GPS出现之后逐渐发展到比较成熟的测定地面海拔高程（正高或正常高）的一种技术方法。GPS可测出地面一点的大地高，如果能在同一点上获得高程异常（或大地水准面差距），那么就可很容易将大地高通过高程异常（或大地水准面差距）转换成正常高（或正高），即通常水准测量测出的海拔高程。这里的关键技术就是高精度、高分辨（似）大地水准面数值模型的确定方法。由于这种方法可以替代费时、费力、费财的几何水准测量，因此要求（似）大地水准面数值模型达到同几何水准测量相当的厘米级精度水平，这就要在其确定理论和解算方法上不断改进和完善，用于实际解算的各种观测数据要不断丰富，采用这些理论和方法，大大提高了（似）大地水准面数值模型的精度。

（二）航空航天测绘

1.高分辨率卫星遥感影像测图

随着高分辨率立体测绘卫星数据处理技术的突破和我国民用测绘卫星"资源三号"的正式立项，如今卫星影像测图正在逐步走向实用化，呈现出航天与航空摄影测量并存的局面。高分辨率遥感卫星不断出现，成像方式也向多样化方向发展，由单线阵推扫式逐渐发展到多线阵推扫成像；更加合理的基高比和多像交会方式进一步提高了立体测图精度。通过获取大范围同轨或异轨立体影像，已引起地形测量和地形测绘技术的变革。高分辨率遥感卫星数据处理技术的进展，主要包括高精度的有理函数模型求解技术、稀少地面控制点的大范围区域网平差技术、基于多基线和多重匹配特征的自动匹配技术等。高分辨率卫星遥感影像已成为我国西部1∶50000地形图测图困难空白区的基础地理信息的重要数据源之一。在地面无控制条件下，自动网平差技术还可以使大范围边境区域和境外地形图测绘成为现实。

2.航空数码相机的摄影测量数据获取

随着传统胶片式航测相机相继停产，航空数码相机已逐渐取代此类相机，成为大比例尺地理空间信息获取的主要手段，以适应信息化测绘的需求。我国自主研发的SWDC系列航空数码相机结束了国外数码航空相机的垄断局面，已经应用于我国基础航空摄影。该系统基于多台非量测型相机构建，经过严格的相机检校过程，可拼接生成高精度的虚拟影像，其大幅面航空数码相机的高程精度高达1/10000。我国自主研制的另一个型号TOPDC-4四拼数码航空摄影仪试验成功，并应用于我国第二次全国土地调查。

3.轻小型低空摄影测量平台的实用化作业

轻小型低空摄影测量平台分为无人驾驶固定翼型飞机、有人驾驶小型飞机、直升机和无人飞艇等几种。由于其机动灵活、经济便捷等优势得到了迅速发展，并逐步进入实用阶段。低空摄影测量平台能够实现低空数码影像获取，可以满足大比例尺测图、高精度城市三维建模以及各种工程应用的需要。目前已有部分大比例尺测图任务由它完成。特别是无人机可在超低空进行飞行作业，对天气条件的要求较宽松，且无须专用机场，在"5·12"汶川特大地震灾害应急响应的应用中，展现出巨大的潜力。

4.数字摄影测量网格的大规模自动化快速数据处理

随着航空数码相机、机载激光雷达等新型传感器的迅猛发展，为有效解决海量遥感数据处理的瓶颈问题，将计算机网络技术、并行处理技术、高性能计算技术与数字摄影测量技术相结合，开发了新一代航空航天数字摄影测量数据处理平台，即数字摄影测量网格DP Grid。该平台实现了航空航天遥感数据的自动快速处理，建立了人机协同的网络全无缝测图系统，革新了现行摄影测量的生产流程，既能发挥自动化的高效率，又能大大提高人机协同的效率。目前DP Grid已进入实用化阶段，满足了超大范围摄影测量数据快速处理的需要。另外，像素工厂PF、INPHO等国外数字摄影测量平台逐步引入我国，提高了多源航空航天影像的处理能力和正射影像、数字高程模型等测绘产品的生产效率。

（三）数字化地图制图与地理信息工程

1.地图制图的数字化与一体化

地图制图生产全面完成了由手工模拟方式到计算机、数字化方式的转变，构建了地图制图与出版一体化系统，特别是结合地理信息系统软件和图形软件，形成了以符号图形为基础的地图制图系统。其技术手段主要采用全数字摄影测量技术、基于地图数据库或多种地图数字化的数字地图制图技术和数字印刷与电子出版技术。而产品形式主要有数字地图、电子地图和纸介质地图等多样产品，其服务方式是按照用户的不同需求提供多样化的产品服务。例如除了可提供以上地图产品服务之外，还可提供基于数字地图的各种应用信息系统。

2.系列比例尺空间数据库的构建

目前在我国已构建了1：50000比例尺空间数据库、各种比例尺的海洋测绘数据库、1：3000000中国及周边地图数据库、1：5000000世界地图数据库，另外正在建设中的还有政府大规模数字影像数据库和各省、区、直辖市的1：10000数据库以及各城市的基础地理信息数据库。这些数据库为数字中国、数字省区、数字城市等的建设奠定了坚实的基础空间数据框架。此外还深入研究了空间数据库的更新技术，有效地支持了数据库的更新机制，保持了它的现势性和可用性。

3.基于网格服务的地理信息资源共享与协同工作

网格（grid）是利用高速互联网把分布在不同地理位置的计算机组织成一台"虚拟超级计算机"，是在高速互联网上实现资源共享和协同工作的一种计算环境。代理（agent）是处于某种环境中的一个封装好的计算实体，它能在该环境中灵活、主动地活动，以达到为它设计好的目的。网格和代理的集成能实现真正意义上的跨平台、互操作、资源共享和协同工作。网格地理信息系统对政府跨部门的综合决策，特别是应急综合决策尤其重要，无论用户在何种服务终端上都能为政府综合决策提供综合集中的地理空间信息服务和协同解决问题的功能。在"5·12"汶川特大地震中，利用灾区震前基础地理信息和灾后遥感影像，快速开发了抗震救灾综合服务地理信息平台，对灾区房屋倒塌、道路交通等基础设施损毁以及泥石流、滑坡、堰塞湖等次生灾害进行解释分析。

4.基于"一站式"门户的地理空间信息网络自主服务系统

它是一个建立在分布式数据库管理与集成基础上的"一站式"地理空间信息服务平台，面向公众提供空间信息的自主加载、查询下载、维护、统计信息及其他非空间信息的空间化、公众信息处理与分析软件的自动插入与共享等一系列服务。它是基于网络地图服务和空间数据库互享操作等新技术开发而成，将分布在各地不同机构、不同系统的空间数据库在统一标准和协议下连成一个整体，采用相同的标准和协议，进行互操作，使信息共享从数据交换提升到系统集成的共享。

（四）精密工程与工业测量

1.基于卫星定位的工程控制测量

由于卫星定位具有速度快、精度均匀、无须站间通视、对控制网图形要求低等特点，已广泛应用于建立各种工程控制网，并且同高精度、高分辨率（似）大地水准面数据模型相结合，使工程控制网从二维发展到三维一体化建设，彻底改变了传统工程测量中将平面和高程控制网分别布设和多级控制的方法。

2.城市GPS连续运行基准站系统的多用途实用化服务

城市GPS连续运行基准站系统是一个将空间定位技术、现代通信技术、计算机网络技术、测绘新技术等集成，并与测绘学、气象学、水利学、地震学、建筑学等多学科领域相融合的实用化综合服务系统，可为城市规划、市政建设、交通管理、城市基础测绘、工程测量、气象预报、灾害监测等多种行业提供导航、定位和授时等多种信息服务，实现一网多用。

3.三维测绘技术的工程应用

三维测绘技术就是测量目标的空间三维坐标，确定目标的几何形态、空间位置和姿态，对目标进行三维重建，并在计算机上建立虚拟现实景观模型，真实再现目标。目前有多种三维测量仪器，其中三维激光扫描仪是近年发展起来的新型三维测绘仪器。

4.精密大型复杂工程的施工测量新技术

近些年来，我国完成了许多在世界建筑史上具有开创意义的建筑工程。这些工程建筑物造型独特，设计新颖，结构复杂，施工困难。这对建筑施工测量技术与精度要求提出严峻的挑战，因此针对这些建筑的施工测量必须开展一系列技术开发，创造出相应的新方法，攻克大量施工技术难关。如在国家大剧院施工测量中研制了一套复杂曲面计算程序与放样、检核方法；在奥运建筑工程"鸟巢"的施工测量中研制了超大型弯扭钢构件数据采集、三维拼装测量和高空三维定位测量等一整套测量方法；在国家游泳中心"水立方"施工测量中创造了空间无规则球形节点快速定位测量方法。这些新的施工测量技术和方法，在提高测量质量、满足施工要求、保证施工周期等方面起到突出的保障作用。

5.精密工业测量系统的建立与应用

工业测量已成为现代工业生产不可缺少的重要生产环节。工业测量的技术手段和仪器设备主要以电子经纬仪或全站仪、投影仪或显微投影仪、激光扫描仪等为传感器，在电子计算机和软件的支持下形成三维测量系统，按其传感器不同分为以下几类：工业大地测量系统、工业摄影测量系统、激光扫描测量系统、基于莫尔条纹的工业测量系统、基于磁力场的三维量测系统和用于空间抛物体运动轨迹测定的全球定位系统等。工业测量系统归纳起来主要应用于众多工业目标的外形、容积、运动状态测量，现在工业生产流水线上产品的直径、厚度、斑痕、平整度等的快速检测，动态目标的运动轨迹、姿态等的测定。工业测量技术设备正向着自动化、智能化和信息化的方向发展。

（五）海洋与航道测绘新技术

1.海洋与航道中的卫星定位测量

目前，以中国沿海范围内为区域的无线电指向标/差分全球定位系统（RBN/DGPS）已经投入使用。此系统的有效工作距离可以达到300公里，定位的精确程度可以保持在5米之内，很大程度上满足了沿岸海道的测量大比例尺绘图过程中导航与定位的要求。但对于要求高精度测量的区域而言，此系统依旧无法满足水位更正方式的需求。而对GPS-PPK技术而言，此项技术在测量时具有很高的精密程度，而且在使用过程中数据链可以不用进行实时的通信。结合在海洋测量规范的要求，在综合对设备运行的成本、测量高精度的要求、导航实时性的需求等许多实际问题考虑的前提下，进行精密海洋测绘中的定位工作需要结合RBN/DGPS和GPS-PPK技术，使用将两者相互结合的技术方案。其主要工作流程是，首先经RBN/DGPS系统对实时的定位导航进行系统支持，提供误差在3米之内的实时定位数据，之后再由双频载波对其载波的相位数据进行记录并观测所记录的相位的部分测量。

2.水深测量

在运动平台上进行水深测量，由于受到测量船与仪器噪声、海况和测深仪参数设置等因素影响，导致异常深度和虚假地形现象，因此对单波速或多波速测深技术的研究，主要集中在提高测量效率和精度以及测深数据的处理。例如，航测线数据跳点的剔除、海洋表层声速对多波速测深的影响、统计滤波估计检测海洋测深异常数据以及利用趋势面滤波法进行粗差标定等方法。采用这些方法可以消除不同水下地形测量的粗差，较好地保留了真实水下地形信息。

3.海洋与航道的遥感遥测技术

海洋与航道的遥感遥测技术的研究同陆地航空航天测绘技术相似。这里的研究主要集中在该技术在海洋与航道测绘中的应用上。如水域界限的提取、海岸带监测、浅海障碍物探测、声呐图像处理、影像制图，以及航道水下地形和水文因子的实时更新、助航标志的动态变化监测等。不同的对象有不同的技术方法。另外，声呐探测及其图像分析与判读也是海洋测绘技术的重点研究方向之一。

4.基于"数字海洋"与"数字航道"的测绘信息化服务

海洋地理信息系统是在海洋测绘、海洋水文、海洋气象、海洋生物、海洋地质等学科研究成果的基础上建立起来的面向海洋的地理信息系统。它集合了GIS、数据库和实用数字模型等技术，可以为遥感数据、海图数据、GIS和数字模型信息提供协调坐标、数据存储、管理和集成信息的系统结构。要在海洋地理信息系统上实现海洋信息服务，还必须建立统一的海洋信息管理网络系统，在现有相关部门局域网的基础上，进行统一规划，实现网络互联，建立集成化的海洋信息服务门户网站，提供海洋信息的社会化、网络化的应用服务。同样，为了提供航道信息服务，则必须建立"数字航道"。它是以航道为对象，以地理坐标为依据，将江河干流航道及相关的附属设施，以多维、多尺度、多分辨率的信息进行描述，实现真实航道的虚拟化、数字化、网络化、智能化和可视化的规划、设计、建设、养护、管理和综合应用。

（六）三维激光扫描

三维激光扫描仪是通过激光测距原理（其中包括脉冲激光和相位激光），瞬间测得空间三维坐标的测量仪器。它是一种高精度、全自动的立体扫描技术，与常规的测绘技术不同，它主要面向高精度的三维建模与重构。资料显示，国外正向设计的三维模型仅占设计总量的40%，而逆向设计的三维模型达到60%。因此，三维激光扫描技术的应用十分广泛，这项技术是正向建模的对称应用，也称为逆向建模技术。由于该技术能将设计、生产、实验、使用等过程中的变化内容重构回来，所以可用于进行各种结构特性分析（如形变、应力、过程、工艺、姿态、预测等）、检测、模拟、仿真、虚拟现实、虚拟制造、虚拟装备等。因为价格昂贵，这种逆向工程目前在我国应用还处在逐步推广的阶段，我国非常多的设施、设备、生产资料、空间环境、文物古迹，以及其他无数据的目标和变换的目标都需要三维激光扫描技术来进行研究和应用。

1.三维激光扫描系统

三维激光扫描系统的组成：近几年来，应用于医学、工业、规划及测绘等领域的三维激光扫描设备的生产也呈现出发展高潮。国际上约有30个著名的三维激光扫描仪的制造商，生产出近100种型号的三维激光扫描仪。种类繁多的扫描仪虽然应用的领域、技术性能、扫描测量原理各有差异，但其作为三维激光扫描技术的基本组成部分，其实现功能是较为相近的。

地面三维激光扫描仪主要包含了以下几个部分：

（1）扫描仪，激光扫描仪本身包括激光测距系统和激光扫描系统；

（2）控制器（计算机）；

（3）电源供应系统。

三维激光扫描仪的配置主要包括一台高速精确的激光测距仪、一组可以引导激光并以均匀角速度扫描的反射棱镜。其中，部分仪器具有内置的数码相机，可直接获得目标对象的影像。

三维激光扫描仪的基本原理：三维激光扫描仪是采用非接触式高速激光测量的方法，通过点云的形式来表现目标物体表面的几何特征；三维激光扫描仪由自身发射激光束到旋转式镜头中心，镜头通过快速、有序地旋转用激光依次扫描被测区域，若接触到目标物体，光束则立刻反射回三维激光扫描仪，内部微电脑则通过计算光束的飞行时间来计算激光光斑与三维激光扫描仪两者间的距离。同时，三维激光扫描仪通过内置的角度测量系统来量测每一束激光束的水平角和竖直角，以便获取每一个扫描点在扫描仪所定义的坐标系统内的 x、y 及 z 的坐标值。三维激光扫描仪在记录激光点的三维坐标的同时也会对激光点位置处物体的反射强度进行记录，将其称为"反射率"。

三维激光扫描仪的测距模式主要有两种：第一种是脉冲测量模式；第二种是基于相位差的测量模式，即通过测量发射信号和目标反射信号间的相位差来间接测距，相位差测距模式使用的是连续波激光。脉冲激光测距是利用发射和接收激光脉冲信号的时间差来实现对被测目标的距离测量，测距远、精度低；相位式激光测距利用发射连续激光信号和接收之间的相位差所含有的距离信息来实现对被测目标距离的测量，测距精度高。

扫描方式：与测绘单位使用的免棱镜全站仪一样，三维激光扫描系统发射一束激光脉冲产生的一次回波信号只能获得一个激光脚点的距离信息。获得一系列连续的激光脚点的距离信息，必须借助专用的机械装置，采用扫描方式进行测量。当前，三维激光扫描系统常用的扫描方式有线扫描、圆锥扫描、纤维光学阵列3种。

2.三维点云数据处理

点云数据去噪：在三维点云数据处理中，人机交互的方法是用来处理三维点云数据中杂点的最简单的方法。操作人员首先通过软件显示出图形，找出明显的坏点，并删除它。但是在点云数据量特别大的情况下该方法并不适用。点云数据根据其排列形式可以分为：

（1）陈列数据，即行列分布都是均匀分布，且排列有序；

（2）部分散乱数据，由于扫描时，按线扫描，所以数据点基本上位于同一等截面线上；

（3）完全散乱的点云数据，由于扫描时完全无组织、无规律，所以出现完全散乱的点云数据。

随着三维激光扫描技术的不断发展及广泛应用，目前许多学者已对这种散乱无序的点云数据的去噪进行了大量的研究，虽然还不太成熟，但也取得了一定的成果。对于散乱点云数据的去噪一般有两种方式：第一种，直接作用于点云数据中的点；第二种，首先网格化，然后进行网格分析，进而去除不合格的顶点，从而实现去噪平滑的目的。由于完全散乱的点云数据之间不存在拓扑关系，因而目前所提出的网格去噪光顺方法不能简单地应用于数据。由于完全散乱点云数据的去噪处理相对困难，因此其相应的光顺算法也较少。目前主要采用的方法有以下几种：

（1）直接通过操作人员来判断特别异常的点，并手动删除，但在数据量特别大的情况下，这种方法就很不科学，所以意义不是很大。

（2）高斯滤波、平均滤波或中值滤波算法。高斯滤波器在指定域内的权重服从高斯分布，其平均效果较小，因而在滤波的同时可以较好地保持点云数据的形貌；平均滤波器采用的数据点是窗口中所有点云数据的平均值；而中值滤波器则使用窗口内各点的统计中值作为数据点，中值滤波器对消除点云数据毛刺有较好的效果。

（3）曲线分段去噪法。其原理是基于曲率的变化，该算法需要找到分段点，寻找的方法是依据曲率的变化，对于每一个分段区间，进行各自的曲线拟合，根据扫描线来一行一行地进行去噪处理，极大地提高了删除测量误差点的准确度，从而使拟合后的曲线的光滑性和真实性大大增强。曲线分段去噪法主要适用于曲率变化较小的情况。

（4）角度法去噪。角度法的基本原理是计算沿扫描线方向的检查点与检查点的前后两点所形成的夹角，如果此夹角小于一个阈值，则此检查点就被认定为是一个三维激光扫描数据噪点。

3.点云数据的压缩

随着三维激光扫描技术的发展，三维激光扫描仪的性能越来越好，外业实测的效率得到很大的提高，在很短的时间内就可以获取大量的、密集的点云数据。直接使用庞大的原始点云数据进行模型的曲面重建是很不现实的。一方面，过多的点云数据在存储过程中需要耗费大量的空间，从而生成目标物体曲面模型时需要运行很长的时间，降低了计算机的运行效率，更甚者将导致无法运行；另一方面，过多的、密集的点云数据会影响目标物体曲面重构的光顺，然而，模型的光顺性在满足生成需求中具有非常重要的作用。因此，提取出点云数据中显示物体特征的特征点，删除其中大量的坏点，极大地精简点云数据有助于模型的重建，既可以提高建模的效率，又可以提高建模的质量。目前，点云数据的精简压缩是逆向工程的一项关键技术。

近年来，国内外的许多学者对点云数据的精简压缩进行了大量的研究，并取得了一定的成果。他们提出的点云精简算法虽然在"既保留特征点又去除冗余点"方面难以做到完全兼顾，可也取得了良好的效果。下面对这些成果进行简要介绍和点评。

（1）角度法

角度法的基本原理很简单，就是先选取点云数据点中的三个邻近点a、b及c；然后获取中间点b与a、c两点连线之间的夹角，再将此夹角与设定的门限值进行比较，从而精简掉冗余数据。该方法实现简单，点云数据的处理效率也较高，不足之处在于难以识别点云数据中的特征点。基于此，王志清等对角度法进行了改进，提出了一种更优的方法，即角度偏差迭代法。该方法既保留了角度法的优点，处理效率高，同时又弥补了它的缺点，增强了它的特征识别能力。角度偏差迭代法的特点在于它的角度门限值及参与计算夹角的点云数据点数是慢慢减少的，而不是一成不变的。角度偏差迭代法的不足之处在于点云数据的自动化水平不高，在整个处理过程中，人工干预过大。另外，包围盒法和角度—弦高法相结合也是在此基础上发展而成的。

（2）均匀格网法

马丁等提出的均匀网格法在图像处理中已得到了广泛应用，该方法是基于"中值滤波"原理提出的。均匀格网法首先需要在垂直于扫描方向的平面上确立一系列均匀的小方格；然后将点云数据中的每个点都对应分配给其中的一个小方格，并将其与小方格的距离求出；最后根据这个距离的大小重新依序排列每个小方格中所有的点数据，让中间值的点数据代表此格中所有的点云数据点，删除其余的。均匀网格法的优点在于能精简扫描方向垂直于扫描目标表面的单块点云数据，并克服了样条曲线的限制。但它有个明显的缺点，就是对目标物的形状特征识别能力较弱，容易遗失目标物体形状急剧变化处的点云数据特征点，因为均匀格网法使用的是大小均匀的网格，并没有考虑目标物体的形状。

（3）三角网格法

三角格网法首先是将点云数据点三角网格化，然后将数据点所在的三角面片法向量和邻近的三角面片法向量进行对比，利用向量的加权算法，在比较平坦的区域中，用大的三角面片代替小的三角面片，从而删除相对多余的点云数据，来达到精简目的。三角网格法由于要对点云数据进行三角网格化处理，所以对于点云数据特别散乱的数据不太实用，因为复杂平面和散乱点云的三角网格化处理非常困难，效率不高，因此三角格网法在实际应用中受到了一定的限制。

三、测绘学的现代概念和内涵

从测绘学的现代发展可以看出，现代测绘学是指地理空间数据的获取、处理、分析、管理、存储和显示的综合研究。这些空间数据来源于地球卫星、空载和船载的传感器以及地面的各种测量仪器，通过信息技术，利用计算机的硬件和软件对这些空间数据进行处理和使用。这是应现代社会对空间信息有极大需求这一特点而形成的一个更全面、综合的学科体系。它更准确地描述了测绘学科在现代信息社会中的作用。原来各个专门的测绘学科之间的界限已随着计算机与通信技术的发展逐渐变得模糊了。某一个或几个测绘分支学科已不能满足现代社会对地理空间信息的需求，相互之间更加紧密地联系在一起，并与地理和管理学等其他学科知识相结合，形成测绘学的现代概念，即研究地球和其他实体的与时空分布有关的信息的采集、量测、处理、显示、管理和利用的科学和技术。它的研究内容和科学地位则是确定地球和其他实体的形状和重力场及空间定位，利用各种测量仪器、传感器及其组合系统获取地球及其他实体与时空分布有关的信息，制成各种地形图、专题图和建立地理、土地等空间信息系统，为研究地球的自然和社会现象，解决人口、资源、环境和灾害等社会可持续发展中的重大问题，以及为国民经济和国防建设提供技术支撑和数据保障。测绘学科的现代发展促使测绘学中出现若干新学科，例如卫星大地测量（或空间大地测量）、遥感测绘（或航天测绘）、地理信息工程等。测绘学已完成由传统测绘向数字化测绘的过渡，现在正在向信息化测绘发展。空间数据与其他专业数据进行综合分析，因而测绘学科从单一学科走向多学科的交叉，其应用已扩展到与空间分布信息有关的众多领域，显示出现代测绘学正向着近年来兴起的一门新兴学科——地球空间信息科学（Geo-Spatial Information Science，简称Geomatics）跨越和融合。地球空间信息学包含了现代测绘学（数字化测绘或信息化测绘）的所有内容，但其研究范围比现代测绘学更加广泛。

第三节　测绘技术科学地位和作用

一、测绘技术科学研究的学科分类

随着测绘科学技术的发展和时间的推移，测绘学的学科分类方法是不相同的，下面是几种传统测绘学科分类。

（一）大地测量学

大地测量学主要研究地球表面及其外层空间点位的精密测定、地球的形状、大小和重力场，地球整体与局部运动，以及它们的变化的理论和技术。在大地测量学中，测定地球的大小是指测定与真实地球最为密合的地球椭球的大小（指椭球的长半轴）；研究地球形状是指研究大地水准面的形状（或地球椭球的扁率）；测定地面或空间点的几何位置是指测定以地球椭球面为参考面的地面点位置，即将地面点沿椭球法线方向投影到地球椭球面上，用投影点在椭球面上的大地经纬度表示该点的水平位置，用地面至地球椭球面上投影点的法线距离表示该点的大地高程。通常在一般应用领域，例如水利工程，都是以平均海水面（即大地水准面）为起算面的高度，即通常所称的海拔。

解决大地测量学所提出的任务，传统上有几何法和物理法两种方法。所谓几何法是用几何观测量（距离、角度、方向）通过三角测量等方法建立水平控制网，最后推算出地面点的水平位置；通过水准测量方法，获得几何量高差，建立高程控制网提供点的海拔。物理法是用地球的重力等物理观测量通过地球重力场的理论和方法推求大地水准面相对于地球椭球的距离（称为大地水准面差距）、地球椭球的扁率（地球形状）等。

（二）摄影测量学

摄影测量学主要利用摄影手段获取被测物体的影像数据，对所获得的影像进行量测、处理，从而提取被测物体的几何的或物理的信息，并用图形、图像和数字形式表达测绘成果。它的主要研究内容有：获取被测物体的影像并对影像进行量测和处理，将所测得的成果用图形、图像或数字表示。摄影测量学包括航空摄影、航空摄影测量、地面摄影测量等。航空摄影是在飞机或其他航空飞行器上利用航摄机摄取地面景物影像的技术；航空摄影测量是根据在航空飞行器上对地面摄取的被测物体的影像与被测物体间的几何关系以及其他有关信息，测定被测物体的形状、大小、空间位置和性质，一般用来测绘地形图；地面摄影测量是利用安置在地面上基线两端点处的专用摄影机（摄影经纬仪）拍摄同一被测物体的相片，经过量测和处理，对所摄物体进行测绘。地面摄影测量可用来测绘地形图，也可用于工程、工业、建筑、考古、医学等，后者通常又称为近景摄影测量。

（三）地图制图学（地图学）

地图制图学主要是研究地图及其编制和应用的学科。具体研究内容：①地图设计，它是通过研究、实验，制订新编地图的内容、表现形式及其生产工艺程序的工作；②地图投影，它是依据一定的数学法则建立地球椭球表面上的经纬线网与在地图平面上相应的经纬线网之间函数关系的理论和方法，也就是研究把不可展曲面上的经纬线网描绘成平面上的经纬线网所产生各种变形的特性和大小以及地图投影的方法等；③地图编制，它是研究制作地图的理论和技术，即从领受制图任务到完成地图原图的制图全过程，主要包括制图资料的分析和处理，地图原图的编绘以及图例、表示方法、色彩、图形和制印方案等编图过程的设计；④地图制印，它是研究复制和印刷地图过程中各种工艺的理论和技术方法；⑥地图应用，它是研究地图分析、地图评价、地图阅读、地图量算和图上作业等。

（四）工程测量学

工程测量学主要研究在工程建设和自然资源开发各个阶段进行测量工作的理论和技术。它是测绘学在国民经济、社会发展和国防建设中的直接应用，因此包括规划设计阶段的测量、施工建设阶段的测量和运行管理阶段的测量。每个阶段测量工作的重点和要求各不相同。规划设计阶段的测量主要是提供地形资料和配合地质勘探、水文测量所进行的测量工作；施工建设阶段的测量主要是按照设计要求，在实地准确地标定出工程结构各部分的平面位置和高程，作为施工和安装的依据；运行管理阶段的测量是指工程竣工后为监视工程的状况和保证安全所进行的周期性重复测量，即变形观测。

（五）海洋测绘学

海洋测绘学是研究以海洋及其邻近陆地和江河湖泊为对象所进行的测量和海图编制的理论和方法，主要包括海洋大地测量、海道测量、海底地形测量、海洋专题测量及航海图、海底地形图、各种海洋专题图和海洋图集的编制。海洋大地测量是在海面、海底所进行的大地测量工作。海道测量是以保证航行安全为目的，对地球表面水域及毗邻陆地所进行的水深和岸线测量以及底质、障碍物的探测等工作。海洋专题测量是以海洋区域与地理位置相关的专题要素为对象的测量工作，如海洋重力、海洋磁力、领海基线等要素的测量工作。海图制图是设计、编绘、整饰和印刷海图的工作，同陆地地图制图方法基本一致。

二、地位与作用

（一）在科学研究中的地位与作用

地球是人类和社会赖以生存和发展的唯一星球。经过古往今来人类的活动和自然变迁，如今人类正面临一系列全球性或区域性的重大难题和挑战。测绘学在探索地球的奥秘和规律、深入认识和研究地球的各种问题中发挥着重要作用。由于现代测量技术已经或将要实现无人工干预自动连续观测和数据处理，可以提供几乎任意时域分辨率的观测系列，具有检测瞬时地学事件（如地壳运动、重力场的时空变化、地球的潮汐和自转变化等）的能力，这些观测成果可以用于地球内部物质结构和演化的研究，尤其是像大地测量观测结果在解决地球物理问题中可以起着某种佐证作用。

（二）在国民经济建设中的地位与作用

测绘学在国民经济建设中的作用是广泛的。在经济发展规划、土地资源调查和利用、海洋开发、农林牧渔业的发展、生态环境保护以及各种工程、矿山和城市建设等各个方面都必须进行相应的测量工作，编制各种地图和建立相应的地理信息系统，以供规划、设计、施工、管理和决策使用。如在城市化进程中，城市规划、城镇建设、交通管理等都需要城市测绘数据、高分辨率卫星影像、三维景观模型、智能交通系统和城市地理信息系统等测绘高新技术的支持。在水利、交通、能源和通信设施的大规模、高难度工程建设中，不仅需要精确勘测和大量现势性强的测绘资料，而且需要在工程全过程采用地理信息数据进行辅助决策。丰富的地理信息是国民经济和社会信息化的重要基础，传统产业的改造、优化、升级与企业生产经营，发展精细农业，构建"数字中国"和"数字城市"，发展现代物流配送系统和电子商务，实现金融、财税、贸易等信息化，都需要以测绘数据为基础的地理空间信息平台。

（三）在国防建设中的地位与作用

在现代化战争中，武器的定位、发射和精确制导需要高精度的定位数据、高分辨率的地球重力场参数、数字地面模型和数字正射影像。以地理空间信息为基础的战场指挥系统，可持续、实时地提供虚拟数字化战场环境信息，为作战方案的优化、战场指挥和战场态势评估实现自动化、系统化和信息化提供测绘数据和基础地理信息保障。这里，测绘信息可以提高战场上的精确打击力，夺得战争胜利或主动。公安部门合理部署警力，有效预防和打击犯罪也需要电子地图、全球定位系统和地理信息系统的技术支持。为建立国家边界及国内行政界线，测绘空间数据库和多媒体地理信息系统不仅在实际疆界划定工作中起着基础信息的作用，而且在边界谈判、缉私禁毒、边防建设与界线管理中均有重要的作用。尤其是测绘信息中的许多内容涉及国家主权和利益，决不可失其严肃性和严密性。

（四）在社会发展中的地位与作用

国民经济建设和社会发展的大多数活动是在广袤的地域空间进行的。政府部门或职能机构既要及时了解自然和社会经济要素的分布特征与资源环境条件，也要进行空间规划布局，还要掌握空间发展状态和政策的空间效应。但现代经济与社会的快速发展与自然关系的复杂性，使人们解决现代经济和社会问题的难度增加，因此，为实现政府管理和决策的科学化、民主化，要求提供广泛通用的地理空间信息平台，测绘数据是其基础。在此基础上，将大量经济和社会信息加载到这个平台上，形成符合真实世界的空间分布形式，建立空间决策系统，进行空间分析和管理决策，以及实施电子政务。当今人类正面临环境日趋恶化、自然灾害频繁、不可再生能源和矿产资源匮乏及人口膨胀等社会问题。社会、经济迅速发展和自然环境之间产生了巨大矛盾。要解决这些矛盾，维持社会的可持续发展，则必须了解地球的各种现象及其变化和相互关系，采取必要措施来约束和规范人类自身的活动，减少或防范全球变化向不利于人类社会方面演变，指导人类合理利用和开发资源，有效地保护和改善环境，积极防治和抵御各种自然灾害，不断改善人类生存和生活环境质量。而在防灾减灾、资源开发和利用、生态建设与环境保护等影响社会可持续发展的种种因素方面，各种测绘和地理信息可用于规划、方案的制订，灾害、环境监测系统的建立，风险的分析，资源与环境调查、评估、可视化显示以及决策指挥等。

第四节　测绘技术的精度控制

在现代科技飞速发展的当下，测绘工程技术也取得了日新月异的发展与创新，极大地推动了工程建设水平的提升。测绘工程技术精度控制能够最大程度上保障测绘结果的质量和效率，然而受某些客观因素的影响与制约，测绘工程在技术精度控制效果方面并不理想，这也使得相关测绘结果与实际情况存在一定的误差，并给工程项目建设带来不可忽视的影响。新时期，加强测绘工程技术精度控制是提高测绘结果科学性的重要基础，因此加强该方面研究工作具有十分深远的影响和意义。

一、测绘工程技术精度控制的重要性

随着测绘技术的不断发展与进步，人们对测绘结果的精确性也提出了更高的要求，如此才能为工程建设奠定更为坚实的基础。现阶段，人类活动范围在源源不断地扩大，特别是一些大型的基础工程项目，例如，水利水电工程、公路桥梁建设、铁路高铁工程等，往往会涉及十分复杂的地质地形条件，只有确保测绘工程相关数据保持在合理的范围内，才能满足工程建设的基本需要。目前，我们国家测绘工程领域相关技术及测绘设备都取得了长足发展与进步，同时也对测绘工作提出了更加精细的技术标准和操作要求，其中测绘技术精度控制便是重要管理内容之一。测绘工程技术精度控制的目的在于通过科学合理的控制措施，确保测绘工作的每个细节都能达到工程建设的要求，促使工程设计工作以及后续施工都更加科学与合理。由此可见，测绘技术的精度控制是测绘工程管理工作的重要内容之一，并且对工程建设质量和水平的提高有着十分深远的影响和意义。

二、测绘工程技术精度控制面临的问题

（一）测绘单位重视有待进一步提升

现阶段，测绘工程技术不断更新，这便要求相关测绘单位在技术应用上加以转变和优化。受传统测绘工作模式的影响，许多测绘单位对测绘技术精度控制重视性不足，由此导致测绘工程质量和效果并不十分理想。一方面，测绘单位管理者对测绘技术精度控制认知不足，无法正确认知测绘技术精度控制对工程建设的价值及自身长远发展的意义。另一方

面，许多企业对测绘技术精度控制制度建设不够完善，致使测绘工程中工作人员无法遵循相关制度与标准，由此也造成测绘技术精度控制能力不足，这在一定程度上影响了测绘工程的质量和效率。

（二）技术设备因素

从整体的层面来看，我国测绘领域发展并不均衡，一些测绘单位在技术设备方面存在一定的局限性。近年来，通过我国测绘工程技术不断创新与升级，特别是新技术、新设备的应用，才使得测绘工作效率和质量都有了极大提升。在项目实施过程中，技术设备对质量的控制起着主导作用，它是直接的影响，当技术完善、设备精度高，误差就会小，技术精度就高，因此技术设备在很大程度上限制了测绘工程技术的精度。与此同时，部分测绘单位由于测绘设备陈旧，并且不注重设备的保养与维护，使得在测绘工作中很难实现理想的精度控制效果。由此可见，技术设备因素是现阶段制约测绘工程技术精度控制的重要诱因，需要相关单位或机构加强对此方面的重视。

（三）人为因素

除技术设备因素外，人为因素也是造成测绘工程技术精度控制效果不佳的重要诱因之一。从本质上来讲，人为因素是造成测绘结果出现较大误差的根本原因，而人为因素则主要体现在以下几方面：首先，测绘工作人员专业能力不足，不具备全面的专业知识，在具体测绘工作时不能按照相关操作要求和技术标准完成测绘任务，从而造成测绘结果的失真；其次，部分测绘工作人员责任意识不足，对待测绘工作不重视，在进行测绘任务时往往凭借以往经验进行简单测绘，致使测绘结果出现严重误差。由此可见，要想实现理想的测绘工程技术精度控制效果还需要从人为因素角度加以纠正和提升。

三、提高测绘工程技术精度控制的有效策略

（一）强化测绘技术精度控制能力

测绘工程技术在发展创新的同时，其操作要求和技术标准也愈加惊喜和完善，因此我们要想实现理想的技术精度控制，就必须在技术标准和要求方面加以明确。首先，要从管理理念方面加以转变和提升，一般来讲，相关测绘单位对技术精度控制是否重视将很大程度上决定了相关测绘工作的质量和效果，为此我们要强化测绘单位技术精度控制理念，由此为测绘工程任务的完成奠定坚实的基础[①]。其次，还要加强技术精度控制制度及技术标

---

① 陈彪. 测绘工程中特殊地形的测绘技术探究 [J]. 环球市场，2018（011）：389.

准的建设工作，明确各项测绘技术的操作要求及相互配合应用的标准要求，通过合理明确的操作要求及技术标准，能够有效规范测绘人员开展相关作业，实现理想的技术精度控制效果。

（二）注重测绘技术水平发展提升

在测绘技术及设备不断创新升级的背景下，部分测绘单位在技术和设备上面难免出现一定的落差性，为此我们还需要充分重视自身测绘水平的发展提升。首先，要加大资金投入力度，特别是在先进测绘技术的引进和测绘设备升级的方面。在测绘工作的必要前提下，测绘技术及相关测绘设备是否先进与科学将直接决定测绘结果的准确性，因此加快测绘技术与设备的升级有助于实现理想的技术精度控制效果。其次，测绘单位还要在技术设备引进后做好相应的技术创新和延伸，主要为依据企业自身实际情况调整技术发展方向，在某一范围或领域内达到测绘技术的顶尖水平，由此也从侧面提升了测绘技术精度的控制水平。

（三）注重素质专业人才队伍构建

要想实现测绘单位技术精度控制效果的全面提升，还要从测绘工作人员层面加以优化和提升。首先，在技术设备引进的同时，还要对测绘人员进行必要的专业知识和操作技能培训工作，促使测绘人员在专业技术层面获得提升。其次，还要注重工作人员责任意识的提升，一方面要推行测绘技术精度控制责任制，将具体责任落实到个人，由此强化测绘人员责任意识。另一方面，通过绩效考核等奖惩制度也能够激发测绘人员工作热情，提升其责任意识。最后，测绘单位还要注重高端素质人才的引进和吸收，学习外界更为先进的测绘技术精度控制理念和技术，从而在构建素质专业队伍的同时提高企业测绘技术精度控制能力。

综上所述，在现代工程项目建设过程中，测绘工程的价值与作用开始逐步显现，同时测绘工程技术的精度控制也受到了更多的关注与重视。测绘技术精度控制水平的提升是一个全方面共同作用的结果，要推动我们国家测绘单位测绘技术精度控制水平的提升，需要相关单位在管理理念、资金投入及人才培养等方面加以不断完善，从而为我国工程建设领域的发展提供坚实的保障。相信随着相关研究工作的逐步深入，我们国家的测绘工程技术精度控制工作必将实现科学规范化发展与进步。

第五节 测绘技术的主要应用

众所周知，现在新的测绘技术相对于落后的科学和设备来说，测量精准度和分析能力已经有了很大的加强，这就让我们的测绘工程师在测量时间的精准度上得到了极大的提高。测绘不但是工程的一项重要组成部分，而且贯穿于整个建设工程的始终，直接决定着建设工程的质量及其效率。现在的新一代测量技术主要特点是利用先进的电子计算机技术和各种专业的测量仪表等先进行数据的搜集和处理分析，再开始实现人工测绘的操作，相对于以前的人工自动化操作来说，不仅极大地提高了测绘的可靠性，而且极大地提升了其工作效率，促进测绘行业向着现代化时代发展。

一、测绘技术的应用价值

（一）测绘自动化程度高

现阶段，测绘新技术的使用，能够对测绘技术进行详细的记录，可以记录到很久以前的数据，并且进行安全的存储。而且应用计算机技术可以对测绘的数据进行完美的计算，形成效果图，这样就可以大大地提高工作人员的工作效率，还可以降低一些人工的成本支出，现代数字化的测绘技术必将成为以后社会发展的主流技术，同样也会得到国家的大力支持。

（二）降低测绘难度

新型测绘技术的使用可以大大地降低使用难度，节约了大量的人力和物力成本。现阶段的测绘新技术，主要是使用计算机技术对收集到的所有数据进行分析，然后对其成果进行检测，不仅降低了使用难度，而且避免浪费大量的人力资源，还可以提高在测绘工程测量中的质量，减少测绘中遇到的问题。

（三）提高测绘工程测量的精准度

相对于以前的测绘技术，测绘新技术主要是采用科学的仪器和计算机系统进行数据的采集和分析，然后利用现在的最先进技术进行测量，所以说数字化地图测绘有着很高的精准度。

（四）便于测绘信息的储存

随着社会的发展，现代化的建设越来越完善，先前的测绘技术有很大的弊端，随着测绘工程测量的数据增多，无法得到更新与存储，而现在的测绘能够很好地优化人工测绘的缺点，全程使用计算机技术进行数据输入、修改和更新等操作，这样可以大大地提高测绘图纸的可靠性，同时，这些数据一直存储在计算机中，可以永久保存。

二、现代测绘技术在测绘工程中的应用

（一）GPS技术的应用

GPS技术主要指的是进行卫星定位的一种技术，一般被广泛应用于测量精准程度比较高的测绘工程项目上，主要包括以下几个工作的要求：首先，在进行测绘工程测绘时，需要充分利用GPS技术的优点，以此为基础来改善与提升测绘工程测量的精度；其次，设立的GPS站点必须要有3个以上，这样才能够很好地保证信息的准确性，并且每个站点都需要进行三维对齐；再次，在进行测绘站点的选择上，必须考虑到选择视野比较开阔的地方，不能在一些山地或者坑坑洼洼的地方，这样会严重地影响到测绘工作的质量；最后，测量需要进行很多次，这样可以有效地进行测量和中和，在应用GPS技术的时候，还要对区域进行实地勘测，勘测测绘工程附近的实际情况，然后再进行测绘任务。

（二）GIS测绘技术的应用

GIS技术在现在测绘工作的应用中也是非常广泛的，这也可能是未来测绘技术的发展趋势。GIS测绘技术在实际应用中非常完美，可以大大地提高工作效率，因为这个技术具有很好的自动计算功能，能够很好地为测绘工程测量服务。

（三）激光扫描测量技术的应用

激光测量技术已经在新一代的测绘科学研究领域中得到了广泛的运用，它已经可以有效地突破当前应用时空环境条件的局限性，实现了对全球导航卫星系统技术的重大突破[1]。例如，利用激光扫描测量技术进行土木工程测量，这种技术可以有效地为土木工程的测量、地址应用、变形监测等工具提供方便，为工作人员提供各种多方面的信息和数据支撑。此外，激光扫描仪表的测量技术还被广泛应用于各种精密器件的制造与安装。例

① 王振亚.测绘工程中特殊地形的测绘技术方案研究 [J].华东科技：学术版，2017（8）：47.

如，在进行飞机安装的过程中，发现与环控管路之间有所偏差，而且由于传统的自动化或人工检查方法不能完全达到计算和测量的主要目的，因此有必要采用激光扫描测量的技术对系统进行测量，并采集零件的参数，以消除不合格零件造成的偏差。因此，工作人员可以对安装的环节进行分析、检查，发现安装步骤中出现的错误，使问题得到全面的解决。

（四）摄影测绘技术的应用

摄影技术的原理也可以应用到测绘工程中，但是这对摄影仪器的要求也是比较高的。主要是利用摄影仪器的原理与计算机相结合从而提取信息，然后再分析提取到的信息，这个技术在很大程度上提高了测绘工程测量技术的效率，而且还降低了测绘工作的难度，摄影测绘技术是现在测绘技术的基础，可以节约很多测绘的人工成本，利用摄影测绘技术可以保证测绘工程测量的质量，为我国的经济发展提供保障，但是这个技术在实际应用过程中，还是存在着一些不足，主要是技术水平的限制，所以利用摄影测绘技术后一定要有专业人士进行复查，不然很难得到精准的测绘。

现在测绘技术的应用是非常重要的，这给社会的建设提供了不少支持，对数据的采集、分析和处理等操作具有重要作用，同时新的测绘技术解决了很多测绘工程测量方面的难题，确保了测绘技术在测绘工程行业的重要作用，测绘新技术必将成为未来测绘行业的发展趋势，所以要提升测绘人员的专业知识技能，促进新技术和新设备的研发和应用，让我国的测绘行业以及测绘工程测量进入一个新的发展空间。

第三章　工程测绘

第一节　测绘工作的基本概念

一、基本观测元素

地面点的位置是由地面点的坐标和高程来确定的，而坐标和高程并不是直接观测的，而是通过测定点与点之间的距离、角度和高差，然后经过一系列的计算而得的。距离、角度和高差通常称为测绘工作的3个基本观测元素。

二、测绘工作的基本原则

测绘工作是一个智力和体力相结合的高科技工作，它必须遵循一定的程序和原则。根据理论研究和实践，测绘工作要遵循以下主要原则：布局上要"由整体到局部"，精度上要"由高级到低级"，程序上要"先控制后碎部（细部）"。另外还必须坚持"边工作边校核"的原则。遵循以上工作原则，既可以保证测区控制的整体精度，又不至于使碎部测量误差积累而影响整个测区。另一方面，做完整体控制后，把整个测区划分成若干局部，各个局部可以同时展开测图工作，从而加速工作进度，提高作业效率。

第二节　水准仪及水准测量

一、水准测量原理

水准测量的原理是：根据已知点高程，利用水准仪提供的水平视线，测量已知点和未知点间的高差，从而推算出未知点的高程。

二、水准测量的仪器和工具

水准测量使用的仪器和工具有水准仪、水准尺和尺垫。

（一）水准仪

水准仪主要由望远镜、水准器和基座3部分组成。

1.望远镜

望远镜的主要作用是使人们看清远处目标，并提供读数用的水平视线。望远镜由物镜、调焦透镜、目镜和十字丝分划板等组成。目标经过物镜形成一个倒立的实像，望远镜内安置一个调焦透镜，通过转动调焦螺旋改变调焦透镜的位置，可使远近不同目标的像都能清晰地落在十字丝分划板上。目镜的作用是将十字丝和目标像同时放大，十字丝的作用是提供精确瞄准目标的标准。十字丝由一条水平位置的横丝（中丝）、一条竖直位置的竖丝和上下两条短视距丝（用来测定距离）构成，横丝和竖丝互相垂直，十字丝中心与物镜光心的连线叫视准轴。人眼通过目镜看到的目标像的视角与不通过望远镜看到目标的视角之比叫望远镜的放大倍数。为控制望远镜的左右转动，水准仪上都安装了一套制动水平和微动装置，当拧紧制动螺旋后，望远镜就不能转动，如要做微小转动，可以通过旋转水平微动螺旋进行调整，用以精确瞄准目标，制动螺旋拧松后，微动螺旋就不起作用。为方便瞄准目标，望远镜上还安置了准星与照门作为寻找目标的依据。

2.水准器

水准器有圆水准器和长水准管两种，其主要作用是用来粗平仪器和使视线水平。

（1）圆水准器用玻璃制成，其内装有酒精和乙醚的混合液，密封高温冷却后形成圆气泡。圆水准器顶面内壁为球面，球面中心刻有一个圆圈，通过圆圈中心的球面法线叫圆水准器轴。气泡居中时，圆水准器轴就处于铅垂位置，此时只要圆水准器轴平行于仪器竖轴，则仪器竖轴就处于铅垂位置。气泡不居中时，每偏离2mm，圆水准器轴所倾斜的角度叫圆水准器分划值。

（2）长水准管是内壁纵向磨成圆弧状的玻璃管，其内装有酒精和乙醚的混合液，密封高温冷却后形成一个长气泡，管上对称刻有间隔为2mm的分划线，长水准管内壁圆弧中心点为长水准管的零点。

为了提高气泡居中精度，便于观测，在长水管上方装有一组棱镜，将长水准管气泡两端泡头的一半影像反射到目镜旁边的气泡观察孔中。当气泡居中时，两个半泡影就符合在一起；若两个半气泡互相错开，则表明长水准管气泡不居中，此时通过旋转微倾螺旋可使气泡（即两个半气泡）符合。测量上将这种带有符合棱镜的水准器叫符合水准器。微倾螺旋的作用是在水准仪接近水平时，通过抬高或降低望远镜的一端，使符合气泡符合，从而使水准仪视线达到精确水平。

3.基座

基座主要由轴座、脚螺旋和连接螺旋组成。轴座用来支承仪器上部，连接螺旋用来连接仪器与三脚架，通过调节脚螺旋可使圆水准气泡居中，从而整平仪器。

（二）水准尺

水准尺是带有刻画的供测量照准读数使用的标尺，它用伸缩性小、不易变形的优质木材或玻璃钢制成。常用的水准尺有塔尺和双面尺两种。

（1）塔尺是由两至三节尺子套在一起形成的塔状水准尺。尺长3~5m，尺底部为0，塔尺上按1cm的分划涂以黑白相间的分格，并在分米和米处标注数字。塔尺携带方便，但因存在接头误差一般用于较低精度的水准测量。

（2）双面尺又称红、黑面尺，每两根组成一对，尺长均为3m，每根尺的黑面从0开始，按1cm的分划涂以黑白相间的分格，每根尺红面也按1cm的分划涂以红白相间的分格，但起点不同，一根为4.687m，另一根为4.787m，这样注记的目的是校核观测时的读数错误，双面尺一般用于精度要求较高的水准测量。

（三）尺垫

尺垫用生铁铸成，一般呈三角形状，中央突出1个小半球，半球顶部用来支承水准尺并作为转点的标志，其下有3个支点可插入土中，以防止立尺点位移动和水准尺的下沉。

三、水准仪的使用

水准仪的使用包括水准仪的安置、粗平、调焦与瞄准、精平和读数。

43

（一）安置仪器

打开三脚架，调节架脚长度使仪器高度与观测者身高相适应，目估架头大致水平，取出仪器放在架头上，用连接螺旋将其与三脚架连紧，踩紧脚尖。

（二）粗略整平

粗平就是转动仪器脚螺旋使圆水准气泡居中，从而使仪器视线粗略水平。当气泡未居中时，先任选一对脚螺旋，将圆水准器转至该两个脚螺旋的中间，双手分别握住脚螺旋做相反的等速转动，将气泡调至这两个脚螺旋连线的垂直平分线上，再调节第三个脚螺旋使气泡居中。粗平过程中应注意气泡移动方向与左手大拇指转动方向一致。

（三）调焦与瞄准

调焦与瞄准的作用是使观测者能通过望远镜看清楚并对准水准尺，以便正确读数。

（1）目镜调焦：将望远镜照准远处明亮背景，旋转目镜调焦螺旋使十字丝最清晰。

（2）粗略瞄准：松开制动螺旋，转动望远镜，用准星和照门瞄准尺后，拧紧制动螺旋。

（3）物镜调焦：转动调焦螺旋使水准尺的像清晰地落在十字丝分划板上。

（4）精确瞄准：转动微动螺旋使十字丝竖丝大致照准水准尺的中间。

（5）消除视差：由于调焦不准，水准尺的像并不落在十字丝分划板上，此时，眼睛在目镜旁上下移动，就会发现十字丝和尺像有相对移动，这种现象称为视差。视差的存在会影响测量结果的准确性，因此，测量中必须消除视差，方法是仔细进行物镜调焦，如果十字丝没调到"最清晰"，则应先调好十字丝再进行物镜调焦，直到视差消除为止。

（四）精平

精平是在读数前转动微倾螺旋使符合水准气泡符合，从而使视准轴精确水平，旋转微倾螺旋时，大拇指的运动方向与符合气泡中左侧半个气泡像的移动方向一致，当望远镜转到另一方向观测时，符合气泡不一定符合，应重新精平，待气泡符合后才能读数。

（五）读数

气泡符合后，应立即读取十字丝横丝在水准尺上的读数。读数前要清楚水准尺的注记方式，读数时要迅速准确，由于水准尺的像是倒立的，因此，读数时应自上而下、从小到大读，一般先估读出毫米数，然后报出全部4位读数。水准测量中，精平与读数是两项不同的操作步骤，但具体作业时却把这两项操作视为一体，即精平后再读数，读数后要立即检查气泡是否仍然符合，只有这样才能获得准确的观测成果。

四、普通水准测量

（一）水准点和水准路线

1.水准点

水准测量是从已知高程点开始的，国家测绘部门根据青岛水准原点，在全国范围内埋设了很多点并用水准测量方法测算出这些点的高程，作为测量高程依据的地面点，这些点就是水准点，用BM表示。水准点按精度高低可以分为一、二、三、四4个等级，国家等级水准点必须埋设水准标志，其埋设方法在《国家一、二等水准测量规范》（GB/T 12897-2006）中有明确规定。工程建设中进行的多为IV等以下的普通水准测量，需长期保存的永久性水准点一般用混凝土或钢筋混凝土制成并按规定埋设，不需长期保存的临时水准点可用木桩打入地面，桩顶打上铁钉作为标志，或直接选用地面上硬岩石作为水准点。

2.水准路线

水准测量所经过的线路叫水准路线。水准路线有单一水准路线和水准网两种，这里仅介绍比较简单的单一水准路线。单一水准路线有3种基本布设形式。

（1）闭合水准路线：从某一已知高程水准点出发，沿若干待测高程点进行水准测量，最后又回到原已知点所构成的环形路线叫闭合水准路线。

（2）附合水准路线：从某一已知高程水准点出发，沿若干待测高程点进行水准测量，最后测到另一已知高程水准点所构成的路线叫附合水准路线。

（3）支水准路线：从某一已知高程水准点出发，沿若干待测高程点进行水准测量，既不闭合也不附合的路线叫支水准路线。为了校核，支水准路线应进行往返测量。

（二）水准测量的方法与校核

水准测量时，当所测两点相距较远或高差较大时，不可能安置一次仪器就测出两点间高差，此时，必须先选若干个过渡点，将测量路线分成若干段进行观测。计算校核只能检查出计算有无错误，不能检查观测是否有误，因此，水准测量中还要采用一定的方法进行校核。

1.测站校核

为保证测量精度，在每站观测时都要进行测站校核，测站校核常用双面尺法和变动仪器高法。

（1）双面尺法。用双面尺的红、黑面所测高差进行校核，当这两个高度之差不大于5mm时，取其平均值作为该站高差，否则应重测。

（2）变动仪器高法。若不用双面尺观测，可在测站上用不同的仪器高（高度相差＞10cm）观测两次高差，若这两个高度之差不大于5mm，则取其平均值，否则应重测。

2.路线校核

测量工作不可避免地会产生误差，测站校核只能检查出每个测站的观测计算是否符合要求，对一条水准路线而言，有些误差在一个测站上反映不很明显，但随着测站数的增多，这些误差积累起来就有可能使整条水准路线的测量成果产生较大的差异，因此，水准测量外业结束后，还要对水准路线高差测量成果进行校核计算。测量上把水准路线高差观测值与其理论值之差叫作水准路线高差闭合差。

五、线路水准测量

（一）纵断面水准测量

线路选好以后，一般要沿线敷设一条四等水准路线，每隔1～2km设置一个水准点，作为纵断面水准测量的依据。纵断面水准测量之前，从线路起点开始，每隔一定整数距离打一个小木桩，称为整桩，也称里程桩。整桩之间的距离因工程要求而异，一般为30m、50m、100m等。两整桩之间遇有重要地物或地面坡度变化处还要增设木桩。称为加桩，整桩和加桩都以线路起点到该桩的距离进行编号，其编号称为桩号。起点桩号为0+000，以后则为0+050、0+100等，"+"号前数字为公里数，"+"号后的数字为米数，如2+150，即表示从起点到该桩的距离为2km+150m，即2150m。

纵断面水准测量就是用水准测量的方法测定中心线上这些桩点的高程，测量时一般由一已知水准点开始，再附合到另一个已知水准点上。由于具体情况不同，纵断面水准测量与前述的普通水准在观测、记录、高程计算等方面不尽相同。

纵断面水准测量在一个测站上除要在前、后视转点上立尺、读数外，还要在前后视转点之间的所有木桩上立尺并读数，这些木桩点称为间视点或称中间点。间视点上尺子的读数称为间视读数，简称间视。一个测站上，可能没有间视点，也可能有若干个间视点，要根据每一个测站上的具体情况确定。由于每个测站一般都有间视读数，所以在记录表中要有记载间视栏目。绘制纵断面图，一般在毫米方格纸上进行。绘制时，以中心线上的里程桩距起点的距离为横坐标，高程为纵坐标。为了更明显地反映地面的起伏情况，一般纵断面图距的高程比例尺要比水平比例尺大10倍或20倍。常用的比例尺：高程为1∶100或1∶200，水平距离为1∶1000或1∶2000。

（1）在方格纸上适当位置，绘出水平线。水平线以下各栏注记实测设计和计算的有关数据，水平线以上绘纵断面图。

（2）根据水平比例尺，在桩号栏内标明里程桩和加桩位置，并在该栏内标明各里程桩号。在地面高程栏内注明各里程桩的实测高程。

（3）在水平线上部，按高程比例尺，根据整桩和加桩的地面高程，在相应的垂线方向上确定各点的位置，再用直线连接相邻点即得纵断面图。根据纵断面图，设计人员结合其他资料就可以进行工程的有关设计。有些设计数据，如设计坡度、填高、挖深等，也应标明在绘制的纵断面图上。

（二）横断面水准测量

垂直于路线中心线方向的断面为横断面。横断面测量是以各里程桩为依据，测定各里程处横断面上地面坡度变化点的相对位置和高程，绘制成横断面图，作为设计计算的依据。横断面图的绘制方法基本上与纵断面图相同。为了便于面积计算，横断面图上水平距离和高程一般采用相同的比例尺，常采用的比例尺为1∶100或1∶200。

六、水准仪的检验与校正

水准仪出厂前，虽然进行了严格的检验与校正，但经过长期使用与运输，仪器各轴线的几何关系逐渐发生变化。因此，要定期对仪器进行检验与校正。另外，仪器在检验校正前还必须进行一系列的检查，包括对仪器转动部分、光学成像部分、水准器部分和三脚架部分做全面检查，发现问题及时修理。

（一）圆水准器轴的检验与校正

1.检校目的

使圆水准器轴平行于竖轴。

2.检验方法

安置仪器后，转动脚螺旋使圆水准气泡居中，转动望远镜180°，若气泡仍居中，说明条件满足，否则，两轴线不平行。

3.校正方法

在上述检验的基础上，首先转动脚螺旋使气泡回到偏离零点的一半位置，此时仪器竖轴处于铅垂位置，拨动圆水准器校正螺丝，使气泡居中，此时，圆水准器轴与竖轴平行。

（二）十字丝横丝的检验与校正

1.检校目的

使十字丝横丝垂直于竖轴。

2.检验方法

安置仪器，用横丝一端对准远处一明显标志，固定制动螺旋，缓缓转动微动螺旋，若标志始终在横丝上移动，说明十字横丝垂直竖轴，否则，应进行校正。

3.校正方法

取下十字丝护罩，旋松十字丝环的4个固定螺丝，微微转动十字丝环使横丝水平，最后拧紧固定螺丝，旋回护罩。若此项误差不明显时，一般可不校正，外业观测时用十字丝的中央部分读数即可。

（三）长水准管轴的检验与校正

1.检校目的

使长水准管轴平行于视准轴。

2.检验方法

若长水准管轴不平行于视准轴，则当长水准管气泡居中（即长水准管轴水平）时，视准轴呈倾斜位置，此时在水准尺上读数所产生的误差将与仪器到水准尺的距离成正比，若仪器距前后视两点距离相等，则两尺上的读数误差也相等。

七、水准测量误差的主要来源及消减方法

测量工作很容易产生错误，如读错、认错转点变动等，另外，由于仪器本身构造、观测者及外界条件的影响，测量成果不可避免地存在误差，因此，测量时必须杜绝错误、减小误差、提高观测精度和工作效率。

（一）水准测量误差来源

水准测量误差主要来源于观测仪器、观测者和观测时的外界条件。

1.仪器误差

仪器误差包括仪器校正后的残余误差和水准尺误差。

（1）残余误差：由于仪器校正不完善，校正后仍存在部分误差，误差可用前后视距相等的方法来消除。

（2）水准尺误差，由于水准尺刻画不准、尺长变化、弯曲等原因影响测量成果精度，因此水准尺要经过检验后才能使用。

2.观测误差

（1）气泡居中误差：符合水准器的气泡居中误差与长水准管分划值 τ 和视线长度D成正比，$\tau=20''$，D=100m时，气泡居中误差为0.75mm。

（2）读数误差：在水准尺上估读数毫米的误差与观测者眼睛的分辨率（一般为60"）及视线长度成正比、与望远镜的放大倍数（v）成反比。当v=30，D=100m时，读数误差为0.9mm。

（3）水准尺倾斜误差：水准尺倾斜将使读数增大，当水准尺倾斜3°30′时，在尺上1m处读数将产生2mm的误差，如果水准尺上读数大于1m，则观测误差将超过2mm。

3.外界条件影响

外界条件包括土质、温度、地球曲率及大气折光等。

（1）仪器下沉：仪器下沉使视线降低，引起高差误差，观测时可采用一定的观测程序来减弱其影响。

（2）尺垫下沉：尺垫下沉将增大下一站的后视读数，引起高差误差，观测时可用往、返观测并取其平均值的方法减弱其影响。

（3）地球曲率及大气折光的影响：用水平面（线）代替大地水准面在水准尺上读数自然会产生高差误差，可采用前后视距相等的方法消除其影响；大气折光会使视线弯曲，改变水准尺的实际读数，可采用前后视距相等的方法减弱其影响。

（4）温度的影响：温度变化不仅引起大气折光变化，而且会影响长水准气泡的移动，产生气泡居中误差。为减少温度的影响，观测时应撑伞遮挡阳光，防止仪器暴晒。

（二）水准测量注意事项

水准测量的注意事项主要有以下方面：

（1）水准仪和水准尺必须经过检验校正后才能使用。

（2）仪器应安置在坚固的地面上，并尽可能使前后视距离相等，操作时手不能压在仪器或三脚架上，以防仪器下沉。

（3）水准尺要立直，尺垫要踩紧。

（4）读数前要消除视差并使符合水准气泡严格居中，读数要准确快速，不得出错。

（5）记录要及时、规范，字体要清楚端正，记录前要复诵观测者报出的读数，确认无误后方可记入观测手簿中。

（6）不得涂改数据或用橡皮擦掉数据。观测时如读错或记错，应视具体情况或用一斜线将数字画去，并在其上写上正确数据，或另起一行重写。

（7）加强观测和记录计算中的校核工作，发现错误或超出限差应立即重测。

（8）测量小组成员间要注意互相配合，提高工作效率。

（9）注意保护和爱惜测量仪器和工具，观测结束后，脚螺旋和微动（倾）螺旋要旋至中间位置。

第三节　经纬仪及角度测量

一、光学经纬仪

经纬仪的基本操作主要有对中、整平、照准和读数4步。

（一）对中

使经纬仪的竖轴中心与所测角的顶点位于同一铅垂线上，这项工作称为对中。对中的方法有两种，一种是垂球对中，另一种是用光学对点器对中。现分别介绍如下：

1.垂球对中

松开三脚架上三颗固定架腿的螺丝，竖直提起三脚架，使架头与自己的肩同样高，待架腿伸到地面后固定架腿，将仪器架的三个脚张开，然后将三脚架架在测站点上，使架头大致水平，再把连接螺旋大致放在三脚架头的中心，取一小石子放在连接螺旋的下面让其自由落下，进行初步对中。如果偏离较大，可平移三脚架，当小石子大致落在测站点上时，将三脚架的脚尖踩入土中。从箱中取出经纬仪放在三脚架头上，旋紧连接螺旋。取出垂球挂在连接螺旋中心的挂钩上。当垂球尖与测站点有较小的偏差时，可稍微旋松连接螺旋，两手扶住仪器基座，在架头上平移仪器，使垂球尖对准测站点后，将连接螺旋旋紧。用垂球对中，对中误差一般应小于3mm。

2.用光学对点器对中

光学对点器是装在仪器竖轴中的小望远镜，中间装有一个反光棱镜，使竖直方向的光线折成水平方向以便观测。用光学对点器对中可以提高精度，一般对中误差小于1mm。用光学对点器对中的步骤如下：

（1）用上述同样方法进行初步对中；

（2）安上经纬仪，调节对点器目镜。看清分划板上的黑色圆圈，再通过拉、推对点器目镜筒看清地面上的标志点；

（3）旋转脚螺旋，使对点器的小圆中心与地面点标志中心重合；

（4）伸缩三脚架腿，使照准部圆气泡或水准气泡居中（不必严格居中）。

（二）整平

整平的目的是使经纬仪的竖轴处于铅垂状态，从而使水平度盘和横轴处于水平状态，具体步骤如下：

（1）松开水平制动螺旋，转动照准部，使水准管平行于任意两个脚螺旋的连线，两手同时向内（或外）转动脚螺旋使气泡居中。气泡移动的方向与右手食指的转动方向一致。

（2）将照准部旋转90°，旋转另一个脚螺旋使气泡居中。

（3）将照准部转到任意位置，水准管气泡总是居中（偏差小于1格），说明仪器竖轴铅垂，水平度盘水平，否则应重复上述整平步骤。应该指出，光学对中与整平是相互影响的。整平后，要检查仪器的对中情况。若对中偏差稍微超过要求，可稍松连接螺旋，在架头上平移仪器，使其精确对中。对中、整平要反复进行，直到满足要求为止。

（三）照准

测角时要照准观测标志，观测标志一般是竖立于地面点上的标杆、测钎或觇牌。测竖直角时，一般用望远镜中十字丝横丝切住目标顶端简称横丝切顶；测水平角时，用望远镜中十字丝的竖丝照准目标中心。现以观测水平角时的照准目标为例，介绍望远镜照准目标的步骤：

（1）目镜对光：将望远镜对向明亮的背景（如白墙、天空），转动目镜对光螺旋，使十字丝最清晰。

（2）粗瞄目标：松开望远镜制动螺旋和水平制动螺旋，用望远镜上的缺口和准星对准目标，然后旋紧制动螺旋。

（3）精确瞄准：转动望远镜，在视场内看到目标后，旋紧望远镜的制动螺旋。转动对光螺旋，使目标的像十分清晰，再旋转望远镜微动螺旋动和水平微动螺旋，使十字丝竖丝与目标中心严格重合。

（4）消除视差：转动对光螺旋使目标的像清晰后，左右微动眼睛，观察目标像与十字丝是否有相对移动。如有晃动现象，说明存在视差，应重新进行目镜对光和物镜对光。

（四）读数

旋转读数显微镜的目镜，使度盘及分微尺的像十分清晰，根据前面所讲的读数方法进行读数。应该说明，当望远镜倾斜较大时，度盘和测微尺的成像发生倾斜，这是正常现象，不影响实际读数。

二、水平角测量

水平角观测是利用经纬仪的水平度盘来测量方向线在水平面上投影的夹角。经纬仪上的水平度盘安装在照准部的金属罩内，但测角时它不与照准部一起转动。水平度盘的读数指标系统安装在照准部上，随照准部同步转动。当仪器整平以后，仪器竖轴铅垂，水平度盘水平，这时望远镜照准某一目标时，读数指标指在度盘上的某一位置，从读数显微镜中就可以读出相应的读数，同理，当望远镜照准另一目标时，读数指标在度盘的另一位置，从读数显微镜中也可以读出相应的读数。根据水平角观测原理，两次读数之差即为水平角值。水平角观测的方法较多，常用的有测回法和全圆测回法两种。

三、竖直角测量

（一）竖盘结构

竖盘结构主要包括竖直度盘，读数指标、指标水准管及调节指标水准管气泡居中的微动螺旋。竖盘与望远镜固连在一起，随望远镜同步转动。读数指标与指标水准管固连，不随望远镜转动。当指标水准管气泡居中时，指标应指在正确位置。当望远镜视线水平，指标水准管气泡居中时，读数指标在竖盘上的读数称为竖盘起始读数，通常是一个特定的数值90°或270°。由于竖直角是竖直平面内目标方向线与水平方向线的夹角，因此，观测竖直角时只需测出望远镜照准目标方向时的竖盘读数即可计算出竖直角。

（二）竖盘指标差

当望远镜视准轴水平，竖盘指标水准管气泡居中时，读数指标没有指在相应的特定位置上（90°或270°），而是比该特定值大了或小了一个小角值，这个小角值称为竖盘指标差，简称指标差。在竖盘读数中包括了指标差，因而在计算竖直角时，必须消除它的影响。

（三）竖直角的观测步骤及记录、计算

竖直角的观测步骤如下：

（1）将经纬仪安置在测站上进行对中、整平，用盘左位置照准目标（注意横丝切顶），旋转指标水准管微动螺旋，使水准管气泡严格居中，读取竖盘读数。

（2）盘右位置照准同一目标，旋转指标水准管微动螺旋，使水准气泡居中，读取竖盘读数。

（四）竖盘指标自动补偿装置

观测垂直角时，每次读数前都必须使指标水准管气泡居中，这样不仅影响观测速度，而且，往往因忘记这项操作而造成差错。一些经纬仪利用自动补偿装置来代替竖盘水准管，从而简化了操作程序，提高了工作效率。补偿器的种类较多。

四、水平角观测中误差的主要来源及消减方法

（一）仪器误差

仪器误差又分为两种：一种是由于仪器检校不完善而存在的残余误差，如视准轴不垂直于横轴，横轴不垂直于竖轴的残余误差等；第二种是由于仪器制造不完善而引起的误差，如照准部偏心误差等。

1.残余视准轴误差

由于视准轴应垂直于横轴的检校不够完善，仪器还有视准轴不垂直于横轴的微小误差存在。取盘左、盘右两次读数的平均值可以消除其对观测方向值的影响。

2.横轴不垂直于竖轴的残余误差

由于横轴应垂直于竖轴的检校不够完善，横轴倾斜一个微小的角值，其视准轴亦随之倾斜，对观测方向值产生影响。此项误差也可以通过取盘左、盘右两次读数的平均值加以消除。

3.竖轴倾斜的残余误差

这是由于水准管轴应垂直于仪器竖轴的检校不完善（或水准管没有严格整平）而引起的残余误差，它不能用盘左、盘右观测同一目标而消除其影响。这种残余误差的影响，与望远镜视准轴的倾角有关，倾角越大，影响越大。所以在山区进行测量时，要特别注意水准管的整平，并要严格检验校正水准管。

4.度盘刻画误差

光学经纬仪的度盘刻画误差一般不超过 ± 3 "。在观测水平角时，各测回应变换度盘的起始位置，以便削弱度盘刻画误差的影响。

（二）观测误差的影响

观测误差的影响主要包括照准误差和读数误差的影响。

1.照准误差的影响

望远镜照准误差一般以60"/V来计算，V为望远镜放大率。照准误差还与其他因素有关，诸如人眼的分辨力，目标的大小、形状、颜色、亮度、背景的衬度，以及空气的透明

度等。因此，在进行水平角观测时，要注意尽量减少以上情况对观测成果的影响。

2.读数误差的影响

读数误差的影响大小，主要取决于仪器的读数设备。对于J_6级经纬仪最大估读误差一般不超过$\pm 6''$。

五、外界条件的影响

水平角观测是在野外进行的，风力、日晒、温度等都对测角精度产生影响，尤其当视线接近地面或障碍物时，其辐射出来的热量往往使影像跳动，严重影响照准目标的准确度。为了提高测角的精度，应选择有利的观测时间，视线要与障碍物保持一定的距离，晴天观测要用测伞给仪器遮住阳光，以使外界条件的影响降低到最小限度。

第四节　距离测量和直线定向

一、钢尺量距

（一）量距工具

丈量距离的尺子通常有钢尺和皮尺。钢尺量距的精度较高，皮尺量距的精度较低。钢尺也称钢卷尺，一般绕在金属架上，或卷放在圆形金属壳内，尺的宽度约10～15mm，厚度约0.4mm，长度有20m、30m、50m等种类。钢尺最小刻划一般为1mm，在整厘米、整分米和整米处的刻划有注记。按其零点的位置不同，钢尺分端点尺和刻线尺两种。端点尺其前端的端点即为零点，刻线尺其零点位于前端端点向内约10cm处。较精密的钢尺，检定时有规定的温度和拉力。除钢尺外，丈量距离还需要标杆、测钎和垂球等工具。较精密的距离丈量还要用拉力计和温度计。

（二）直线定线

在距离测量时当两点间距离较长，或地面起伏较大不便用整尺段丈量时，为了测量方便和保证每一尺段都能沿待测直线方向进行，需要在该直线方向上标定出若干个中间点，这项工作称为直线定线。一般测距时用标杆目估法定线，精密测距时用经纬仪定线。

（三）钢尺量距的一般方法

1.平坦地面的距离丈量

平坦地面可沿地面直线丈量水平距离。丈量开始时后司尺员持钢尺零点一端，前司尺员持钢尺末端，按定线方向沿地面拉紧拉平钢尺。这时后司尺员将钢尺零点对准插在起点的测钎，口中喊声"好"；前司尺员将钢尺边缘靠在定线中间点上，将测钎对准钢尺的某个整分化线处竖直地插在地面上或在地面上做出标志，口中喊声"走"；同时记录员将读数记入记录表中。后司尺员就拔起插在起点上的测钎继续前进，丈量第二尺端。如此一尺段一尺段丈量，当丈量到一条线段的最后一尺段时，后司尺员将钢尺的零点对在前司尺员最后插下的测钎上，前司尺员根据插在终点上的测钎在钢尺上读数。这条线段的总长等于各尺段距离的总和。为了防止丈量过程中发生错误和提高距离丈量精度，通常采用往返丈量。距离丈量精度一般采用相对误差衡量。

2.倾斜地面的距离丈量

若地面有倾斜坡度变化时，可分段拉平钢尺丈量。为操作方便可沿标定的方向由高处向低处丈量。后司尺员将钢尺零端贴在地面，零点对准量测点；前司尺员将钢尺抬平（目估水平），将垂球线对在尺面上的某个整数注记处，并在垂球尖所对的地面点插上测钎。丈量到终点时，使垂球尖对准终点的标志，读垂球线所对尺面上的读数。由于返测时由低向高处测较为困难，故可从高处向低处再丈量一次，取两次丈量结果的平均值作为最后的结果。

二、视距测量

视距测量是利用测量仪器上的望远镜的视距装置，按几何光学原理同时测定两点间水平距离和高差的一种方法。这种方法具有操作方便、速度快，不受一般地面起伏限制等优点，但精度较低，主要用于地形测图的碎部测量中。

三、光电测距

钢尺量距是一项十分繁重的野外工作，尤其是在复杂的地形条件下甚至无法进行。视距法测距，虽然操作简便，可以克服某些地形条件的限制，但测程较短，精度较低。为了改善作业条件，扩大测程，提高测距精度和作业效率，随着光电技术的发展，人们又发明了光电测距仪，用它来测定距离。光电测距仪的基本原理是通过测定光波在测线两点之间往返传播的时间，来确定两点之间的距离。光源发射出的光波通过调制器后，成为光强随高频信号变化的调制光，射向测线另一端的反射镜，反射镜将光线反射回来，然后由相位计将发射信号（又称参考信号）与接收信号（又称测距信号）进行相位比较，并由显示器显示出调制光在被测距离上往返传播所引起的相位移。

四、直线定向

确定直线与标准方向线之间关系的工作称为直线定向。直线与标准方向之间的关系，通常是以该直线与标准方向线之间的水平夹角来表示。

（一）标准方向

在测量工作中通常以真子午线、磁子午线和坐标纵轴方向作为标准方向。

（1）真子午线方向：过地面上某点真子午线的切线方向，称为该点的真子午线方向。真子午线方向可用天文观测方法和陀螺经纬仪测定。

（2）磁子午线方向：过地面上某点磁子午线的切线方向，称为该点的磁子午线方向，也就是磁针在自由静止时其轴线所指的方向。磁子午线方向一般用罗盘仪或磁针结合经纬仪测定。

（3）直角坐标纵轴所指的北方向，称为坐标纵轴方向。当采用高斯平面直角坐标时，坐标纵轴的方向就是中央子午线的北方向。地面上各点的真子午线方向，一般来说并不平行。两地面点真子午线方向间的夹角，称为该两点子午线收敛角。在高斯平面直角坐标系中，某点真子午线方向与坐标纵轴方向间的夹角，实际上就是该点的真子午线方向与中央子午线间的收敛角。

（二）直线定向的表示方法

1.方位角

由标准方向的北端顺时针量至某一直线的水平角，称为该直线的方位角。方位角的取值为0°～360°。由于选用的标准方向不同，方位角又分为真方位角、磁方位角和坐标方位角。以真子午线作为标准方向的方位角，称为真方位角；以磁子午线作为标准方向的方位角，称为磁方位角；以坐标纵轴作为标准方向的方位角，称为坐标方位角。

2.象限角

有时也可用象限角来表示直线的方向，从标准方向的北端或南端起，顺时针或逆时针方向量至某一直线的锐角，称为该直线的象限角。一般用R表示，其取值为0°～90°。用象限角表示直线的方向，不仅要注明角度数值的大小，还要标明角度的偏转方向。如某直线的象限角可表示为北偏东40°，或者表示为北40°东。

第五节　测量误差理论

一、测量误差概述

（一）测量误差的来源

测量误差的来源，概括起来有以下3个方面：

1.仪器的因素

由于测量仪器精度上的限制和构造上的不完善，测量结果不可避免地带有误差。例如，用经纬仪测角，测微尺上只能读到分，秒值则需要估读；用只有厘米刻划的水准尺进行水准测量，毫米就要估读。而估读就必然产生误差，这便是仪器精度上的限制。

2.人的因素

测量成果是由人操作仪器观测取得的，观测者感觉器官的鉴别能力是有限的，所以在观测过程中的对中、整平、照准、读数等每一步都将产生误差。此外，观测者的观测习惯和操作熟练程度都会对观测成果造成不同程度的影响。

3.外界环境的影响

测量工作一般都是在野外进行，测量时的外界环境，如温度、湿度、风力、光照、烟雾及大气折光等在不断地变化，且都会对观测成果造成影响。如温度的变化会使钢尺产生伸缩，风吹和曝晒使仪器性能不稳定，烟雾使成像不清晰，大气折光使照准产生偏差等。仪器、人和外界环境是产生测量误差的主要因素，统称为"观测条件"。观测条件相同的观测称为等精度观测，观测条件不同的观测称为不等精度观测。不论观测条件如何，观测结果中都会含有误差，不过我们可以通过人为的努力，尽量地减弱其对观测结果的影响。

（二）测量误差的分类

测量误差按照其性质分为系统误差和偶然误差两大类：

1.系统误差

在相同的观测条件下对某个量做一系列观测，出现的误差如果在大小和符号上表现出一定的规律性，这类误差叫作系统误差。例如，用一长度为30m，而实际长度为30.004m

的钢尺丈量某一距离，每丈量一个整尺就将产生0.004m的误差。丈量距离越长，丈量结果中的误差越大，即与距离长度成正比，但误差符号始终不变，这个误差就是系统误差；再如，水准测量中，水准尺没有扶直，使尺上读数总是偏大，这项误差大小虽然没有规律，但符号始终不变，也属系统误差。

系统误差对测量结果的影响具有积累性，所以对成果质量的危害较大。但是系统误差总表现出一定的规律，可以根据它的规律，采取相应措施，把它的影响尽量地减弱直至消除。例如，在距离丈量中，加入尺长改正，可以消除尺长误差；观测水平角时，取盘左、盘右两半测回角值的平均值，可以消除视准轴不垂直于横轴的误差；水准测量中前后视距离大致相等，可以减弱角误差的影响以及地球曲率和大气折光影响等。

2.偶然误差

在相同的观测条件下对某个量做一系列观测，出现的误差如果其大小和符号从表面上看都没有什么规律性，这类误差叫作偶然误差。偶然误差是由人的感觉器官鉴别能力的局限性、仪器的极限精度、外界条件等共同引起的误差，其大小和符号纯属偶然。例如，水准尺上估读毫米时，可能偏大，也可能偏小，其偏离的大小也不相同；用十字丝照准目标，可能偏左，也可能偏右，而且每次偏离中心线的大小也不一致，因此，读数误差和照准误差都属偶然误差。

偶然误差是不可避免的，也是不能被消除的，但可以采取一些措施来减弱它的影响。如上所述，根据系统误差出现的规律和产生的原因，采取相应的措施可以减弱或消除它的影响，但并不是所有系统误差的来源和规律都那么明显，所以它对观测结果的影响也就不可能完全被消除。因此，观测成果中通常是既包含偶然误差又包含残存的系统误差。一般来说残存的系统误差对观测成果的影响要比偶然误差小得多，也就是说影响观测成果质量的主要是偶然误差，因此，在测量误差理论中，通常以偶然误差作为研究的主要对象。另外，在测量工作中，除了上述两种误差外，还可能出现错误，也叫作粗差。例如瞄错目标、读错读数等，在测量成果中是不允许错误存在的。

3.偶然误差的特性

从表面上看，偶然误差好像不表现任何规律，纯属一种偶然性。但是，偶然与必然是相互联系而又相互依存的，偶然是必然的外在形式，必然是偶然的内在本质。如果统计大量的偶然误差，将会发现在偶然性的表象里存在着必然性规律，而且统计的量越大，这种规律就越明显。某一测区在相同的观测条件下观测了217个三角形的全部内角，由于观测结果中存在着偶然误差，使观测所得三角形的内角和不等于其理论值，其差值称为三角形内角和闭合差。

（三）极限误差

根据偶然误差的特性，偶然误差的绝对值不会超过一定的限值，这个限值称为极限误差。根据误差理论分析及实践证明，大于两倍中误差的偶然误差出现的可能性为5%，大于三倍中误差的偶然误差出现的可能性为0.3%，即大于三倍中误差的偶然误差出现的机会几乎为零。在实际工作中，观测次数总不会太多，所以可以认为大于三倍中误差的偶然误差不可能出现。从上面的事例中也可以看出，两组误差都没有超过三倍中误差的。因此，通常以三倍中误差作为偶然误差的极限值，也称为容许误差。

二、误差传播定律

在测量工作中有一些量并非是直接观测值，而是根据直接观测值计算出来的，即未知量是观测值的函数。由于直接观测值不可避免地含有误差，因此由直接观测值求得的函数值，必定受到影响而产生误差，这种现象称为误差传播。描述观测值的中误差与观测值函数的中误差之间的关系的定律，称为误差传播定律。

三、观测值的算术平均值及其中误差

（一）算术平均值

当观测次数无限增多时，算术平均值趋近于该量的真值。然而在实际工作中，观测次数不可能无限增加，因此算术平均值也就不可能等于真值，但可以认为：根据有限个观测值求得的算术平均值应该是最接近真值的值，称其为观测量的最可靠值，也称为最或是值。一般都将它作为观测量的最后结果。

（二）算术平均值的中误差

在测量成果的整理中，由于将算术平均值作为观测量的最后结果，所以必须求出算术平均值的中误差，以评定其精度。观测次数越多，所得结果越精确，即可以增加观测次数来提高算术平均值的精度。但是，观测成果精度的提高仅与观测次数的平方根成正比，当观测次数增加到一定数量时，其精度提高很慢。另外，观测次数越多，工作量越大。所以当观测值精度要求较高时，不能仅靠增加观测次数来提高精度，必须选用较精密的仪器及较严密的测量方法。

（三）由改正数计算中误差

在计算中误差时，需要知道观测值的真误差，但在一般情况下，观测值的真值是不知道的，因而真误差也就无法求得。但在等精度观测的情况下，观测值的算术平均值是容易求得的，我们把算术平均值与观测值之差称为观测值的改正数。

第四章　测绘管理

第一节　测绘技术管理

测绘技术管理包括测绘技术立法、技术基础设施建立、技术业务及质量检验、技术革新与新技术的鉴定、采用和推广等。主要指建立测绘基准和测绘系统，制定测绘技术规范和标准以及进行测绘计量管理等。

一、测绘基准

（一）测绘基准的概念

测绘基准是指一个国家为在其辖区内进行测绘工作所建立、确定的相应参数和起算依据以及它们之间的数学和物理的关系的标准。测绘基准包括所选用的各种大地测量参数、统一的起算面、起算基准点（即大地原点、水准原点、重力基点）、起算方位，以及有关地点、设施、名称等。为起到起算依据作用，测绘基准必须分别包括（或联系）在相应的测量控制网中。我国设立和采用的测绘基准有大地基准、高程基准、深度基准和重力基准。它们是一个国家整个测绘的起算依据和建立各种测绘系统的基础。

（二）测绘基准的特征

1.科学性

任何测绘基准都是依靠严密的科学理论、科学手段和方法经过严密的演算和施测建立起来的，其形成的数学基础和物理结构都必须符合科学理论和方法的要求，从而使测绘基准具有科学性特点。

2.统一性

为保证测绘成果的科学性、系统性和可靠性，满足科学研究、经济建设和国防建设的需要，一个国家和地区的测绘基准必须是严格统一的。测绘基准不统一，不仅使测绘成果不具有可比性和衔接性，也会对国家安全和城市建设以及社会管理带来不良的后果。

3.法定性

测绘基准由国家最高行政机关国务院批准，测绘基准数据由国务院测绘行政主管部门负责审核，测绘基准的设立必须符合国家的有关规范和要求，使用测绘基准由国家法律规定，从而使测绘基准具有法定性特征。

4.稳定性

测绘基准是一切测绘活动和测绘成果的基础和依据，测绘基准一经建立，便具有相对稳定性，在一定时期内不能轻易改变。

（三）测绘基准管理

《测绘法》第八条规定：国家设立和采用全国统一的大地基准、高程基准、深度基准、重力基准，其数据由国务院测绘行政主管部门审核，并与国务院其他有关部门、军队测绘主管部门会商后，报国务院批准。这一条规定了全国统一的测绘基准的范围、设立、使用及其发布批准的程序。

1.国家规定测绘基准

测绘基准是国家整个测绘工作的基础和起算依据。为保证国家测绘成果的整体性、系统性和科学性，实现测绘成果起算依据的统一，保障测绘事业为国家经济建设、国防建设和社会发展服务，《测绘法》明确规定从事测绘活动，应当使用国家规定的测绘基准和测绘系统，执行国家规定的测绘技术规范和标准。

国家对测绘基准的规定是非常严格的。一方面，体现在测绘基准的数据由国务院测绘行政主管部门审核后，还必须与国务院其他有关部门、军队测绘主管部门进行会商，充分听取各相关部门的意见。另一方面，测绘基准的数据经相关部门审核后，必须经过国务院批准后才能实施，各项测绘基准数据经国务院批准后，便成为所有测绘活动的起算依据。

2.国家要求使用统一的测绘基准

《测绘法》规定从事测绘活动应当使用国家规定的测绘基准和测绘系统。从事测绘活动使用国家规定的测绘基准是从事测绘活动的基本技术原则和前提，不使用国家规定的测绘基准，要依法承担相应的法律责任。

二、测绘系统

（一）测绘系统的概念

测绘系统是指由测绘基准延伸，在一定范围内布设的各种测量控制网，它们是各类测绘成果的依据，主要包括大地坐标系统、平面坐标系统、高程系统、地心坐标系统和重力测量系统。

（二）测绘系统管理

《测绘法》第九条规定：国家建立全国统一的大地坐标系统、平面坐标系统、高程系统、地心坐标系统和重力测量系统，确定国家大地测量等级和精度以及国家基本比例尺地图的系列和基本精度[①]。具体规范和要求由国务院测绘行政主管部门同国务院其他有关部门、军队测绘主管部门制定。这一条规定了全国统一的测绘系统的建立，国家大地测量等级和精度、国家基本比例尺地图的系列和基本精度的确立，以及相关法规的制度、批准权限。

1.基本法律规定

（1）从事测绘活动要使用国家规定的测绘系统。《测绘法》第五条对此做出了具体规定。

（2）国家建立全国统一的大地坐标系统、平面坐标系统、高程系统、地心坐标系统和重力测量系统，确定国家大地测量等级和精度。《测绘法》第九条对国家建立统一的测绘系统进行了规定，并明确测绘系统的具体规范和要求由国务院测绘行政主管部门会同国务院其他有关部门、军队测绘主管部门制定。

（3）采用国际坐标系统和建立相对独立的平面坐标系统要依法经过批准。《测绘法》明确规定采用国际坐标系统，在不妨碍国家安全的前提下，必须经国务院测绘行政主管部门会同军队测绘主管部门批准。因建设、城市规划和科学研究的需要，大城市和国家重大工程项目确需建立相对独立的平面坐标系统的，由国务院测绘行政主管部门批准；其他确需建立相对独立的平面坐标系统的，由省、自治区、直辖市人民政府测绘行政主管部门批准。

（4）未经批准擅自采用国际坐标系统和建立相对独立的平面坐标系统的，应当承担相应的法律责任。《测绘法》第四十条、第四十一条对法律责任进行了规定。

2.管理职责

（1）国务院测绘行政主管部门的职责：①负责建立全国统一的大地坐标系统、平面

---

① 邱建文.新形势下不动产测绘技术与管理分析 [J].中阿科技论坛（中英文），2021，（12）：70-72.

坐标系统、高程系统、地心坐标系统和重力测量系统；②会同国务院其他有关部门、军队测绘主管部门制定国家大地测量等级和精度以及国家基本比例尺地图的系列和基本精度的具体规范和要求；③会同军队测绘主管部门审批国际坐标系统；④负责因建设、城市规划和科学研究的需要，大城市和国家重大工程项目确需建立相对独立的平面坐标系统的审批；⑤负责全国测绘系统的维护和统一监督管理。

（2）省级测绘行政主管部门的职责：①建立本省行政区域内与国家测绘系统相统一的大地控制网和高程控制网；②负责因建设、城市规划和科学研究的需要，除大城市和国家重大工程项目以外确需建立相对独立的平面坐标系统的审批；③负责本省行政区域内全国统一的测绘系统的维护和统一监督管理。

（3）按照现行测绘法律法规的规定，市、县级测绘行政主管部门的职责主要：①建立本行政区域内与国家测绘系统相统一的大地控制网和高程控制网的加密网；②负责测绘系统的维护和统一监督管理。

（三）国际坐标系统管理

1.国际坐标系统的概念

国际坐标系统是指全球性的坐标系统，或者国际区域性的坐标系统，或者其他国家建立的坐标系统。随着全球卫星定位技术的广泛应用，在中华人民共和国领域和管辖的其他海域采用国际坐标系统比较方便，也易于交流，但与现行坐标系统不一致。考虑到维护国家安全等因素，《测绘法》规定：在不妨碍国家安全的情况下，确有必要采用国际坐标系统的，必须经国务院测绘行政主管部门会同军队测绘主管部门批准。

2.采用国际坐标系统的条件

按照《测绘法》规定，采用国际坐标系统，必须坚持三个原则：①在我国采用国际坐标系统必须以不妨碍国家安全为原则，对于妨碍国家安全的，不允许其采用国际坐标系统；②采用国际坐标系统必须以确有必要为原则；③采用国际坐标系统，必须以经国务院测绘行政主管部门会同军队测绘主管部门审批为原则。按照上述原则，申请采用国际坐标系统，必须符合下列条件：①国家现有坐标系统不能满足需要，而采用坐标系统的；②采用国际坐标系统后的资料，将为社会公众提供的；③在较大区域范围内采用国际坐标系统的；④其他确有必要采用国际坐标系统的；⑤独立的法人单位或者政府相关部门；⑥有健全的测绘成果及资料档案管理制度。

3.申请采用国际坐标系统需要提交的材料

申请采用国际坐标系统的单位，应当按照国家测绘局《采用国际坐标系统审批程序规定》的要求，经国家测绘局准予许可后，方可采用国际坐标系统。申请需要提交的材料包括①采用国把夔坐标系统申请书，②采用国际坐标系统的理由，③申请人企业法人营业执照或机关、事业单位法人证书，④能够反映申请单位的测绘成果与资料档案管理制度的证明文件。

（四）相对独立的平面坐标系统管理

1.相对独立的平面坐标系统的概念

相对独立的平面坐标系统是指为满足在局部地区进行大比例尺测图和工程测量的需要，以任意点和方向起算建立的平面坐标系统，或者在全国统一的坐标系统基础上，进行中央子午线投影变换以及平移、旋转等而建立的平面坐标系统。相对独立的平面坐标系统是一种非国家统一的，但与国家统一坐标系统相联系的平面坐标系统。这种独立的平面坐标系统通过与国家坐标系统之间的联测，确定两种坐标系统之间的数学转换关系，即称为相对独立的平面坐标系统与国家坐标系统相联系。

2.建立相对独立的平面坐标系统的原则

建立相对独立的平面坐标系统，必须坚持以下原则。①必须是因建设、城市规划和科学研究的需要。如果不是满足建设、城市规划和科学研究的需要，必须按照国家规定采用全国统一的测绘系统。②确实需要建立。建立相对独立的平面坐标系统必须有明确的目的和理由，不建设就会对工程建设、城市规划等造成严重影响的。③必须经过批准。未按照规定程序经省级以上测绘行政主管部门批准，任何单位都不得建立相对独立的平面坐标系统。④应当与国家坐标系统相联系。建立的相对独立的平面坐标系统必须与国家统一的测量控制网点进行联测，建立与国家坐标系统之间的联系。

3.建立相对独立的平面坐标系统的审批

建立相对独立的平面坐标系统的审批是一项有数量限制的行政许可。为保障城市建设的顺利进行，保持测绘成果的连续性、稳定性和系统性，维护国家安全和地区稳定，一个城市只能建设一个相对独立的平面坐标系统。为加强对建立相对独立的平面坐标系统的管理，国家测绘局颁布了《建立相对独立的平面坐标系统管理办法》，对建立相对独立的平面坐标系统的审批权限进行了详细规定。

（1）国家测绘局的审批职责：①50万人口以上的城市；②列入国家计划的重大工程项目；③其他确需国家测绘局审批的。

（2）省级测绘行政主管部门的审批职责：①50万人口以下的城市；②列入省级计划的大型工程项目；③其他确需省级测绘行政主管部门审批的。

（3）申请建立相对独立的平面坐标系统应提交的材料：①建立相对独立的平面坐标系统申请书；②属于工程项目申请人的有效身份证明；③立项批准文件；④能够反映建设单位测绘成果及资料档案管理设施和制度的证明文件；⑤建立城市相对独立的平面坐标系统的，应当提供该市人民政府同意建立的文件的原件。

（4）依据《建立相对独立的平面坐标系统管理办法》的规定，有以下情况之一的，对建立相对独立的平面坐标系统的申请不予批准：①申请材料内容虚假的；②国家坐标系统能够满足需要的；③已依法建有相关的相对独立的平面坐标系统的；④测绘行政主管部门依法认定的应当不予批准的其他情形。

4.建立相对独立的平面坐标系统的法律责任

《测绘法》对未经批准，擅自建立相对独立的平面坐标系统的，设定了严格的法律责任，主要包括给予警告，责令改正，可以并处10万元以下的罚款；构成犯罪的，依法追究刑事责任；尚不够刑事处罚的，对负有直接责任的主管人员和其他直接责任人员，依法给予行政处分。

中华人民共和国成立以来，我国已经建立了全国统一的测绘基准和测绘系统，并不断得到完善和精化，其中包括天文大地网、平面控制网、高程控制网、重力控制网等，为不同时期国家的经济建设、国防建设、科学研究和社会发展提供了有力的基准保障。近年来，国家十分重视测绘基准和测绘系统建设，不断加大对测绘基准和测绘系统建设的投入力度，加强国家现代测绘基准体系基础设施建设，积极开展现代测绘基准体系建设关键技术研究，现代测绘基准体系建设取得了重要进展，逐步使我国的测绘基准和测绘系统建设处于世界领先行列。

测绘基准和测绘系统既相互联系，又相互区别。测绘基准在技术领域中具有纲领地位，是测绘系统起算的起始依据，测绘基准是更加精确的一个点或几个点，而测绘系统是不能分割的一个整体。测绘基准的这一个点或几个点的法律地位、保护、管理、使用的要求与测绘系统（控制网）内各点相比要高得多。

三、测绘标准

（一）测绘标准的概念和特征

1.测绘标准的概念

测绘标准是针对性很强的技术标准，具体是指对测绘活动的过程、成果、产品、服务等，针对一定范围内需要统一的技术要求、规格格式、精度指标、管理程序，从设计、生产、检验、应用等方面所制定的需要共同遵守的规定。测绘标准包括国家标准、行业标准、地方标准和标准化指导性技术文件。

按照国家测绘局《测绘标准化工作管理办法》的规定，在测绘领域内，需要在全国范围内统一的技术要求，应当制定国家标准；对没有国家标准而又需要在测绘行业范围内统一的技术要求，可以制定测绘行业标准；对没有国家标准和行业标准而又需要在省、自治区、直辖市范围内统一的技术要求，可以制定相应的地方标准。

随着测绘科技的发展和地理信息产业的繁荣，测绘标准化的工作内容已经渗透到地理信息领域。根据《地理信息标准化工作管理规定》，在地理信息领域内，需要在全国范围内统一技术要求，应当制定地理信息国家标准。测绘与地理信息标准在测绘与地理信息产业发展过程中相互渗透、相互补充，逐步形成测绘与地理信息标准化体系。

2.测绘标准的特征

（1）科学性。任何一种测绘标准都是运用科学理论和科学方法并在长期科学实践的基础上提出的概念性规则和规定，既符合常规测绘生产需要，又兼顾测绘新技术应用与发展并被大家遵守，因而测绘标准具有科学性。

（2）实用性。测绘标准是测绘活动必须遵守的规则，因而测绘标准必须具有实用性，才能被普遍遵守，实用性是测绘标准的基本特性。

（3）权威性。测绘标准的立项、制定由国务院测绘行政主管部门或者标准化机构组织实施。测绘标准的发布严格按照国家法定程序进行，测绘标准的内容严格按照相关学科或者专业理论进行延伸和推广。因此，测绘标准一经发布便具有权威性。

（4）法定性。标准化法、标准化法实施细则以及测绘法等法律法规明确规定测绘标准，要求严格执行国家测绘标准，因而使测绘标准具有法定性。

（5）协调性。不同的测绘标准涉及工序不同、专业不同，而测绘成果具有兼容性、协调性，必然使测绘标准要具有协调性，各相关测绘标准必须保持协调一致，才能被各个专业共同遵守。

（二）测绘标准的制定与发布

1.测绘标准的制定

制定标准一般指制定一项新标准，是指制定过去没有而现在需要进行制定的标准。它是根据生产发展的需要和科学技术发展的水平来制定的，因而它反映了当前的生产技术水平。制定标准是国家标准化工作的重要方面，反映了国家标准化工作的水平。一个新标准制定后，由标准批准机关给定一个标准编号，同时标明它的分类号，以表明该标准的专业隶属和制定年代。

（1）测绘国家标准。需要在全国范围内统一技术要求，制定测绘国家标准。①测绘术语、分类、模式、代号、代码、符号、图式、图例等技术要求；②国家大地基准、高程基准、重力基准和深度基准的定义和技术参数，国家大地坐标系统、平面坐标系统、高程系统、地心坐标系统和重力测量系统的实现、更新和维护的仪器、方法、过程等方面的技术要求；③国家基本比例尺地图、公众版地图及其测绘的方法、过程、质量、检验和管理等方面的技术要求；④基础航空摄影的仪器、方法、过程、质量、检验和管理等方面的技术指标和技术要求，用于测绘的遥感卫星影像的质量、检验和管理等方面的技术要求；

⑤基础地理信息数据生产及基础地理信息系统建设、更新与维护的方法、过程、质量、检验和管理等方面的技术要求；⑥测绘工作中需要统一的其他技术要求。

（2）强制性测绘标准。测绘国家标准及测绘行业标准分为强制性标准和推荐性标准。下列情况应当制定强制性测绘标准或者标准强制性条款：①涉及国家安全、人身及财产安全的技术要求；②建立和维护测绘基准与测绘系统必须遵守的技术要求；③国家基本比例尺地图测绘与更新必须遵守的技术要求；④基础地理信息标准数据的生产和认定；⑤测绘行业范围内必须统一的技术术语、符号、代码、生产与检验方法等；⑥需要控制的重要测绘成果质量的技术要求；⑦国家法律、行政法规规定强制执行的内容及其技术要求。

测绘行业标准不得与测绘国家标准相违背，测绘地方标准不得与测绘国家标准和测绘行业标准相违背。

（3）测绘标准化指导性技术文件。符合下列情形之一的，可以制定测绘标准化指导性技术文件。①技术尚在发展中，需要有相应的测绘标准文件引导其发展或者具有标准化价值，尚不能制定为标准的；②采用国际标准化组织以及其他国际组织（包括区域性国际组织）技术报告的；③国家基础测绘项目及有关重大专项实施过程中，没有国家标准和行业标准而又需要统一的技术要求。

（4）测绘标准的分类。①定义与描述类标准。定义与描述类标准通过对基础地理信息的相对确定的定义与描述，使得标准化涉及的各方在一定的时间和空间范围内达到对地理信息相对一致的理解，从而促进对基础地理信息的共同理解和使用，保证测绘成果共享。这类标准属于基础性标准，使用面广，通常被其他测绘与地理信息标准所引用。定义与描述类标准共包括7个小类，标准总数预计约58项，现行标准33项。如基于地理标识的参考系统、三维基础地理信息要素分类与代码、影像要素分类与代码、三维基础地理信息要素数据词典、航天影像和航空影像数据要素词典、公众版地形图图式、电子地图图式等标准都属于定义与描述类标准。②获取与处理类标准。获取与处理类标准是以测绘和地理信息数据获取与处理中各专业技术、各类工程中的需要协调统一的各种技术、方法、过程等为对象制定的标准。主要目的是通过对基础地理信息获取、加工、处理和应用等的方法、过程、行为的技术要求和技术参数进行确定和约定，从而使基础地理信息数据和产品获取与处理过程中的各个环节产生的误差得到必要控制，保证测绘成果、地理信息数据和产品的质量。获取与处理类标准共包括11个小类，标准总数预计约226项，现行标准74项。现行的获取与处理类标准主要集中于大地测量、地形图航空摄影测量、光学航空摄影、国家基本比例尺地形图编绘、基础地理信息数据生产与数据库建设等方面，如《全球定位系统（GPS）测量规范》《测量外业电子记录基本规定》《1∶5001∶10001∶2000地形图航空摄影规范》《1∶5001∶10001∶2000地形图航空摄影测量内业规范》《国家基本比例尺地形图更新规范》《地籍测绘规范》等都属于获取与处理类标准。③检验与测试类标准。检验与测试类标准是为检验各种测绘和地理信息产品（成果）质量，以检测对象、质量要求、检测方法及其技术要求为对象制定的标准。检验与测试类标准共包括5个小类，标准总数预计约46项，现行标准15项。如《测绘产品检查验收规定》《公开版地图质量评定标准》《地理信息质量原则》《光电测距仪检定规范》《全球定位系统（GPS）测量型接收机检定规程》等都属于检验与测试类标准。④成果与服务类标准。成果与服务类标准是为保证测绘与地理信息产品（成果）满足用户需要，对一种或一组测绘和基础地理信息产品应达到的技术要求做出规定的标准。成果与服务类标准共分为5个小类，标准总数预计约49项，现行标准14项。现行的成果与服务类标准主要集中在地形图和基础地理信息数据基本产品方面。如《地理空间数据交换格式》《数字地形图产品模式》《基础地理信息标准数据基本规定》《基础地理信息数字产品1：100001：50000数字高程模型》等都属于成果与服务类标准。⑤管理类标准。管理类标准是以测绘和基础地理信息项目管理、成果管理、归档管理、认证管理为对象制定的标准。管理类标准共包括4个小类，标准总数预计28项，现行标准7项。如《测绘技术设计规定》《测绘技术总结编写规定》《测绘作业人员安全规范》《导航电子地图安全处理技术基本要求》等都属于管理类标准。

2.测绘标准的发布

（1）测绘标准的发布。按照《测绘标准化工作管理办法》，属于测绘国家标准和国家标准化指导性技术文件的，报国务院标准化行政主管部门批准、编号、发布；属于测绘行业标准和行业标准化指导性技术文件的，由国家测绘局批准、编号、发布。测绘行业标准和行业标准化指导性技术文件的编号由行业标准代号、标准发布的顺序号及标准发布的年号构成。

①强制性测绘行业标准编号：CH×××（顺序号）—××××（发布年号）。

②推荐性测绘行业标准编号：CH/T×××（顺序号）—××××（发布年号）。

③测绘行业标准化指导性技术文件编号：CH/Z×××（顺序号）—××××（发布年号）。

测绘地方标准的发布，按照国家和地方有关规定执行。测绘地方标准发布后30日内，省级测绘行政主管部门应当向国家测绘局备案。备案材料包括地方标准批文、地方标准文本、标准编制说明及相关材料等。

强制性测绘标准及标准强制性条款必须执行。推荐性标准被强制性测绘标准引用的，也必须强制执行。不符合强制性标准或强制性条款的测绘成果或者地理信息产品，禁止生产、进口、销售、发布和使用。测绘企事业单位应当积极采用和推广测绘标准，并应当在成果或者其说明书、包装物上标注所执行标准的编号和名称。

（2）标准的复审。测绘标准的复审工作由国家测绘局组织测绘标准委员会实施。标准复审周期一般不超过5年。下列情况应当及时进行复审：①不适应科学技术的发展和经济建设需要的；②相关技术发生了重大变化的；③标准实施过程中出现重大技术问题或有重要反对意见的。

测绘国家和行业标准化指导性技术文件发布后3年内必须复审，以决定是否继续有效、转化为标准或者撤销。测绘国家标准和国家标准化指导性技术文件的复审结论经国家测绘局审查同意，报国务院标准化行政主管部门审批发布。测绘行业标准和行业标准化指导性技术文件的复审结论由国家测绘局审批。对确定为继续有效或者废止、撤销的，由国家测绘局发布公告；对确定为修订、转化的，按相关规定程序进行修订。

（三）测绘与地理信息标准化管理

1.测绘与地理信息标准化的概念

测绘与地理信息标准化是在测绘与地理信息产业领域内，制定大家共同遵守的技术规则，并发布和实施测绘与地理信息标准的全过程。

测绘与地理信息标准化工作的主要任务是贯彻国家有关标准化工作的法律、法规，加强测绘与地理信息标准化工作的统筹协调；组织制订和实施测绘与地理信息标准化工作的规划、计划；建立和完善测绘与地理信息标准体系；加快测绘与地理信息标准的制定、修订，并对标准的宣传、贯彻与实施进行指导和监督。为保障标准化工作依法实施，国家先后出台了一系列有关标准化管理的法律法规和规章，为做好测绘与地理信息标准化工作，提供了直接的法律依据。

2.测绘与地理信息标准化管理的职责

（1）国家测绘局标准化工作职责：①贯彻国家标准化工作的法律、行政法规、方针和政策，制定测绘标准化管理的规章制度；②组织制订和实施国家测绘标准化规划、计划，建立测绘标准体系；③组织实施测绘国家标准项目的制定、修订和标准复审；④组织制定、修订、审批、发布和复审测绘行业标准和测绘行业标准化指导性技术文件；⑤负责测绘标准的宣传、贯彻和监督实施工作；归口负责测绘标准化工作的国际合作与交流；⑥指导省、自治区、直辖市测绘行政主管部门的测绘标准化工作。

（2）省、自治区、直辖市测绘行政主管部门标准化工作职责：①贯彻国家标准化工作的法律、法规、方针和政策，制定贯彻实施的具体办法；②组织制订和实施地方测绘标准化规划、计划；③组织制定、修订和实施测绘地方标准项目；④组织宣传、贯彻并监督检查测绘标准的实施；⑤指导下级测绘行政主管部门的标准化工作。

3.《测绘法》对测绘与地理信息标准化的规定

《测绘法》对测绘标准化管理做出了特别规定，主要体现在以下几个方面：

（1）《测绘法》第五条规定：从事测绘活动应当使用国家规定的测绘基准和测绘系

统，执行国家规定的测绘技术规范和标准。

测绘技术规范是测绘标准的一种，是对测绘产品的质量、规格、形式以及测绘作业中的技术要求所做的统一规定。

（2）《测绘法》第九条规定：国家建立全国统一的大地坐标系统、平面坐标系统、高程系统、地心坐标系统和重力测量系统，确定国家大地测量等级和精度以及国家基本比例尺地图的系列和基本精度。具体规范和要求由国务院测绘行政主管部门会同国务院其他有关部门、军队测绘主管部门制定。

国务院测绘行政主管部门应当组织制定具体的规范和要求，统一大地测量等级和精度以及国家基本比例尺地图的系列和基本精度，从而为统一大地测量成果数据和国家基本比例尺地图系列和精度提供了法律依据。

（3）《测绘法》第二十条规定：水利、能源、交通、通信、资源开发和其他领域的工程测量活动，应当按照国家有关的工程测量技术规范进行。

城市建设领域的工程测量活动应当执行由国务院建设行政主管部门、国务院测绘行政主管部门负责组织编制的测量技术规范。与房屋产权、产籍相关的房屋面积的测量，应当执行由国务院建设行政主管部门、国务院测绘行政主管部门负责组织编制的测量技术规范。根据测绘法的规定，从事工程测量和房产测绘，应当执行国家相应的规范和标准。

（4）《测绘法》第二十一条规定：建立地理信息系统，必须采用符合国家标准的基础地理信息数据。

因此，建立地理信息系统：①必须采用符合国家标准的数据；②这些数据必须是符合国家标准的基础地理信息数据；③建立地理信息系统不采用符合国家标准的基础地理信息数据要依法承担相应的法律责任。

第二节　测绘市场管理

一、测绘规划与任务

（一）测绘规划的概念及编制程序

测绘规划是指为了保障国家经济建设、国防建设和科学技术发展战略目标的实现而编制的测绘事业长远发展计划，计划期一般为10年以上，它是展示测绘发展远景的战略计划，也是编制测绘中期计划（一般为5年计划）和年度计划的依据。

测绘规划是实现国民经济和社会发展的战略目标所需要的测绘保障，是由主管机关根据我国测绘行业人力、物力、财力、资源状况制订出测绘工作的长远目标、措施和安排。

《测绘法》第十一、第十二、第十三、第十八条将测绘规划分为5类：基础测绘规划、专业测绘规划、军事测绘规划、地籍测绘规划、海洋基础测绘规划。其中基础测绘规划分为两级，即全国性的基础测绘和其他重大测绘项目规划；省级局部地区的基础测绘和其他重大测绘项目规划。测绘规划编制主要有两项原则。①根据实际情况编制。即根据国民经济与社会发展、经济建设的需要，在充分考虑规划实施期限、局部与全局衔接、测绘项目的特点等实际因素基础上编制。②统一规划与分部门规划相结合。即全国性基础测绘、国家重点测绘项目，实行统一规划、分工实施；省级测绘项目、专业测绘项目，测绘规划由省、各有关部门根据本地、本部门实际来编制。

按照《测绘法》规定，编制测绘规划的程序分别是：①全国性的基础测绘和其他重大测绘项目的规划，由国务院测绘行政主管部门进行编制，并按照分工组织实施；②省、自治区、直辖市人民政府管理测绘工作的部门根据需要，可以编制本行政区域内的局部地区的基础测绘和其他重大测绘项目规划，报国务院测绘行政主管部门备案后，组织实施；③专业测绘规划，由国务院其他有关部门编制本部门专业测绘规划，报国务院测绘行政主管部门备案后，组织实施；④军事测绘规划，由军队测绘主管部门编制，并组织实施；⑤地籍测绘规划，由国务院测绘行政主管部门会同国务院土地管理部门和国务院其他有关部门编制，并由国务院测绘行政主管部门组织协调地籍测绘工作。

另外，《测绘法》第十三条对海洋基础测绘规划的编制也规定了授权性条款。海洋测绘是一项广泛应用于国家经济建设、国防建设、科学研究和政府行政管理的测绘工作，保障了国家建设和海防的需要。

（二）测绘任务

测绘单位承担的测绘工程项目称作测绘任务。测绘任务按其性质可分为以下几类。①国家和地方的计划性测绘任务，是由国家和地方测绘主管部门根据经济建设和社会发展需要，经过统一规划，纳入国家和地方测绘计划，以国家基本测绘计划下达给测绘单位，必须保证按时、保质、保量完成的测绘项目。一般指国家和地方的基础测绘项目、地籍测绘项目、重大测量项目等。②国务院主管部门和省一级专业主管部门的计划性测绘任务，指各经济建设主管部门，根据本部门专业工作需要，纳入本部门计划的测绘项目，如计划性的地质勘探测量、铁道测量等项目。③市场调节的测绘任务，指测绘生产单位接受企事业单位委托，以经济合同形式确定的测绘项目或根据市场需要自行安排的测绘任务。

（三）测绘实施

测绘实施是指测绘主管部门和测绘生产单位为了落实测绘规划、计划而采取的措施，一般可分为宏观和微观两大类。

宏观测绘实施主要指国务院测绘行政主管部门、国务院其他有关部门、军队测绘主管部门以及省、自治区、直辖市人民政府测绘行政主管部门根据《测绘法》规定的权限和分工对测绘规划的组织实施工作。

微观测绘实施主要指测绘生产单位为完成上级批准下达的年度计划任务，或与社会用户签订的测绘项目合同、协议而进行的组织实施工作。随着测绘市场的形成，与社会用户签订的测绘合同、协议会愈来愈多。

二、测绘资质

（一）测绘资质管理

1.测绘资质

从事测绘活动的单位应当具备相应的素质和能力，包括主体资格、人员素质、仪器设备等物质条件及生产能力、质量管理、业绩等。①从事测绘活动的单位的人员必须具备测绘专业技术素质；②从事测绘活动的单位必须具备必要的仪器设备；③从事测绘活动的单位必须具备严格的质量保证体系；④从事测绘活动的单位必须具备严格的测绘成果资料保管和保密制度；⑤从事测绘活动的单位要具备一定的测绘生产能力；⑥从事测绘活动的单位的主体性质要符合我国法律规定。

2.测绘资质管理

《测绘法》第二十二条规定：国家对从事测绘活动的单位实行测绘资质管理制度。首先，承担测绘任务的单位必须有一支与其所从事测绘任务相适应的技术人员队伍。测绘工作具有很强的专业性，技术要求高，必须有受过专门的技术教育、技术培训的人员来完成。这是保证测绘生产正常进行，保证测绘产品符合质量标准的前提。这支技术人员队伍，必须由专业技术人员、技术工人和检查验收人员组成，应当具有合理的专业结构。其次，承担测绘任务的单位应该拥有能够完成其所要从事的测绘任务所必需的仪器设备和设施。测绘任务是专业技术任务，不同种类的测绘任务要求使用不同的专业仪器设备。仪器设备和设施是保证完成测绘任务的技术手段，测绘任务要求的精度高，其相应的仪器精度也要提高。因此，它是测绘资质审查的重要内容之一。由于测绘仪器设备和设施都是计量器具，在审查是否具有相应的仪器设备和设施的同时，还应当检查这些仪器设备是否符合《计量法》的有关规定，并经过计量检测为合格的。

对进入测绘市场的主体进行资质审查，是一种市场准入制度。由主管机关根据从事测绘活动单位所具有的技术条件（包括技术人员、设备和设施），经过资格评定，确认其是否具有与其业务能力相适应的资质，对符合要求的发给相应资质证书，使通过审查许可的单位获得法律赋予的测绘权利。建立测绘资质审查制度的目的是限制低水平重复建立测绘队伍，规范测绘市场主体，创造测绘市场公平竞争的环境。测绘资质管理是指测绘行政主管部门对测绘资质制定具体规定，对从事测绘活动的单位进行测绘资质审查、发放测绘资质证书、依法对测绘活动进行监督、查处无证测绘等行政行为。

（1）测绘资质管理是一项法定制度。《测绘法》明确规定：国家对从事测绘活动的单位实行测绘资质管理制度。从事测绘活动的单位应当具备一定的条件，并依法取得相应等级的测绘资质证书后，方可从事测绘活动。

（2）测绘资质实行统一监督管理。测绘资质管理是一项统一监督管理制度。主要体现在：①测绘资质条件统一规定，除法定的几项条件（需要细化）外，其他条件由国务院测绘行政主管部门规定；②资质管理的具体办法统一规定，即由国务院测绘行政主管部门商讨有关部门规定；③测绘资质证书的式样统一规定，即测绘资质证书的式样由国务院测绘行政主管部门统一规定；④统一由测绘行政主管部门进行测绘资质审查和统一颁发资质证书，即国务院测绘行政主管部门和省、自治区、直辖市人民政府测绘行政主管部门负责对从事测绘活动的单位进行测绘资质审查、发放资质证书；⑤统一监督执法，对于违反测绘资质管理规定的行为由测绘行政主管部门统一进行查处。当然，这里也有一点例外，就是军事测绘单位的资质审查由军队测绘主管部门负责。

（3）测绘资质管理制度是一项行政许可制度。行政许可是指国家行政机关根据相对人的申请，依法以颁发特定证照等方式，准许相对人行使某种权利，获得从事某种活动资格的一种具体行政行为。但是，这种权利和资格并非任何人都能取得。如果任何人都能取得，则没有必要经过专门的行政机关予以许可。从这个意义上讲，行政许可是将对一般人应禁止的事项，向特定人解除其禁止，从而使特定人取得一般人所不能得到的某种权利和资格。《测绘法》明确规定了对从事测绘活动的单位进行资质审查制度，即一般情况下禁止任何单位和个人从事测绘活动，只有通过国务院测绘行政主管部门和省、自治区、直辖市人民政府测绘行政主管部门资质审查并领取资质证书的单位，才能解除法律规定对从事测绘活动的禁止，才能获得从事测绘活动的权利和资格。测绘是一个特殊的行业，涉及公共利益、公共安全和国家安全，所以符合特定条件的人才能获得相应的权利和资格。测绘单位从事测绘活动的权利是由国家赋予的，是有限的，得不到国家的许可是不能从事测绘活动的。

（二）测绘资质管理的原则

既然测绘资质管理制度是一项行政许可制度，就要按照依法行政的原则，以《测绘法》《行政许可法》等法律法规为依据实施这项制度。测绘资质管理原则包括以下几项。

（1）依法原则。由于测绘资质审查制度直接关系公民、法人和其他组织的权利，制定具体办法必须符合有关法律的规定，不得违反有关的法律[①]。例如，《行政许可法》对行政许可的原则、设定、实施机关、程序、监督检查等都做出规定，《测绘法》对测绘资质的条件、管理机构、资质管理制度的实施等做出规定，在进行测绘资质管理中必须执行这些法律规定。

（2）统一管理原则。我国社会主义市场经济发展、行政管理体制改革、测绘事业发展、加入世界贸易组织、维护国家安全、测绘行业客观情况、加强测绘管理等都要求对测绘资质实行统一管理，避免多头管理导致政令不畅、不公平竞争、市场混乱、危害国家安全和增加测绘单位负担等弊端。多头管理危害无穷，统一管理势在必行。

（3）公开、透明原则。设定测绘资质审查的法律文件，测绘资质审查的条件、程序，都必须公开、透明。

（4）公正、公平原则。设定和实施测绘资质审查，必须平等对待同等条件的个人和组织，不得歧视。

（5）便民、效率原则。测绘资质审查在程序设置上必须体现方便申请人、提高行政效率的要求。

（6）救济原则。包括在实施测绘资质审查时，申请人有权陈述、申辩、依法请求听证、申请复议和提起诉讼等。

（7）诚实信用、信赖保护原则。要求政府的行政活动具有真实性、稳定性，行政机关制定的规范或做出的行为应具有稳定性，不能变化无常，不能溯及既往。行政机关不得随意变更或撤销测绘资质。因公共利益的需要，必须撤销或变更测绘资质的，行政机关应负责补偿损失。

（8）监督与责任原则。谁审批，谁监督，谁负责。测绘资质审查要与行政机关的利益脱钩，与责任挂钩。行政机关不履行监督责任或监督不力，甚至滥用职权，以权谋私的，都必须承担法律责任。

（三）测绘资质管理的要点

1.制定测绘资质管理规定和规定测绘资质证书的式样

依法行政是测绘资质管理的基本原则，《测绘法》规定了国家实行测绘资质管理制

---

① 蒋德森.房产测绘技术与测绘质量控制 [J].科技风，2020（13）：10-12.

度，并授权国务院测绘行政主管部门会商国务院有关部门制定具体的管理办法，这既是一种权力，更是一种责任。《测绘法》仅仅做出测绘资质管理的原则性规定，而测绘资质管理的许多具体问题需要具体规定。例如，测绘的业务范围、资质等级、资质条件、资质审查程序、资质审查内容、资质审查主体、不同等级测绘资质证书的效力等都需要做出具体规定。

《测绘法》规定，测绘资质证书的式样由国务院测绘行政主管部门统一规定。因此，规定测绘资质证书的式样也是测绘行政管理的要点之一。

2.测绘资质审查和发放测绘资质证书

测绘资质审查是指对申请测绘行政许可的单位的条件依法进行审查，对符合条件的依法予以行政许可。

测绘资质管理是动态管理，其动态特征是：①持有下一等级测绘资质证书的单位申请上一等级测绘资质证书的情况经常发生；②新组建的测绘单位申请测绘资质证书；③已经取得测绘资质证书的测绘单位申请变更业务范围；④在我国的改革中，测绘单位重组或者改制随时出现；⑤测绘资质证书载明的单位名称和法人代表经常变更等。

3.对测绘资质证书持证单位进行年度注册

由于我国正处在改革发展过程中，测绘资质证书持证单位的情况变化也比较快，重组、改制、合并、拆分的情况不断发生，甚至有些单位撤销、解散、兼并。因此，对于取得测绘资质证书的单位要进行动态管理，对已经不存在的单位要及时取消测绘资质证书，对已经不符合所持资质证书规定条件的要及时给予降低等级或取消资质证书，对于有违法行为的单位要依法予以查处和依法给予降低等级或者吊销测绘资质证书的处理。为了有效地实施动态管理，应当对测绘资质证书持证单位进行年度注册。

所谓的年度注册是指每一年度在国务院测绘行政主管部门统一部署下，国务院测绘行政主管部门和省、自治区、直辖市测绘行政主管部门按照规定的程序、在规定的时间内、按规定的条件和规定的内容对测绘单位进行核查，确认其是否继续符合测绘资质的基本条件。

4.检查和处理未取得测绘资质证书和超越资质等级许可的范围从事测绘活动的违法行为

根据《测绘法》的规定，未取得测绘资质证书，擅自从事测绘活动的，由测绘行政主管部门责令停止违法行为，没收违法所得和测绘成果，并处测绘约定报酬1倍以上2倍以下的罚款。以欺骗手段取得测绘资质证书从事测绘活动的，由发证的测绘行政主管部门吊销测绘资质证书，没收违法所得和测绘成果，并处测绘约定报酬1倍以上2倍以下的罚款。超越资质等级许可的范围从事测绘活动、以其他测绘单位的名义从事测绘活动、允许其他单位以本单位的名义从事测绘活动的，由测绘行政主管部门责令停止违法行为，没收违法所得和测绘成果，处测绘约定报酬1倍以上2倍以下的罚款，并可以责令停业整顿或者降低资质等级；情节严重的，由发证的测绘行政主管部门吊销测绘资质证书。

（四）测绘资质管理机构

测绘法律法规规定，县级以上人民政府测绘行政主管部门的职责如下：

（1）国务院测绘行政主管部门的职责：①统一监督管理全国测绘资质；②制定测绘资质管理具体办法；③规定测绘资质证书式样；④负责全国甲级测绘资质的审查、发证；⑤查处重大的"无证"测绘案件。

（2）省、自治区、直辖市测绘行政主管部门的职责：①本行政区域测绘资质的监督管理；②受理本行政区域测绘单位资质申请；③本行政区域甲级测绘资质申请的初审；④本行政区域乙、丙、丁级测绘资质的审查、发证；⑤查处本行政区域违反测绘资质管理规定的案件。

（3）市（地）级测绘行政主管部门的职责，不承担测绘资质审查的职责，但应当依法履行对测绘活动的监督，查处违反测绘资质管理规定的案件，也可以依据规定受省、自治区、直辖市测绘行政主管部门的委托承担部分初审工作。

（4）县级测绘行政主管部门的职责，不承担测绘资质审查的职责，但应当依法履行对测绘活动的监督，查处违反测绘资质管理规定的案件。

（五）测绘资质等级与业务范围

根据从事测绘活动的单位的规模、管理水平、能力大小，将测绘资质划分为甲、乙、丙、丁4个等级，甲级是最高等级，丁级是最低等级。

在《测绘资质分级标准》中，对各等级测绘资质分别规定了不同的条件，上一等级的资质条件高于下一等级的资质条件，这些条件包括单位资产规模、专业技术人员数量、仪器设备种类和数量、办公场所面积、质量管理体系、档案和保密管理、测绘业绩等都有所区别。

测绘工作涉及领域多，工序比较复杂，科学合理地划分测绘业务类别是测绘资质管理一项很重要的基础工作。目前，由于从事测绘活动的单位的实际状况差别很大，往往很多测绘单位难以同时具备多项业务能力，有些测绘工作也不需要承担单位具备综合能力，因此国家对测绘业务类别的划分非常具体。测绘业务划分为大地测量、测绘航空摄影、摄影测量与遥感、工程测量、地籍测绘、房产测绘、行政区域界线测绘、地理信息系统工程、海洋测绘、地图编制、导航电子地图制作、互联网地图服务。

在甲、乙、丙、丁4个级别的测绘资质中，丙级测绘资质的业务范围仅限于工程测量、摄影测量与遥感、地籍测绘、房产测绘、地理信息系统工程、海洋测绘，且不超过上述范围内的4项业务。丁级测绘资质的业务范围仅限于工程测量、地籍测绘、房产测绘、海洋测绘，且不超过上述范围内的3项业务。

（六）测绘资质申请与审批

1.测绘资质申请

申请测绘资质的单位，要根据自身业务发展需要和自身条件确定要申请的资质等级和业务范围，并按照规定向可以受理本单位资质申请的测绘资质管理机关提交申请材料。

初次申请测绘资质和申请测绘资质升级的需要提交《测绘资质申请表》，企业法人营业执照或者事业单位法人证书，法定代表人的简历及任命或者聘任文件，符合规定数量的专业技术人员的任职资格证书、任命或者聘用文件、劳动合同、毕业证书、身份证等证明材料，当年单位在职专业技术人员名册，符合省级以上测绘行政主管部门认可的测绘仪器检定单位出具的检定证书、购买发票、调拨单等证明材料，测绘质量保证体系、测绘成果及资料档案管理制度，测绘生产和成果的保密管理制度、管理人员、工作机构和基本设施等证明，单位住所及办公场所证明，反映本单位技术水平的测绘业绩及获奖证明（初次申请测绘资质可不提供），其他应当提供的材料。

2.资质受理、审查、发证

各等级测绘资质申请由单位所在地的省、自治区、直辖市测绘行政主管部门受理。测绘资质受理机关应当自收到申请材料之日起5日内做出受理决定。申请单位涉嫌违法测绘被立案调查的，案件结案前，不受理其测绘资质申请。

测绘资质申请受理后，测绘资质审批机关应当自受理申请之日起20日内做出审批决定。20日内不能做出决定的，经测绘资质审批机关领导批准，可以延长10日，并应当将延长期限的理由告知申请单位。

申请单位符合法定条件的，测绘资质审批机关应当做出拟批准的书面决定，向社会公示7日，并于做出正式批准决定之日起10日内向申请单位颁发《测绘资质证书》。

测绘资质审批机关做出不予批准的决定，应当向申请单位书面说明理由。

3.测绘资质证书

《测绘资质证书》分为正本和副本，由国家测绘局统一印制，正本和副本具有同等法律效力。

《测绘资质证书》有效期最长不超过5年。编号形式为等级+测资字+省、自治区、直辖市编号+顺序号。

《测绘资质证书》有效期满需要延续的，测绘单位应当在有效期满60日前，向测绘资质审批机关申请办理延续手续。

对在《测绘资质证书》有效期内遵守有关法规、技术标准，信用档案无不良记录且继续符合测绘资质条件的单位，经测绘资质审批机关批准，有效期延续5年。

4.测绘资质的升级

测绘单位自取得《测绘资质证书》之日起，原则上3年后方可申请升级。初次申请测绘资质原则上不得超过乙级。申请的测绘专业只设甲级的，不受前款规定限制。

5.测绘资质证书的换新和补证

测绘单位在领取新的《测绘资质证书》的同时，需将原《测绘资质证书》交回测绘资质审批机关。

测绘单位遗失《测绘资质证书》，应当及时在公众媒体上刊登遗失声明，持补证申请等其他证明材料到测绘资质审批机关办理补证手续。测绘资质审批机关应当在5日内办理完毕。

（七）测绘资质年度注册

1.年度注册时间

测绘资质年度注册时间为每年的3月1日至31日。测绘单位应当于每年的1月20日至2月28日按照本规定的要求向省级测绘行政主管部门或其委托设区的市（州）级测绘行政主管部门报送年度注册的相关材料。取得测绘资质未满6个月的单位，可以不参加年度注册。

2.年度注册程序

年度注册主要程序：①测绘单位按照规定填写《测绘资质年度注册报告书》，并在规定期限内报送相应测绘行政主管部门；②测绘行政主管部门受理、核查有关材料；③测绘行政主管部门对符合年度注册条件的，予以注册，对缓期注册的，应当向测绘单位书面说明理由；④省级测绘行政主管部门向社会公布年度注册结果。测绘资质年度注册专用标识式样由国家测绘局统一规定。

3.年度注册核查的主要内容

年度注册核查主要内容：①单位性质、名称、住所、法定代表人及专业技术人员变更情况；②测绘单位的从业人员总数、注册资金及出资人的变化情况和上年度测绘服务总值；③测绘仪器设备检定及变更情况；④完成的主要测绘项目、测绘成果质量以及测绘项目备案和测绘成果汇交情况；⑤测绘生产和成果的保密管理情况；⑥单位信用情况；⑦违反测绘行为被依法处罚情况；⑧测绘行政主管部门需要核查的其他情况。

4.缓期注册

有下列行为之一的，予以缓期注册：①未按时报送年度注册材料或者年度注册材料不符合规定要求的；②《测绘资质证书》记载事项应当变更而未申请变更的；③测绘仪器未按期检定的；④未按照规定备案登记测绘项目的；⑤经监督检验发现有测绘成果质量批次不合格的；⑥未按照规定汇交测绘成果的；⑦测绘单位无正当理由未参加年度注册的；

⑧单位信用不良经核查属实的。

缓期注册的期限为60日。测绘行政主管部门应当书面告知测绘单位限期整改，整改后符合规定的，予以注册。

（八）测绘资质监督检查

各级测绘行政主管部门履行测绘资质监督检查职责，可以要求测绘单位提供专业技术人员名册及工资表、劳动保险证明、测绘仪器的购买发票及检定证书、测绘项目合同、测绘成果验收（检验）报告等有关材料，并可以对测绘单位的技术质量保证制度、保密管理制度、测绘资料档案管理制度的执行情况进行检查。有关单位和个人对依法进行的监督检查应当协助与配合，不得拒绝或者阻挠。

各级测绘行政主管部门应当加强测绘市场信用体系建设，将测绘单位的信用信息纳入测绘资质监督管理范围。取得测绘资质的单位应当向测绘资质审批机关提供真实、准确、完整的单位信用信息。

测绘行政主管部门应当对测绘单位违法从事测绘活动进行依法查处。测绘单位违法从事测绘活动被查处的，查处违法行为的测绘行政主管部门应当将违法事实、处理结果告知上级测绘行政主管部门和测绘资质审批机关。

各级测绘行政主管部门实施监督检查时，不得索取或者收受测绘单位的财物，不得谋取其他利益。

（九）测绘资质变更

有下列情形之一的，测绘资质审批机关应当注销资质、降低资质等级或者核减相应业务范围：①测绘资质有效期满未延续的；②测绘单位依法终止的；③测绘资质审查决定依法被撤销、撤回的；④《测绘资质证书》依法被吊销的；⑤测绘单位在2年内未承担相应测绘项目的；⑥甲、乙级测绘单位在3年内未承担单项合同额分别为100万元以上和50万元以上测绘项目的；⑦测绘单位年度注册材料弄虚作假的；⑧测绘单位不符合相应测绘资质标准条件的；⑨缓期注册期间逾期未整改或者整改后仍不符合规定的；⑩测绘单位连续2次被缓期注册的。

此外，《测绘资质管理规定》规定：测绘单位在从事测绘活动中，因泄露国家秘密被国家安全机关查处的，测绘资质审批机关应当注销其《测绘资质证书》。

测绘单位在申请之日前2年内有下列行为之一的，不予批准测绘资质升级和变更业务范围：①采用不正当手段承接测绘项目的；②将承接的测绘项目转包或者违规分包的；③经监督检验发现有测绘成果质量批次不合格的；④涂改、倒卖、出租、出借，或者以其他形式非法转让《测绘资质证书》的；⑤允许其他单位、个人以本单位名义承揽测绘项目的；⑥有其他违法违规行为的。

三、测绘执业资格

《测绘法》第二十五条规定：从事测绘活动的专业技术人员应当具备相应的执业资格条件，具体办法由国务院测绘行政主管部门会同国务院人事行政主管部门规定。《测绘法》的这一条款确定了我国实行对测绘专业技术人员的执业资格管理制度。为了实施《测绘法》的这项规定，国务院测绘行政主管部门会同国务院人事行政主管部门制定了《注册测绘师制度暂行规定》，将测绘执业资格确定为注册测绘师。

（一）测绘执业资格的概念

执业资格是指政府对某些责任较大、社会通用性强，关系公共利益的专业实行准入控制，是依法从事某一特定专业所具备的学识、技术和能力的标准。从这个概念上讲，包含以下几个特征：

（1）执业资格是一种专业准入控制，不是任何人都可以具有的。

（2）执业资格是行政许可，也就是说执业资格是要经过政府有关部门审批的，不经过审批是不能取得执业资格的。

（3）执业资格具有特定对象，不是所有的专业都有执业资格的限制，只是对某些责任较大、社会通用性强、关系公共利益的专业设定执业资格。

（4）取得执业资格的人应当具备相应的学识、技术和能力，且符合一定的标准。

《测绘法》第三条规定：测绘事业是经济建设、国防建设、社会发展的基础性事业。测绘广泛服务于经济、国防、科学研究、文化教育、行政管理和人民生活等诸多领域，属于责任较大、社会通用性强、专业技术性强、关系公共利益的技术工作。测绘成果对国家版图、疆域的反映，体现了国家的主权和政府的意志。测绘成果的质量与国家经济建设和人民群众日常生活密切相关，地籍测绘、房产测绘及其他一些测绘成果的质量更是直接与人民群众的生活息息相关。所以，测绘执业资格也就理所当然地成为我国执业资格体系中的一个成员。

一般来说，测绘执业资格是指自然人（公民、个人）从事测绘专业技术活动应当具备的知识、技术水平和能力等。包括以下几方面：①具有测绘理论知识；②具有基本的测绘专业技术水平；③具有所从事的专业技术工作的能力；④具备一定的运用法律知识和管理知识处理事务的能力。

（二）测绘执业资格管理制度

1.测绘执业资格管理的概念

测绘执业资格管理是指国家对测绘执业资格做出具体规定，对从事测绘活动的测绘专业技术人员进行测绘执业资格考试、发放测绘执业资格证书、进行审验注册、依法查处非法从事测绘活动等。

2.测绘执业资格管理的特征

（1）测绘执业资格管理是一项法定的制度。《测绘法》规定，从事测绘活动的专业技术人员应当具备相应的执业资格条件，具体办法由国务院测绘行政主管部门会同国务院人事行政主管部门规定。这项规定包括了以下含义：①国家实行测绘执业资格管理制度；②从事测绘活动的测绘专业技术人员必须具备执业资格条件；③国家要制定测绘执业资格的管理办法；④国务院人事行政主管部门和国务院测绘行政主管部门承担相应测绘执业资格管理责任。

（2）测绘执业资格管理制度是一种行政许可制度。从事测绘活动的个人只有按照国家有关规定，经过法定的程序，才能获得从事测绘活动的权利和资格。根据我国现行的行政管理体制，全国各行业的执业资格是在国务院人事行政部门的指导下，由行业主管部门负责管理本行业的执业资格。

3.测绘执业资格管理的法律规定

《测绘法》规定的执业资格管理制度包括以下内容。

（1）在法律上确定测绘执业资格制度。《测绘法》规定，从事测绘活动的专业技术人员应当具备相应的执业资格条件。这项法律制度包括以下几个特点：①规范的主体是从事测绘活动的专业技术人员；②规范的内容是执业资格；③从事测绘活动的专业技术人员必须具备所从事的测绘活动的条件。

（2）在法律上确定测绘执业资格的管理制度。《测绘法》规定，执业资格管理的具体办法由国务院测绘行政主管部门会同国务院人事行政主管部门规定。这项法律规定的特点：①要求制定执业资格具体管理的具体办法；②授权国务院测绘行政主管部门会同国务院人事行政主管部门制定测绘执业资格具体管理办法。

（3）规范测绘执业资格证书的式样。《测绘法》规定，测绘专业技术人员的执业证书的式样由国务院测绘行政主管部门统一规定。这项法律规定的特点：①测绘执业资格证书的式样要全国统一，并在全国通行使用，不允许存在多种式样的测绘执业资格证书；②进一步确定了测绘行政主管部门的测绘执业资格的管理权限，将规定全国统一的测绘执业资格证书的式样授权给国务院测绘行政主管部门；③测绘执业资格证书应当由国务院测绘行政主管部门组织发放。

（4）规定对未取得测绘执业资格，擅自从事测绘活动的法律责任。《测绘法》规定，对未取得测绘执业资格，擅自从事测绘活动的，由测绘行政主管部门责令停止违法行为，没收违法所得，可以并处违法所得2倍以下的罚款；造成损失的，依法承担赔偿责任。

（三）注册测绘师

1.注册测绘师的概念

《测绘法》规定测绘专业技术人员要具备相应的执业资格条件。所谓的执业资格是一个抽象的概念，是一种通用的称谓，适用于各个行业。但是，每个行业的执业资格都有各自的特征，例如，建筑行业具有法定执业资格的专业技术人员称为注册建筑师，会计行业具有法定执业资格的人员称为注册会计师。在国家测绘局、原人事部共同发布的《注册测绘师制度暂行规定》中，将具有法定执业资格的测绘专业技术人员称为注册测绘师。也就是说，取得注册测绘师资格的人员具有法定的测绘执业资格。所以，法定的测绘执业资格制度在具体实施中定义为注册测绘师制度。

《注册测绘师制度暂行规定》第四条规定：本规定所称注册测绘师，是指经考试取得《中华人民共和国注册测绘师资格证书》，并依法注册后，从事测绘活动的专业技术人员。

注册测绘师的定义具有以下几个特征：①注册测绘师资格的法定证件是《中华人民共和国注册测绘师资格证书》，只有取得该证书的人员，才具有注册测绘师资格；未取得该证书的人员，不具有注册测绘师资格；②取得注册测绘师资格必须经过考试，未经考试或者考试不合格的，不能取得注册测绘师资格，也就不能获得《中华人民共和国注册测绘师资格证书》；③取得注册测绘师资格的人员，必须经过注册后，才能以注册测绘师的名义执业；④注册测绘师是从事测绘活动的专业技术人员。

2.取得注册测绘师资格应当具备的基本条件

（1）政治条件。中华人民共和国公民，遵守国家法律、法规，恪守职业道德。

（2）业务条件。测绘类专业大学专科学历，从事测绘业务工作满6年；或者测绘类专业大学本科学历，从事测绘业务工作满4年；或者含测绘类专业在内的双学士学位或者测绘类专业研究生班毕业，从事测绘业务工作满3年；或者测绘类专业硕士学位，从事测绘业务工作满2年；或者测绘类专业博士学位，从事测绘业务工作满1年；其他理学类或者工学类专业学历或者学位的人员，其从事测绘业务工作年限相应增加2年。

（3）考试合格。参加依照《注册测绘师制度暂行规定》组织的注册测绘师资格考试，并在一个考试年度内考试科目全部合格。

3.注册测绘师资格考试方法

注册测绘师资格考试实行全国统一课程标准、统一命题的制度，原则上每年举行一次。国家测绘局负责拟定考试科目、课程标准、考试试题，研究建立并管理考试题库，提出考试合格标准建议。人事部组织专家审定考试科目、考试大纲和考试试题，会同国家测绘局确定考试合格标准和对考试工作进行指导、监督、检查。

注册测绘师资格考试设3个科目，分别为《测绘综合能力》《测绘管理与法律法规》和《测绘案例分析》。

4.注册测绘师资格证书

符合注册测绘师资格基本条件者可以取得注册测绘师资格，由国家颁发《中华人民共和国注册测绘师资格证书》，该证书是持有人测绘专业水平能力的证明，在全国范围内有效。

《中华人民共和国注册测绘师资格证书》由原人事部统一印制，原人事部、国家测绘局共同用印。对以不正当手段取得《中华人民共和国注册测绘师资格证书》的，由发证机关收回。自收回该证书之日起，当事人3年内不得再次参加注册测绘师资格考试。

5.注册测绘师的注册

（1）注册的意义。国家对注册测绘师资格实行注册执业管理，取得《中华人民共和国注册测绘师资格证书》的人员，经过注册后方可以注册测绘师的名义从事测绘活动。也就是说，未经法定机构注册，即便持有《中华人民共和国注册测绘师资格证书》也不能以注册测绘师的名义从事测绘活动。

注册管理是执业资格制度工作的重要环节，是建立执业资格制度的根本目的，也是区别于其他职称评审或职称考试的主要特点。①执业资格不是终身制，随着行业的发展，它的标准是不断调整的，主要方法是继续教育和再注册；②执业资格的标准不仅是技术水平，而是法律法规、技术水平、职业道德的复合型标准，执业资格对专业技术人员来说，既是权利也是责任，是权利和责任的统一，体现了对专业技术人员依法执业的要求。只有注册管理到位了，才能真正起到规范执业秩序的目的。

（2）注册的管理主体和申请注册条件。国家测绘局为注册测绘师资格的注册审批机构。各省、自治区、直辖市人民政府测绘行政主管部门负责注册测绘师资格的注册审查工作。

申请注册应当具备的条件：①持有《中华人民共和国注册测绘师资格证书》；②应受聘于一个具有测绘资质的单位，并且只能受聘于一个有测绘资质的单位，以注册测绘师名义执业。

（3）申请注册。具有注册测绘师资格的人员，应当通过聘用单位所在地的测绘行政主管部门，向省、自治区、直辖市人民政府测绘行政主管部门提出注册申请。

①初始注册。初始注册者，可自取得《中华人民共和国注册测绘师资格证书》之日起1年内提出注册申请。逾期未申请者，在申请初始注册时，需符合《注册测绘师制度暂行规定》有关继续教育要求。初始注册需要提交《中华人民共和国注册测绘师初始注册申请表》《中华人民共和国注册测绘师资格证书》、与聘用单位签订的劳动或者聘用合同、逾期申请注册的人员的继续教育证明材料。②延续注册。注册有效期届满需继续执业，且符合注册条件的，应在届满前30个工作日内申请延续注册。延续注册需要提交《中华人民共和国注册测绘师延续注册申请表》、与聘用单位签订的劳动或者聘用合同、达到注册期内继续教育要求的证明材料。③变更注册。在注册有效期内，注册测绘师变更执业单位，应与原聘用单位解除劳动关系，并申请变更注册。变更注册后，其《中华人民共和国注册测绘师注册证》和执业印章在原注册有效期内继续有效。变更注册需要提交《中华人民共和国注册测绘师变更注册申请表》、与新聘用单位签订的劳动或者聘用合同以及工作调动证明或者与原聘用单位解除劳动或者聘用合同的证明、退休人员的退休证明。

（4）受理注册申请。省、自治区、直辖市人民政府测绘行政主管部门在收到注册测绘师资格注册的申请材料后，对申请材料不齐全或者不符合法定形式的，应当当场或者在5个工作日内，一次告知申请人需要补正的全部内容，逾期不告知的，自收到申请材料之日起即为受理。

对受理或者不予受理的注册申请，均应出具加盖省、自治区、直辖市人民政府测绘行政主管部门专用印章和注明日期的书面凭证。

（5）审批。省、自治区、直辖市人民政府测绘行政主管部门自受理注册申请之日起20个工作日内，按规定条件和程序完成申报材料的审查工作，并将申报材料和审查意见报国家测绘局审批。国家测绘局自受理申报人员材料之日起20个工作日内做出审批决定。在规定的期限内不能做出审批决定的，应将延长的期限和理由告知申请人。国家测绘局自做出批准决定之日起10个工作日内，将批准决定送达经批准注册的申请人，并核发统一制作的《中华人民共和国注册测绘师注册证》和执业印章。对做出不予批准的决定，应当书面说明理由，并告知申请人享有依法申请行政复议或者提起行政诉讼的权利。

对于不符合注册条件的、不具有完全民事行为能力的、刑事处罚尚未执行完毕和因在测绘活动中受到刑事处罚，自刑事处罚执行完毕之日起至申请注册之日止不满3年的不予注册。对于法律、法规规定不予注册的其他情形不予注册。

（6）注册有效期和注销注册。《中华人民共和国注册测绘师注册证》每一次注册有效期为3年。《中华人民共和国注册测绘师注册证》和执业印章在有效期限内是注册测绘师的执业凭证，由注册测绘师本人保管、使用。

注册申请人有下列情形之一的，应由注册测绘师本人或者聘用单位及时向当地省、自治区、直辖市人民政府测绘行政主管部门提出申请，由国家测绘局审核批准后，办理注销手续，收回《中华人民共和国注册测绘师注册证》和执业印章。①不具有完全民事行为能力的；②申请注销注册的；③注册有效期满且未延续注册的；④被依法撤销注册的；⑥受到刑事处罚的；⑥与聘用单位解除劳动或者聘用关系的；⑦聘用单位被依法取消测绘资质证书的；⑧聘用单位被吊销营业执照的；⑨因本人过失造成利害关系人重大经济损失的；⑩应当注销注册的其他情形。

被注销注册的人员，重新具备初始注册条件，并符合本规定继续教育要求的，可按《注册测绘师制度暂行规定》第十四条规定的程序申请注册。

（7）不予注册。注册申请人有下列情形之一的不予注册：①不具有完全民事行为能力的；②刑事处罚尚未执行完毕的；③因在测绘活动中受到刑事处罚，自刑事处罚执行完毕之日起至申请注册之日止不满3年的；④法律、法规规定不予注册的其他情形。

（8）注册撤销。注册申请人以不正当手段取得注册的，应当予以撤销，并由国家测绘局依法给予行政处罚；当事人在3年内不得再次申请注册；构成犯罪的，依法追究刑事责任。

（9）公告与救济。国家测绘局应及时向社会公告注册测绘师注册有关情况。当事人对注销注册或者不予注册有异议的，可依法申请行政复议或者提起行政诉讼。

（10）继续教育。继续教育是注册测绘师延续注册、重新申请注册和逾期初始注册的必备条件。在每个注册期内，注册测绘师应按规定完成本专业的继续教育。注册测绘师继续教育，分必修课和选修课，在一个注册期内必修课和选修课均为60学时。

6.注册测绘师的执业

（1）执业岗位。注册测绘师应在一个具有测绘资质的单位，开展与该单位测绘资质等级和业务许可范围相应的测绘执业活动。

（2）执业范围：①测绘项目技术设计；②测绘项目技术咨询和技术评估；③测绘项目技术管理、指导与监督；④测绘成果质量检验、审查、鉴定；⑤国务院有关部门规定的其他测绘业务。

（3）执业能力：①熟悉并掌握国家测绘及相关法律、法规和规章；②了解国际、国内测绘技术发展状况，具有较丰富的专业知识和技术工作经验，能够处理较复杂的技术问题；③熟练运用测绘相关标准、规范、技术手段，完成测绘项目技术设计、咨询、评估及测绘成果质量检验管理；④具有组织实施测绘项目的能力。

（4）执业效力与责任。在测绘活动中形成的技术设计和测绘成果质量文件，必须由注册测绘师签字并加盖执业印章后方可生效。修改经注册测绘师签字盖章的测绘文件，应由该注册测绘师本人进行；因特殊情况，该注册测绘师不能进行修改的，应由其他注册测绘师修改，并签字、加盖印章，同时对修改部分承担责任。因测绘成果质量问题造成的经济损失，接受委托的单位应承担赔偿责任。接受委托的单位依法向承担测绘业务的注册测绘师追偿。

（5）执业收费。注册测绘师从事执业活动，由其所在单位接受委托并统一收费。

7.注册测绘师的权利义务

（1）享有的权利：①使用注册测绘师称谓；②保管和使用本人的《中华人民共和国注册测绘师注册证》和执业印章；③在规定的范围内从事测绘执业活动；④接受继续教育；⑤对违反法律、法规和有关技术规范的行为提出劝告，并向上级测绘行政主管部门报告；⑥获得与执业责任相应的劳动报酬；⑦对侵犯本人执业权利的行为进行申诉。

（2）履行的义务：①遵守法律、行政法规和有关管理规定，恪守职业道德；②执行测绘技术标准和规范；③履行岗位职责，保证执业活动成果质量，并承担相应责任；④保守知悉的国家秘密和委托单位的商业、技术秘密；⑤只受聘于一个有测绘资质的单位执业；⑥不准他人以本人名义执业；⑦更新专业知识，提高专业技术水平；⑧完成注册管理机构交办的相关工作。

第三节　测绘成果管理

一、测绘成果的概念与特征

（一）测绘成果的概念

测绘成果是指通过测绘形成的数据、信息、图件及相关的技术资料，是各类测绘活动形成的记录和描述自然地理要素或者地表人工设施的形状、大小、空间位置及其属性的地理信息、数据、资料、图件和档案。测绘成果分为基础测绘成果和非基础测绘成果。基础测绘成果包括全国性基础测绘成果和地区性基础测绘成果。

测绘成果的表现形式，主要包括数据、信息、图件以及相关的技术资料：①天文测量、大地测量、卫星大地测量、重力测量的数据和图件；②航空航天摄影和遥感的底片、磁带；③各种地图（包括地形图、普通地图、地籍图、海图和其他有关的专题地图等）及其数字化成果；④各类基础地理信息以及在基础地理信息基础上挖掘、分析形成的信息；⑤工程测量数据和图件；⑥地理信息系统中的测绘数据及其运行软件；⑦其他有关地理信息数据；⑧与测绘成果直接有关的技术资料、档案等。

（二）测绘成果的特征

测绘成果是国家重要的基础性信息资源，作为测绘成果主要表现形式的基础地理信息是数据量最大、覆盖面最宽、应用面最广的战略性信息资源之一，基础地理信息资源的规模、品种和服务水平等已经成为国家信息化水平的一个重要标志。从测绘成果本身的含义及应用范围等方面来归纳分析，可以看出测绘成果具有下列基本特征：

（1）科学性。测绘成果的生产、加工和处理等各个环节，都是依据一定的数学基础、测量理论和特定的测绘仪器设备及特定的软件系统来进行，因而测绘成果具有科学性的特点。

（2）保密性。测绘成果涉及自然地理要素和地表人工设施的形状、大小、空间位置及其属性，大部分测绘成果都涉及国家安全和利益，具有严格的保密性。

（3）系统性。不同的测绘成果以及测绘成果的不同表示形式，都是依据一定的数学基础和投影法则，在一定的测绘基准和测绘系统控制下，按照先控制、后碎部，先整体、后局部的原则，有着内在的关联，具有系统性。

（4）专业性。不同种类的测绘成果，由于专业不同，其表示形式和精度要求也不尽相同。如大地测量成果与房产测绘成果及地籍测绘成果等都有着明显的区别，带有很强的专业性。这种专业性不仅体现在应用领域和成果作用的不同，还体现在成果精度的不同。

二、测绘成果质量

（一）测绘成果质量的概念

测绘成果质量是指测绘成果满足国家规定的测绘技术规范和标准以及满足用户期望目标值的程度。测绘成果质量不仅关系到各项工程建设的质量和安全，关系到经济社会发展规划决策的科学性、准确性，而且涉及国家主权、利益和民族尊严，影响着国家信息化建设的顺利进行。在实际工作中，因测绘成果质量不合格，使工程建设受到影响并造成重大损失的事例时有发生。提高测绘成果质量是国家信息化发展和重大工程建设质量的基础保证，是提高政府管理决策水平的重要途径，是维护国家主权和人民群众利益的现实需要。因此，加强测绘成果质量管理，保证测绘成果质量，对于维护公共安全和公共利益具有十分重要的意义。

（二）测绘成果质量的监督管理

《测绘法》规定：县级以上人民政府测绘行政主管部门应当加强对测绘成果质量的监督管理。依法进行测绘成果质量监督管理，是各级测绘行政主管部门的法定职责，也是测绘统一监督管理的重要内容。为加强测绘成果质量管理，国家测绘局先后制定了《测绘质量监督管理办法》《测绘产品质量监督检验办法》，以规范测绘成果质量管理责任。

1.测绘行政主管部门质量监管的措施

测绘标准化对于保证测绘成果质量具有重要作用。各级测绘行政主管部门作为测绘成果质量监督管理的实施主体，加强对测绘标准化工作的管理，是实施质量监督的重要内容。一方面，测绘行政主管部门要通过制定国家标准和行业标准，加强质量、标准及计量基础工作，确保测绘成果质量。另一方面，测绘行政主管部门要加强对测绘计量检定人员资格的考核，严格测绘计量检定人员资格审批，做到持证上岗，保证量值的准确溯源和传递。

对测绘单位完成的测绘成果定期或者不定期进行监督检查，是各级测绘行政主管部门测绘成果质量监督的重要方法。通过定期开展测绘成果质量监督检查，及时发现问题，督促测绘单位进行整改。检查的主要内容，一般包括质量管理制度建立情况，执行测绘技术标准的情况，产品质量状况，仪器设备的检定情况等。通过定期或者不定期检查，推动测绘单位加强测绘成果质量管理，完善各项质量管理制度和措施，确保测绘成果质量。对测绘成果质量监督检查的结果，要通过一定的方式向社会公布。

《测绘法》将建立健全完善的测绘技术、质量保证体系作为测绘资质申请的一个基本条件，充分说明了建立健全测绘技术、质量保证体系对保证测绘成果质量的重要性。通过引导测绘单位建立健全测绘成果质量管理制度，促使测绘单位自觉规范自身的质量管理行为，明确测绘成果质量管理责任，加强测绘成果质量宣传教育，强化测绘成果质量管理，确保测绘成果质量。

依法查处测绘成果质量违法案件是加强测绘成果质量监督管理的重要措施和手段。通过查处测绘成果质量违法案件，充分发挥查办案件的治本功能，进一步提高测绘单位的质量意识，增强质量责任，从而有效地保障测绘成果质量。《测绘法》规定：测绘成果质量不合格的，责令测绘单位补测或者重测；情节严重的，责令停业整顿，降低资质等级，直至吊销测绘资质证书；给用户造成损失的，依法承担赔偿责任。

2.测绘单位的质量责任

测绘单位是测绘成果生产的主体，必须自觉遵守国家有关质量管理的法律、法规和规章，对完成的测绘成果质量负责。测绘成果质量不合格的，不准投入使用，否则要依法承担相应的法律责任。

（1）测绘单位应当建立健全测绘成果质量管理制度。①测绘单位应当经常进行质量教育，开展群众性质量管理活动，不断增强干部职工的质量意识，有计划、分层次地组织岗位技术培训，逐步实行持证上岗；②测绘单位必须建立健全测绘成果质量管理制度，甲、乙级单位应当设立专门的质量管理或者质量检查机构，丙级测绘单位应当设立专职质量检查人员，丁级测绘单位应当设立兼职质量检查人员；③测绘单位应当按照国家的《质量管理和质量保证》标准，推行全面质量管理，建立和完善测绘质量体系，甲级测绘单位应当通过ISO9000系列质量保证体系认证，乙级测绘单位应当通过ISO9000系列质量保证体系认证或者通过省级测绘行政主管部门考核，丙级测绘单位应当通过ISO9000系列质量保证体系认证，或者通过设区的市（州）级以上测绘行政主管部门考核，丁级测绘单位应当通过县级以上测绘行政主管部门考核。

（2）测绘单位对其完成的测绘成果质量负责，承担相应的质量责任。①测绘单位的法定代表人确定本单位的质量方针和质量目标，签发质量手册，建立本单位的质量体系并保证有效运行，对本单位提供的测绘成果承担质量责任。②测绘单位的行政领导及总工程师（质量主管负责人）按照职责分工负责质量方针、质量目标的贯彻实施，签发有关的质量文件及作业指导书，处理生产过程中的重大技术问题和质量争议，审议技术总结，对本单位成果的技术设计质量负责。③测绘单位的质量管理机构及质量检查人员在规定的职权范围内，负责质量管理的日常工作；编制年度质量计划，贯彻技术标准和质量文件，对作业过程进行现场监督和检查，处理质量问题，组织实施内部质量审核工作；各级检查人员对其所检查的成果质量负责。④测绘生产人员必须严格执行操作规程，按照技术设计进行作业，并对作业质量负责；其他岗位的工作人员，应当严格执行有关的规章制度，保证本岗位的工作质量。因工作质量问题影响成果质量的，承担相应的质量责任。⑤测绘单位按照测绘项目的实际情况实行项目质量负责人制度，项目质量负责人对该测绘项目的产品质量负直接责任[①]。

（3）测绘成果必须经过检查验收，验收合格后方能对外利用。①测绘单位对测绘成果质量实行过程检查和最终检查。②测绘成果过程检查由测绘单位的中队（室、车间）检查人员承担。③测绘成果最终检查由测绘单位的质量管理机构负责实施。④验收工作由测绘项目的委托单位组织实施，或由该单位委托具有检验资格的检验机构验收，验收工作应在测绘成果最终检查合格后进行。⑤检查、验收人员与被检查单位在质量问题的处理上有分歧时，属检查中的，由测绘单位的总工程师裁定；属验收中的，由测绘单位上级质量管理机构裁定。凡委托验收中产生的分歧可报各省、自治区、直辖市测绘行政主管部门的质量管理机构裁定。

三、测绘成果汇交

测绘成果是国家基础性、战略性的信息资源，是国家花费大量人力、物力生产的宝贵财富和重要的空间地理信息，是国家进行各项工程建设和经济社会发展的重要基础。为充

---

① 陈军，张剑. 不动产测绘成果的整合利用实践阐释 [J]. 管理观察，2017（21）：32-33.

分发挥测绘成果的作用，提高测绘成果的使用效益，降低政府行政管理成本，实现测绘成果的共建共享，国家实行测绘成果汇交制度。

（一）测绘成果汇交的概念和特征

1.测绘成果汇交的概念

测绘成果汇交是指向法定的测绘公共服务和公共管理机构提交测绘成果副本或者目录，由测绘公共服务和公共管理机构编制测绘成果目录，并向社会发布信息，利用汇交的测绘成果副本更新测绘公共产品和依法向社会提供利用。

2.测绘成果汇交的特征

（1）法定性。测绘成果汇交制度是《测绘法》确定的一项重要法律制度。《测绘法》和《测绘成果管理条例》不仅规定了测绘成果汇交的主体、接受主体和汇交的形式，同时也规定了测绘成果汇交的具体内容和具体程序。测绘成果汇交具有法定性特征。

（2）无偿性。测绘成果汇交的目的是促进测绘成果的广泛利用，提高测绘成果的使用效益。《测绘成果管理条例》规定了测绘成果目录或者副本实行无偿汇交的制度。

（3）完整性。测绘成果具有科学性、系统性和专业性等特点，测绘成果所包含的数据、信息、图件及相关的技术资料是有机统一的整体，不可分割。如果只汇交了测量控制网坐标成果，而没有成果说明及技术设计等资料，那么整个控制网所采用的测量基准和测量系统等都是不可知的，测量成果也是不能使用的。因此，测绘成果汇交必须完整。测绘成果汇交具有完整性特征。

（4）时效性。测绘成果所承载的自然地理要素或者地表人工设施的形状、大小、空间位置及其属性信息会不断发生变化，测绘成果汇交必须坚持一定的时效性。《测绘成果管理条例》规定，测绘项目出资人或者承担国家投资的测绘项目的单位应当自测绘项目验收完成之日起3个月内，向测绘行政主管部门汇交测绘成果副本或者目录。

（二）测绘成果汇交的主体和内容

1.测绘成果汇交的主体

（1）测绘项目出资人。按照现行测绘法律、行政法规的规定，对没有使用国家投资的测绘项目，或者是由公民、法人或者其他组织自行出资的测绘项目，由测绘项目出资人按照规定向测绘项目所在地的省、自治区、直辖市测绘行政主管部门汇交测绘成果目录，测绘成果汇交的主体为测绘项目出资人。依法汇交测绘成果目录，是测绘项目出资人的法定义务。

（2）承担测绘项目的测绘单位。基础测绘项目或者国家投资的其他测绘项目，测绘成果汇交的主体为承担测绘项目的单位，由测绘单位汇交测绘成果副本或者目录。中央财政投资完成的测绘项目，由承担测绘项目的单位向国务院测绘行政主管部门汇交测绘成果资料；地方财政投资完成的测绘项目，由承担测绘项目的单位向测绘项目所在地的省、自治区、直辖市人民政府测绘行政主管部门汇交测绘成果资料。属于基础测绘的，承担测绘项目的单位要依法汇交测绘成果副本。

（3）中方部门或者单位。《测绘成果管理条例》对外国的组织或者个人与中华人民共和国有关部门或者单位合资、合作，经批准在中华人民共和国领域内从事测绘活动的，明确规定测绘成果归中方部门或者单位所有，并由中方部门或者单位向国务院测绘行政主管部门汇交测绘成果副本。

（4）市、县级测绘行政主管部门。随着我国测绘行政管理体制的不断完善，目前很多省、自治区、直辖市通过颁布地方性测绘法规和政府规章的方式，都坚持逐级进行测绘成果汇交的原则，从而使市、县级测绘行政主管部门成为成果汇交的一个特殊主体。测绘单位或者测绘项目出资人按照属地管理的原则，将测绘成果资料汇交至所在地测绘行政主管部门，然后按照规定的时限，由市、县级测绘行政主管部门统一汇交至省级测绘行政主管部门，使我国的测绘成果汇交制度得到了延伸。

2.测绘成果汇交的内容

按照《测绘法》《测绘成果管理条例》和国家测绘局制定的《关于汇交测绘成果目录和副本的实施办法》规定，测绘成果汇交的主要内容包括测绘成果目录和副本两部分。

（1）测绘成果目录：①按国家基准和技术标准施测的一、二、三、四等天文、三角、导线、长度、水准测量成果的目录；②重力测量成果的目录；③具有稳固地面标志的全球定位测量（GPS）、多普勒定位测量、卫星激光测距（SLR）等空间大地测量成果的目录；④用于测制各种比例尺地形图和专业测绘的航空摄影底片的目录；⑤我国自己拍摄的和收集国外的可用于测绘或修测地形图及其他专业测绘的卫星摄影底片和磁带的目录；⑥面积在10km²以上的1：500～1：2000比例尺地形图和整幅的1：5000～1：100万比例尺地形图（包括影像地图）的目录；⑦其他普通地图、地籍图、海图和专题地图的目录；⑧上级有关部门主管的跨省区、跨流域，面积在50km²以上，以及其他重大国家项目的工程测量的数据和图件目录；⑨县级以上地方人民政府主管的面积在省管限额以上（由各省、自治区、直辖市人民政府颁发的政府规章确定）的工程测量的数据和图件目录。

（2）测绘成果副本：①按国家基准和技术标准施测的一、二、三、四等天文、三角、导线、长度、水准测量成果的成果表、展点图（路线图）、技术总结和验收报告的副本；②重力测量成果的成果表（含重力值归算、点位坐标和高程、重力异常值）、展点图、异常图、技术总结和验收报告的副本；③具有稳固地面标志的全球定位测量（GPS）、多普勒定位测量、卫星激光测距（SLR）等空间大地测量的测量成果、布网图、技术总结和验收报告的副本；④正式印制的地图，包括各种正式印刷的普通地图、政区地图、教学地图、交通旅游地图，以及全国性和省级的其他专题地图。

目前，国务院测绘行政主管部门和省、自治区、直辖市测绘行政主管部门负责成果汇交的具体职责权限还没有出台，但大多数省、自治区、直辖市通过地方性法规或政府规章等方式对测绘成果汇交进行了规定，测绘成果汇交制度基本得以实施，为促进测绘成果共享起到了积极的作用。

（3）基础测绘成果汇交的内容。基础测绘成果是国家各项建设、公共服务中普遍使用和频繁使用的成果资料，具有公共产品的性质。依据《测绘法》《测绘成果管理条例》的规定，测绘成果属于基础测绘成果的，应当汇交副本；属于非基础测绘成果的，应当汇交目录。

下列测绘成果为基础测绘成果：①为建立全国统一的测绘基准和测绘系统进行的天文测量、三角测量、水准测量、卫星大地测量、重力测量所获取的数据、图件；②基础航空摄影所获取的数据、影像资料；③遥感卫星和其他航天飞行器对地观测所获取的基础地理信息遥感资料；④国家基本比例尺地图、影像图及其数字化产品；⑤基础地理信息系统的数据、信息等。上述基础测绘成果应当由承担基础测绘项目的测绘单位依法汇交测绘成果副本。

3.测绘成果资料目录

测绘成果资料目录是测绘成果类别、规格和属性信息等的索引，是按照一定的分类规则将测绘成果的名称、数量、规格及属性等信息编制成册。测绘成果目录包括全国测绘成果目录和省级测绘成果目录。国家对测绘成果资料目录的编制非常重视。

按照我国现行测绘法律、行政法规的规定，测绘成果汇交的接收主体为国务院测绘行政主管部门和省、自治区、直辖市人民政府测绘行政主管部门，因此法律明确规定测绘成果目录由国务院测绘行政主管部门和省、自治区、直辖市人民政府测绘行政主管部门定期进行编制。测绘成果汇交的目的是促进测绘成果的利用，发挥测绘信息资源的作用。测绘成果资料目录是测绘成果的微观反映，只有及时向社会公布，才能让社会公众了解测绘行政主管部门所拥有的测绘成果，从而更好地发挥测绘成果的作用。测绘成果资料目录属于政府信息公开的重要内容，测绘行政主管部门应当依法进行公开。

（三）测绘成果汇交的法律责任

测绘成果汇交的法律责任，主要包括以下3个方面：

1.不按照规定汇交测绘成果资料的法律责任

《测绘法》对测绘成果汇交主体不按照规定汇交测绘成果资料的法律责任做出了规定。不汇交测绘成果资料的，责令限期汇交；逾期不汇交的，对测绘项目出资人处以重测所需费用1倍以上2倍以下的罚款；对承担国家投资的测绘项目的单位处1万元以上5万元以下的罚款，暂扣测绘资质证书，自暂扣测绘资质证书之日起6个月内仍不汇交测绘成果资料的，吊销测绘资质证书，并对负有直接责任的主管人员和其他直接责任人员依法给予行政处分。

2.测绘行政主管部门的法律责任

《测绘成果管理条例》对测绘行政主管部门的法律责任进行了规定，明确县级以上人民政府测绘行政主管部门有下列行为之一的，由本级人民政府或者上级人民政府测绘行政主管部门责令改正，通报批评；对直接负责的主管人员和其他直接责任人员，依法给予处分。①接收汇交的测绘成果副本或者目录，未依法出具汇交凭证的；②未及时向测绘成果保管单位移交测绘成果资料的；③未依法编制和公布测绘成果资料目录的；④发现违法行为或者接到对违法行为的举报后，不及时进行处理的；⑤不依法履行监督管理职责的其他行为。

3.测绘成果保管单位的法律责任

《测绘成果管理条例》规定：测绘成果保管单位有下列行为之一的，由测绘行政主管部门给予警告，责令改正；有违法所得的，没收违法所得；造成损失的，依法承担赔偿责任；对直接负责的主管人员和其他直接责任人员，依法给予处分。①未按照测绘成果资料的保管制度管理测绘成果资料，造成测绘成果资料损毁、散失的；②擅自转让汇交的测绘成果资料的；③未依法向测绘成果的使用人提供测绘成果资料的。

四、测绘成果保管

（一）测绘成果保管的概念与特点

1.测绘成果保管的概念

测绘成果保管是指测绘成果保管单位依照国家有关档案法律、行政法规的规定，采取科学的防护措施和手段，对测绘成果进行归档、保存和管理的活动。

由于测绘成果具有专业性、系统性、保密性等特点，同时，测绘成果又以纸质资料和数据形态共同存在，使测绘成果保管不同于一般的文档资料。测绘成果资料的存放设施与条件，应当符合国家测绘、保密、消防及档案管理的有关规定和要求。

2.测绘成果保管的特点

（1）测绘成果保管要采取安全保障措施。由于测绘成果是广大测绘工作者在不同时期获取的自然地理要素和地表人工设施的真实反映，不仅数量大，而且测绘成果的获取需要花费大量人力、物力和财力，测绘成果一经丢失、损坏，便必须再到实地重新测绘才能获得。因此，测绘成果保管单位必须采取安全保障措施，保障测绘成果的完整和安全。测绘成果资料的存放设施与条件，应当符合国家保密、消防及档案管理的有关规定和要求。

（2）基础测绘成果保管要采取异地备份存放制度。基础测绘是指建立全国统一的测绘基准和测绘系统，进行基础航空摄影，获取基础地理信息的遥感资料，测制和更新国家基本比例尺地图、影像图和数字化产品，建立、更新基础地理信息系统。基础测绘成果是国家经济建设、国防建设和社会发展的重要保障和基础，为保障国家基础测绘成果资料的安全，避免出现基础测绘成果资料由于意外情况造成毁坏、散失，《测绘成果管理条例》规定：测绘成果保管单位应当建立健全测绘成果资料的保管制度，配备必要的设施，确保测绘成果资料的安全，并对基础测绘成果资料实行异地备份存放制度。

（3）测绘成果保管不得损毁、散失和转让。由于测绘成果的重要性、保密性和具有著作权特点，《测绘成果管理条例》第十二条规定，测绘成果保管单位应当按照规定保管测绘成果资料，不得损毁、散失、转让。

（二）测绘科技档案

测绘科技档案是指在测绘生产、科学研究、基本建设等活动中形成的应当归档保存的各种技术文件、技术标准、原始记录、计算资料、成果、成图、航空照片、卫星照片、磁带、磁盘、图纸、图表等，主要包括测绘管理档案、测绘生产技术档案、测绘科学研究档案、测绘教育档案、测绘仪器档案和测绘基建档案等。为加强测绘科技档案管理，国家测绘局、国家档案局对测绘科技档案的内容、机构及其职责、归档、保管、利用、销毁等做出了规定。

1.测绘科技档案管理职责

（1）国务院测绘行政主管部门的职责：：①贯彻国家科技档案资料工作的方针、政策和法规，负责制定与修改全国测绘科技档案资料管理制度、长远规划，组织协调地方与军队、国务院有关部门间的测绘科技档案工作；②指导、监督和检查全国测绘科技档案资料工作；③组织交流、推广测绘科技档案资料管理工作经验，组织档案资料管理人员的业务培训，提高他们的业务知识和管理水平；④督促本系统生产、科研部门做好测绘科技档案资料的形成、积累、整理和归档工作；⑤向上级国家档案主管部门报送测绘科技档案资料的有关统计报表。

（2）省级测绘行政主管部门的职责：①贯彻上级关于科技档案资料工作的方针、政策和法规，负责制定与修改本行政区的测绘科技档案资料管理制度、长远规划；②指导、督促和检查本行政区的测绘科技档案资料工作；③组织交流、推广本行政区的测绘科技档案资料工作经验，组织档案资料管理人员业务培训，提高他们的业务知识和管理水平；④督促并协助本部门生产、科研人员做好测绘科技档案资料的形成、积累、整理和归档工作；⑤向上级测绘行政主管部门和本地区档案主管部门报送测绘科技档案资料的有关统计报表。

（3）市、县级测绘行政主管部门的职责：①贯彻上级关于测绘科技档案资料工作的方针、政策和法规，负责制定本行政区的测绘科技档案资料管理制度；②指导、督促和检查本行政区域的测绘科技档案资料工作。

2.测绘科技资料的形成、积累和归档

（1）测绘科技资料的形成、积累、整理和归档工作应当纳入单位生产、技术、科研等计划中，列入有关部门和人员的职责范围。

（2）测绘单位对生产任务、科研成果、基建工程或其他项目进行鉴定、验收时，应当对归档的科技资料加以检验，没有完整、准确、系统的科技资料，不能通过鉴定验收。

（3）一项生产任务、科研课题、试制产品、基建工程等项目完成或告一段落时，应当将所形成的科技资料（含文件材料）进行整理，组成保管单位，严格按照规定的归档范围、份数、保管期限、保存地点等及时进行归档工作。

（4）需要归档的科技档案资料，应当做到书写材料优良、字迹清楚、数据准确、图像清晰、信息载体能够长期保存。

（5）几个单位分工协作完成的测绘科技项目或工程，由主办单位保存一套完整档案。协作单位可以保存与自己承担任务有关的档案正本，但应将副本或复制本送交主办单位保存。

3.测绘科技档案的保管、利用和销毁

（1）测绘科技档案的保管。测绘科技档案的保管期限分为永久、长期和短期3种：具有重要凭证作用和长久需要查考、利用的测绘科技档案应列为永久保存；在相当长的时期内（15年至20年）具有查考、利用、凭证作用的测绘科技档案应列为长期保存；在短期内（15年以内）具有查考、利用、凭证作用的测绘科技档案应列为短期保存。

各级测绘科技档案保管部门应按照完整、准确、系统、安全的要求，定期检查档案的保管状况，了解测绘科技档案的利用情况，防止档案材料的破损、变质，对已破损或变质的档案要按有关规定及时修复、复制或销毁，并报上级主管部门备案。为确保测绘科技档案的安全和有效利用，测绘科技档案保管部门应设置符合档案库房建筑规范要求的专用库房。

（2）测绘科技档案的利用。①测绘科技档案保管部门应当主动地开展科技档案的提供利用工作，采取多种途径和方法扩大服务领域，使其更好地为经济建设、国防建设、科学研究、教育、外事活动等服务；②提供属机密（含机密）以下的测绘科技档案，应由测绘科技档案保管部门的领导批准，属绝密级的由上级主管领导批准，涉及国际交往需要提供测绘科技档案时，按有关规定执行；③提供测绘生产档案时，要执行分级管理，归口负责制度。复制或借用时需经领用测绘成果主管单位审查并开具正式公函，方可办理领（借）手续；④测绘科技档案只提供复制品，不提供原件，必须使用原件时，经领导批准，只能借用，对借用的测绘科技档案要保持清洁、完整无损并及时归还。

（3）测绘科技档案的销毁。销毁已满保存期限的测绘科技档案，需经单位领导批准并造具清册，注明档案名称、编号、数量、来源、编制或出版单位、时间、销毁原因等。清册封面应有鉴定人、监销人、批准人、经办人、销毁日期，还应报上级主管部门备案。

（三）测绘成果保管的措施

测绘成果保管涉及测绘成果及测绘科技档案保管部门、测绘成果所有权人、测绘单位以及测绘成果使用单位等多个主体。不管属于什么类型的测绘成果保管主体，都必须按照测绘法等有关法律、法规的规定，建立健全测绘成果保管制度，采取措施保障测绘成果的完整和安全，并按照国家有关规定向社会公开和提供利用。

1.建立测绘成果保管制度和配备必要的设施

测绘成果是广大测绘工作者风餐露宿，付出艰辛劳动获取的成果，是政府管理、国土规划、文化教育、科学研究、外交和国防建设不可缺少的地理信息战略资源和国家的宝贵财富，大部分测绘成果都涉及国家秘密，事关国家安全和利益。因此，测绘成果保管单位应当本着对国家和人民利益高度负责的精神，建立有效的管理制度，配备必要的安全防护设施，防止测绘成果的损坏、丢失、灭失和失（泄）密。

需要建立的测绘成果保管制度，主要是指按照《测绘法》《档案法》《保密法》《测绘成果管理条例》的有关规定，制定和完善测绘成果存放、保管、提供、销毁、复制、保密等方面的制度，并要成立相应的测绘成果保管工作机构，明确相应的测绘成果保管人员和职责，确保各项测绘成果保管制度落实到位。

测绘成果保管单位配备的测绘成果保管和安全防护设施，主要包括以下几个方面：

（1）存放载体介质的库房设施。如纸质介质档案资料库房、胶片介质档案资料库房、磁介质档案资料库房等其他特殊要求的档案资料库房。

（2）存放载体介质的柜架设施。如档案资料密集柜、磁介质档案资料专用柜等其他特殊要求的档案资料柜架。

（3）专业技术设备。如档案资料修复与保护设备、磁介质读取备份与维护设备、档案资料杀虫除菌设备、温湿度检测控制设备等。

（4）安全防护设施。如监视设施、报警设施、防盗设施、防火设施、防磁设施、换风设施等。

（5）管理与服务设备。如日常管理与服务用计算机、档案资料管理与服务专业软件、网络设备、目录数据采集设备、档案资料扫描数字化设备、数据存储设备等。

2.基础测绘成果资料实行异地备份存放制度

基础测绘成果是测绘成果中的核心成果，是国家直接投资完成的重要资源，属于公共财政支持的范畴，大多属于国家秘密，直接关系国家安全。基础测绘成果异地备份存放，就是将基础测绘成果进行备份，并存放于不同地点，以保证基础测绘成果意外损毁后，可以迅速恢复基础测绘成果服务。异地存放的基础测绘成果资料，应与本地存放的测绘成果资料所采取的安全措施同一规格，要符合国家保密、消防及档案管理部门的有关规定和要求。

第四节　其他测绘管理

一、界线测绘管理

（一）界线测绘的概念和特点

界线测绘是整个测绘事业的一个重要组成部分，它包括国界线测绘、行政区域界线测绘和土地、建筑物以及地面上其他附着物的权属界址线测绘等3个方面。界线测绘与其他测绘项目相比有3个特点：

（1）界线测绘主要是为各种不同的区域的划分提供依据和服务；

（2）界线测绘既要根据测绘技术标准进行测绘，又要根据人民政府的有关决定来进行测绘；

（3）界线测绘其成果经有关人民政府确认后，就成为划分不同区域的依据和标准，具有法律效力。

因此，界线测绘是测绘工作中行政性比较强的一项测绘工作。

（二）国界线测绘管理

1.国界线测绘的概念和特征

国界线是指相邻国家领土的分界线，是划分国家领土范围的界线，也是国家行使领土主权的界线。国界分成陆地国界、水域国界和空中国界。国界线的形成主要有两种基本情况：一种是在长期历史过程中逐渐形成的，称为传统国界线或者历史国界线；另一种是有关国家通过双边条约或者多边条约来划定的称为条约边界线。世界上大部分国家的国界线是条约国界线。

我国的国界线主要两类：一类是陆地国界线，我国的陆地国界线与相邻国家共有15条，总长20000多千米；另一类是大陆海岸线，我国的大陆海岸线总长约18000多千米。

国界线测绘是指为划定国家间的共同边界线而进行的测绘活动，是与邻国明确划定边界线、签订边界条约和议定书以及日后定期进行联合检查的基础工作。国界线测绘的主要成果是边界线位置和走向的文字说明、界桩点坐标及边界线地形图。国界线测绘的特征主要有3点：

（1）法定性。国界线测绘涉及国家主权和领土完整，如果在国界线测绘中出现错误，使中华人民共和国领土成为其他国家的领土，直接影响我国的主权和领土完整。

（2）政治性。国界线测绘涉及我国的外交关系和政治主张，国界线测绘成果出现质量问题或者错误，将会引起国际边界争议和争端，必然会对我国的外交关系产生不利影响，很自然地会引起相邻国家的不同见解和主张，容易造成国际政治影响。

（3）严肃性。国界线测绘涉及国家安全和利益，属于国家秘密范围，国界线测绘成果包括边界地图、未定国界的勘测资料等属于国家绝密级资料，直接涉及国家安全和利益。由此，国界线测绘有不同于其他测绘活动的特殊性。

2.国界线测绘管理

国界线测绘具有严格的法定性、政治性和严肃性。因此，国家对国界线测绘活动的管理历来都十分严格。

（1）国界线测绘的基本原则。国界线测绘不仅涉及我国的主权问题，而且还涉及我国与邻国之间的外交关系。在国界线测绘中，《测绘法》明确规定必须按照我国与相邻国家缔结的边界条约或者协定执行。国界线测绘必须按照边界条约和协定中所商定的两国国界线的主要位置及基本走向，认真进行国界线实地勘测，并准确绘制国界线地图，这是国界线测绘的基本原则。

（2）拟定和公布国界线标准样图。国界线标准样图又称国界线画法的标准样图，是指按照一定原则制作的有关中国国界线画法的统一的、标准的地图。拟定和公布国界线标准样图的目的是维护我国的领土和主权，提高地图上绘制国界线的准确性，避免出现国界线绘制方面的错误。国界线标准样图涉及我国与邻国之间的领土划分，因此，《测绘法》明确规定拟定国界线标准样图的工作由外交部和国务院测绘行政主管部门即国家测绘局共同负责，其他任何部门都无权制定。根据《地图编制出版管理条例》的规定，外交部和国家测绘局拟定国界线标准样图的原则是：①我国与邻国之间已经订立边界条约、边界协定或者边界议定书的，在拟定国界线标准样图时，要严格按照有关的边界条约、边界协定或者边界议定书及其附图进行；②我国与有关相邻国家之间没有订立边界条约、边界协定或者边界议定书的，按照中华人民共和国地图的习惯画法拟定。所谓中华人民共和国地图的习惯画法，是指在我国与相邻国家之间还没有通过订立边界条约、边界协定或者边界议定书而正式划定边界线的情况下，根据在长期的历史过程中形成的双方行政管辖所及的范围以及中华人民共和国政府对边界线的主张，在地图上表示国界线[①]。中华人民共和国标准样图，可以根据需要制定一种或多种比例尺的系列地图。

国界线标准样图由外交部和国家测绘局拟定后报国务院批准。国务院作为中华人民共和国的最高国家行政机关，由其批准的国界线标准样图，代表中华人民共和国政府的立场和主张，在所有涉及国界线的地图中具有最高的权威性，是各种公开出版、发行、登载、展示的地图上中国国界线画法的标准依据。国务院批准国界线标准样图后予以公布，使社会公众都能知晓和遵守，一切涉及国界线画法的地图，都要按照国界线标准样图进行绘制。

（三）行政区域界线测绘管理

1.行政区域界线的概念

行政区域又称行政区划，是指国家为了方便行政管理而依据政治、经济、文化及民族状况，并综合考虑历史传统、人口分布、地理环境和国防需要等条件，通过一定的法律程序对地方政权所辖行政区域的划分并建立相应的政权机关进行管理的区域。根据《中华人民共和国宪法》第三十条的规定"中华人民共和国的行政区域划分如下：①全国分为省、自治区、直辖市；②省、自治区分为自治州、县、自治县、市；③县、自治县分为乡、民族乡、镇。直辖市和较大的市分为区、县。自治州分为县、自治县、市"。省级行政区域之间、县级行政区域之间的具体划分，是用行政区域界线来表示的，因此行政区域界线就是指行政区域之间的分界线。

行政区域界线是指国务院或者省、自治区、直辖市人民政府批准的行政区域毗邻的各有关人民政府行使行政区域管辖权的分界线。行政区域界线涉及行政区域界线周边地区的稳定与发展和行政争议。因此，加强行政区域界线的管理，具有十分重要的意义。

2.行政区域界线测绘的概念与内容

（1）行政区域界线测绘的概念。行政区域界线测绘是指利用测绘技术手段和原理，为划定行政区域界线的走向、分布以及周边地理要素而进行的测绘工作。行政区域界线测绘是测绘行政主管部门为勘定行政区域界线而实施的一种行政行为，行政区域界线测绘的成果具有法律效力。因此，行政区域界线测绘被认定是一种法定测绘。

（2）行政区域界线测绘的内容。明确制定行政区域界线离不开行政区域界线测绘。行政区域界线测绘的主要内容包括界桩的埋设与测定、边界线的标绘、边界协议书附图的绘制、边界走向和界桩位置说明的编写、中华人民共和国省级行政区域界线详图集的编纂

---

① 周国树.现代测绘技术及应用 [M].北京：中国水利水电出版社，2009：22.

和制印。行政区域界线测绘采用全国统一的大地坐标系统、平面坐标系统和高程系统，执行国家现行的有关测绘技术规范和样准。

3.行政区域界线测绘管理

（1）行政区域界线测绘的基本原则。行政区域界线测绘的基本原则是：各省、自治区、直辖市（含各市县）之间签署的协议书，并且已经批准的行政区域界线，按照批准的行政区域界线进行；没有经过批准的行政区域界线，按照有关规定进行，即尚未正式划定过边界线，但已形成传统习惯边界线的，按照传统习惯边界线进行，双方有争议的，待争议解决后进行。随着勘界工作的全面完成，按照传统习惯边界线进行的行政区域界线测绘将被已经批准的行政区域界线测绘所取代，行政区域界线测绘进入了法治化、规范化进行的轨道。

行政区域界线测绘通过测绘部门经过实地勘测，为划分行政区域界线提供准确的测绘数据和图件。明确划定行政区域界线对于保证经济建设的顺利进行、消除行政管理盲区、防止行政区域争议、维护社会安定具有十分重要的意义。因此行政区域界线测绘为行政区域界线划分起了三方面的作用：①提供的勘测资料作为划分行政区域的一个依据；②为实现行政区域划分提供技术手段，将人民政府确定的行政区域界线具体化，把各种测量数据标绘到有关的图件上；③行政区域界线测绘成果，经有关人民政府确认后，就具有法律效力，是处理行政区域争议的一个依据。

（2）拟定和公布行政区域界线的标准画法图。行政区域界线的标准画法图是指根据国务院及各省、自治区、直辖市人民政府批准的行政区域界线协议书、附图及勘界有关成果，按照一定的编绘方式编制的反映各级行政区域界线画法的地图。勘定行政区域界线体现了我国的国家意志，民政部是国务院管理行政区域界线的部门，国家测绘局是行政区域界线测绘的主管部门。因此，行政区域界线标准画法图的拟定工作由民政部和国家测绘局共同负责。民政部和国家测绘局在拟定行政区域界线标准画法图时，要按照经国务院批准的各省、自治区、直辖市（含各市县）之间签署的边界协议书进行。

行政区域界线的标准画法图由民政部和国家测绘局拟定后，还要报国务院批准后才能公布。批准县级以上行政区域划分，是宪法赋予国务院的职责，由国务院批准的行政区域界线的标准画法图，具有最高的权威性和法定效力。国务院批准行政区域界线的标准画法图后将其予以公布，使公众都能知晓和遵守。各种公开出版、发行、登载、展示的地图绘制我国行政区域界线都要依据行政区域界线标准画法图进行。

搞好行政区域界线的测绘工作，对于加强国家行政管理和国家的长治久安具有十分重要的意义。《测绘法》关于行政区域界线测绘的规定对加强行政区域界线的测绘工作和完善相应的法规和制度提供了重要的依据。

（3）行政区域界线测绘管理。①资质管理。从事行政区域界线测绘活动，必须依法取得由国务院测绘行政主管部门或者省、自治区、直辖市人民政府测绘行政主管部门颁发的《测绘资质证书》，并在资质等级许可的范围内从事测绘活动。各级测绘行政主管部门要加强对界桩埋设、边界点测定、边界线及相关地形要素调绘、边界协议书附图标绘、边界点位置和边界线走向说明的编写、行政区域界线详图集的编纂等行政区域界线测绘的资质管理，依法查处各类测绘资质违法案件。②成果管理。从事行政区域界线测绘活动，必须保证测绘成果的质量，并依法汇交测绘成果。测绘行政主管部门要加强对行政区域界线测绘成果的监督管理，保证行政区域界线测绘成果质量。③标准管理。从事行政区域界线测绘活动，必须采用国家规定的测绘技术标准和规范，满足勘界测绘技术规程和规定的精度要求。

（四）权属界线测绘管理

1.权属界线测绘的概念

（1）权属。权属是指所有权和使用权，这里是指土地、建筑物、构筑物以及地面上其他附着物的所有权和使用权。所有权是指所有者对其所有物依法享有的占有、使用、收益和处分的权利。使用权是指使用者对其使用的土地、建筑物、构筑物，以及地面上其他附着物依法享有的占有、使用和收益的权利。

（2）权属界线。权属界线是指土地、建筑物、构筑物及地面上其他附着物的权属的分界线，也称为权属界址线。界址线的转折点称为界址点，将所有界址点连接起来，就形成了一块土地、建筑物、构筑物及地面上其他附着物的权属界址线。

（3）权属界线测绘。权属界线测绘是指测定权属界线的走向和界址点的坐标及绘制权属界线图的活动。权属界线测绘是确定权属的重要手段，只有通过权属界线测绘才能准确地将权属界线用数据和图形的形式表示出来。权属界线测绘的成果主要包括权属调查表、权属界址点坐标、权属面积统计表、权属界线图等。

明确土地、建筑物、构筑物及地面上其他附着物的权属，即明确土地、建筑物、构筑物及地面上其他附着物的所有权和使用权，对于维护社会的正常经济秩序、保护当事人的合法权益，具有十分重要的意义和作用。而明确土地、建筑物、构筑物及地面上其他附着物的权属，首先要对权属界址线进行测绘，这是确权的基础。我国《森林法》《草原法》《渔业法》《土地管理法》《城市房地产管理法》《海域使用法》等法律的规定，土地、房屋等确权工作由县级以上地方人民政府负责，即由县级以上地方人民政府"登记造册、核发证书，确认所有权或者使用权"，因此，权属界址线的测绘也必须以县级以上地方人民政府的确权为依据进行。只有对权属界址线进行认真测量，并达到"权属合法""界址清楚""面积准确"的土地、建筑物、构筑物及地面上其他附着物，有关部门才能依法予以确权，发放相关证书。

界址点是权属界址线走向的转折点，两个相邻转折点之间的连线是界址线。将各转折点都连接起来，就形成了一块土地的权属界址线。在确认权属时，一般是先确认界址点，然后确认界址线大体的走向，并对每一块土地的权属界址线都进行测量，所以，测量土地等权属界址线应当按照县级以上人民政府确定的权属界线的界址点、界址线进行。如果土地、建筑物、构筑物和地面其他附着物因分割、合并或受自然因素影响等原因，其权属界址线、界址点发生变化时，相关当事人应当委托具有相应测绘资质的单位进行测绘。不动产管理要求权属界址点、界址线等相关的资料必须及时更新，保持现势性，才能保证土地、建筑物、构筑物和地面其他附着物等不动产流转的安全、方便。

2.权属界线测绘管理

（1）权属界线测绘基本原则。《测绘法》对权属界线测绘进行了规定，明确测量土地、建筑物、构筑物和地面其他附着物的权属界址线，应当按照县级以上人民政府确定的权属界线的界址点、界址线或者提供的有关登记资料和附图进行。权属界址线发生变化时，有关当事人应当及时进行变更测绘。

权属界线测绘的主要内容是测定权属界址点及其地面上相关的建筑物、附着物等，权属界址点确定的依据是有关的权属调查资料、权属登记资料和相应的附图。权属登记资料主要是指土地、建筑物等有关权属归属的文件、档案等。为了确保权属界线测绘的准确性，维护权利人的合法权益，权属界线测绘必须按照县级以上人民政府的确权为依据进行。

（2）权属界址线变更测绘。从事权属界线测绘，必须依法取得相应等级和业务范围的测绘资质证书，其业务范围一般为地籍测绘、房产测绘等。同时，权属界线测绘，还应当严格按照测绘法的规定，执行国家规定的测绘技术规范和标准，保证权属界线测绘的成果质量。

《测绘法》对权属界址线测绘的规定具有非常重要的意义和作用：①有利于保护土地、房屋等不动产所有者或使用者的合法权益，有了明确的界址线、界址点，所有者或使用者可以依法行使自己的权利，对于侵犯其合法权益的行为，可以依法请求有关方面追究其责任；②有利于进一步健全我国的不动产权属管理制度，有利于国家征收土地税、房产税，监督土地的合理利用等工作的开展；③有利于依法解决土地房屋等权属纠纷，有了明确的权属界址线，一旦发生权属纠纷，人民政府或者人民法院在处理时就有可能更加及时、准确。

二、地籍测绘管理

（一）地籍测绘的概念和特征

1.地籍测绘的概念

地籍测绘是指对地块权属界线的界址点坐标进行精确测定，并把地块及其附着物的位置、面积、权属关系和利用状况等要素准确地绘制在图纸上和记录在专门的表册中的测绘工作。地籍测绘是地籍管理的重要内容，是国家测绘工作的重要组成部分。地籍测绘成果包括控制点和界址点坐标、地籍图和地籍表册等。

2.地箱测绘的特征

（1）地籍测绘是政府行使土地行政管理职能的具有法律意义的行政性技术行为，地籍测绘为土地管理提供了准确、可靠的地理参考系统。

（2）地籍测绘是在地籍调查的基础上进行的，具有勘验取证的法律特征。

（3）地籍测绘的技术标准必须符合土地法律法规的要求，从事地籍测绘的人员应当具有丰富的土地管理知识。

（4）地籍测绘工作有非常强的现势性。

（5）地籍测绘的技术和方法是现代测绘高新技术的应用集成。

（二）地籍测绘的法律规定

《测绘法》第十八条规定：国务院测绘行政主管部门会同国务院土地行政主管部门编制全国地籍测绘规划。县级以上地方人民政府测绘行政主管部门会同同级土地行政主管部门编制本行政区域的地籍测绘规划。县级以上地方人民政府测绘行政主管部门按照地籍测绘规划，组织管理地籍测绘。

测绘行政主管部门的地籍管理职责主要包括以下内容：

（1）会同土地行政主管部门制订地籍测绘规划。随着我国社会主义市场经济体制的确立，土地作为一种不可再生不动产资源越来越受到重视。地籍管理是土地管理的基础，而地籍测绘是地籍管理的基础性工作，也是国家测绘工作的重要组成部分。地籍测绘规划要在认真分析地籍管理工作对地籍测绘的需求、地籍测绘的现状、地籍测绘技术发展趋势、紧密配合土地管理工作的需要的基础上，由测绘行政主管部门会同土地行政主管部门编制，同时应当注意与同级基础测绘规划以及其他有关规划进行衔接，避免重复测绘。

（2）按照地籍测绘规划，组织管理地籍测绘工作。组织管理地籍测绘工作是《测绘法》确定的各级测绘行政主管部门的一项法定职责，也是测绘行政主管部门履行统一监督管理职责的具体体现。测绘行政主管部门在组织管理地籍测绘时，要充分考虑地籍测绘的特殊性，与土地行政主管部门密切配合，相互协作，加强沟通，以保证地籍测绘工作的顺利进行。组织管理地籍测绘工作，是确保地籍测绘规划落实的重要保障。

（三）地籍测绘管理

测绘行政主管部门依法组织管理地籍测绘，主要包括4个方面：

1.组织编制地籍测绘规划

组织编制地籍测绘规划是测绘行政主管部门的一项重要职责。全国地籍测绘规划由国务院测绘行政主管部门会同国务院土地行政主管部门编制，地方地籍测绘规划由县级以上地方人民政府测绘行政主管部门会同同级土地行政主管部门编制。

2.监督管理地籍测绘资质

地籍测绘工作是国家测绘工作的重要组成部分，从事地籍测绘工作必须依法取得省级以上测绘行政主管部门颁发的载有地籍测绘业务的测绘资质证书；建立地籍数据库以及地籍管理信息系统，必须取得载有地理信息系统工程业务的测绘资质证书，并使用符合国家标准的基础地理信息数据。对未取得地籍测绘资质的单位以及使用不符合国家标准的基础地理信息数据建立地籍管理信息系统的，各级测绘行政主管部门要依法严肃查处。

3.监督管理地籍测绘成果质量

地籍测绘成果是测绘成果的重要组成部分，监督管理地籍测绘成果质量、确认地籍测绘成果是各级测绘行政主管部门的重要职责。各级测绘行政主管部门应当加强地籍测绘成果监督检查，确保地籍测绘成果质量。

4.地籍测绘标准化管理

根据国家测绘局以及省、自治区、直辖市测绘行政主管部门"三定"的规定，测绘行政主管部门的一项重要职责是研究制定地籍测绘技术标准和规范，对地籍测绘过程中是否执行国家技术规范和标准情况进行监督管理。因此，各级测绘行政主管部门要加强对地籍测绘标准化的管理，确保国家地籍测绘的各项标准、规范得到全面正确地实施。

随着我国土地使用权出让、转让、出租、抵押等交易活动日益活跃，土地市场已经形成，随之形成了地籍测绘市场。目前在地籍测绘市场形成和发展过程中也存在一些不可忽视的问题：有的单位不具备地籍测绘资质擅自承揽地籍测绘项目；有的单位测制的地籍测绘成果达不到技术标准；有的单位不执行国家统一的地籍测绘技术规范，擅自降低精度、等级要求；有的测绘单位采取不正当手段承揽地籍测绘项目等。所有这些不但影响了土地管理工作顺利开展，也损害了土地权利人的合法利益，而且增加了土地交易风险和交易成本。为了克服地籍测绘管理中存在的上述问题，保证地籍测绘工作顺利开展，提高地籍测绘质量，保证土地交易安全，避免土地界限纠纷，必须依法加强地籍测绘管理。

第五章　测绘工程的质量控制

第一节　质量术语

一、质量

质量是指一组固有特性满足明示的、通常隐含的或必须履行的需求或期望的程度。

二、质量管理体系

质量管理体系是指在质量方面指挥和控制组织的管理体系。

三、质量策划

策划是质量管理的一部分，致力于制定质量目标并规定必要的运行过程和相关资源以实现质量目标。编制质量计划可以是质量策划的一部分。

（1）质量活动是从质量策划开始的，质量策划包括规定质量目标、为实现质量目标而规定所需的过程和资源。

（2）质量策划是组织的持续性活动，要求组织进行质量策划并确保质量策划在受控状态下进行。

（3）质量策划是一系列活动（或过程），质量计划是质量策划的结果之一。质量策划、质量控制、质量改进是质量管理大师朱兰提出的质量管理的三个阶段。

四、质量控制

质量控制是质量管理的一部分，致力于满足质量要求。

（1）质量控制的目标是确保产品、过程或体系的固有特性达到规定的要求。

（2）质量控制的范围应涉及与产品质量有关的全部过程，以及影响过程质量的人、机、料、法、环、测等因素。

五、质量保证

质量保证是质量管理的一部分，致力于提供质量要求会得到满足的信任。

（1）质量保证的核心在于提供足够的信任使相关方（包括顾客、管理者或最终消费者等）确信组织的产品能满足规定的质量要求。

（2）组织应建立、实施、保持和改进其质量管理体系，以确保产品符合质量要求。

（3）提供必要的证据，证实建立的质量管理体系满足规定的要求，使顾客或其他相关方相信，组织有能力提供满足规定要求的产品，或已提供了符合规定要求的产品。

六、质量改进

质量改进是质量管理的一部分，致力于增强满足质量要求的能力。其要求可以是有关任何方面的，如有效性、效率或可追溯性。

（1）影响质量要求的因素会涉及组织的各个方面，在各个阶段、环节、职能、层次均有改进机会，因此组织的管理者应发动全体成员并鼓励他们参与改进活动。

（2）改进的重点是提高满足质量要求的能力。

七、质量保证

质量保证指为使人们确信某一产品、过程或服务的质量所必需的全部有计划有组织的活动。也可以说是为了提供信任表明实体能够满足质量要求，而在质量体系中实施并根据需要进行证实的全部有计划和有系统的活动。

质量保证就是按照一定的标准生产产品的承诺、规范、标准。由国家质量技术监督局提供产品质量技术标准。即生产配方、成分组成，包装及包装容量多少、运输及贮存中注意的问题，产品要注明生产日期、厂家名称、地址，等等，经国家质量技术监督局批准这个标准后，公司才能生产产品。国家质量技术监督局就会按这个标准检测生产出来的产品是否符合标准要求，以保证产品的质量符合社会大众的要求。

为使人们确信某实体能满足质量要求，而在质量体系中实施并根据需要进行证实的全部有计划、有系统的活动，称为质量保证。显然，质量保证一般适用于有合同的场合，其主要目的是使用户确信产品或服务能满足规定的质量要求。如果给定的质量要求不能完全反映用户的需要，则质量保证也不可能完善。质量控制和质量保证是采取措施，以确保有缺陷的产品或服务的生产和设计符合性能要求。其中，质量控制包括原材料、部件、产品和组件的质量监管，与生产相关的服务和管理，生产和检验流程。

第二节 质量体系的建立、实施与认证

一、质量管理体系的建立与实施

质量管理体系的建立与实施所包含的内容很多，主要包括以下8个方面：

（一）质量方针和质量目标的确定

质量管理体系是企业内部建立的、为保证产品质量或质量目标所必需的、系统的质量活动。它根据企业特点选用若干体系要素加以组合，加强从设计研制、生产、检验、销售、到使用全过程的质量管理活动，并予以制度化、标准化，成为企业内部质量工作的要求和活动程序。客观地说，任何一个企业都有其自身的质量管理体系，或者说都存在着质量管理体系。然而企业传统的质量管理体系能否适应市场及全球化的要求，并得到认可却是一个未知数。因此，企业建立一个国际通行的质量管理体系并通过认证是提升企业质量管理水平，增强自身竞争力的第一步。

根据企业的发展方向、组织的宗旨，确定与之相适应的质量方针，并做出质量承诺。在质量方针提供的质量目标框架内明确规定组织以及相关职能等各层次上的质量目标，同时要求质量目标应当是可测量的。

（二）质量管理体系的策划

组织依据质量方针和质量目标，应用过程方法对组织应建立的质量管理体系进行策划。在质量管理体系策划的基础上，还应进一步对产品实现过程和相关过程进行策划。策划的结果应满足企业的质量目标及相应的要求。

（三）企业人员职责与权限的确定

组织依据质量管理体系以及产品实现过程等策划的结果，确定各部门、各过程及其他与质量有关的人员所应承担的相应职责，并赋予其相应的权限，确保其职责和权限得以沟通。

（四）质量管理体系文件的编制

组织应依据质量管理体系策划及其他策划的结果确定管理体系文件的框架和内容，在质量管理体系文件的框架内，明确文件的层次、结构、类型、数量、详略程度，并规定统一的文件格式。

（五）质量管理体系文件的学习

在质量管理体系文件正式发布前，认真学习质量管理体系文件对质量管理体系的真正建立和有效实施起着至关重要的作用。只有企业各部门、各级人员清楚地了解到质量管理体系文件对本部门、本岗位的要求，以及与其他部门、岗位之间的相互关系的要求，才能确保质量管理体系在整个组织内得以有效实施。

（六）质量管理体系的运行

质量管理体系文件的签署意味着企业所规定的质量管理体系正式开始实施运行。质量管理体系运行主要体现在两个方面：一是组织所有质量活动都依据质量管理体系文件的要求实施运行；二是组织所有质量活动都在提供证据，以证实质量管理体系的运行符合要求并得到有效实施和保持。

（七）质量管理体系的内部审核

质量管理体系的内部审核是组织自我评价、自我完善的一种重要手段。企业通常在质量管理体系运行一段时间后，组织内审人员对质量管理体系进行内部审核，以确保质量管理体系的适用性和有效性。

（八）质量管理体系的评审

在内部审核的基础上，组织的最高管理者应就质量方针、质量目标，对质量管理体系进行系统的评审，一般也称为管理评审。其目的在于确保质量管理体系持续的适宜性、充分性、有效性。通过内部审核和管理评审，在确认质量管理体系运行符合要求并且有效的基础上，组织可向质量管理体系认证机构提出认证申请。

二、质量管理体系认证的实施程序

（一）提出申请

申请单位向认证机构提出书面申请。

经审查符合规定的申请要求，则决定接受申请，由认证机构向申请单位发出"接受申请通知书"，并通知申请方下一步与认证有关的工作安排，预交认证费用。若经审查不符合规定的要求，认证机构将及时与申请单位联系，要求申请单位做必要的补充或修改，符合规定后再发出"接受申请通知书"。

（二）认证机构进行审核。

认证机构对申请单位的质量管理体系审核是质量管理体系认证的关键环节，其基本工作程序是文件审核、现场审核、提出审核报告。

（三）获准认证后的监督管理

认证机构对获准认证（有效期为3年）的供方质量管理体系实施监督管理。这些管理工作包括供方通报、监督检查、认证注销、认证暂停、认证撤销、认证有效期的延长等。

三、质量管理体系的认证

质量管理体系认证是指依据质量管理体系标准，经认证机构评审，并通过质量管理体系注册或颁发证书来证明某企业或组织的质量管理体系符合相应的质量管理体系标准的活动。

质量管理体系认证由认证机构依据公开发布的质量管理体系标准和补充文件，遵照相应认证制度的要求，对申请方的质量管理体系进行评价，合格的由认证机构颁发质量管理体系认证证书，并实施监督管理。

（一）坚持自愿申请的原则

除强制性的认证及特殊领域的质量体系的认证外，质量管理体系认证坚持自愿申请的原则，但企业在认证机构颁发认证证书和标志后应接受其严格的监督管理。

（二）坚持促进质量管理体系有效运行的原则

认证的最终目的是提高企业产品质量和市场竞争力，质量管理体系的有效运行是促进企业不断完善质量管理体系的根本保障。

（三）积极采用国际标准，消除贸易技术壁垒的原则

贸易技术壁垒是指各国、地区制定或实施了不恰当的技术法规、标准、合格评定程序等，给国际贸易造成的障碍。只有消除不必要的技术壁垒，才能达到质量认证的另一目的，即促进市场公平、公开和公正的质量竞争。

（四）坚持透明的原则

质量管理体系认证由具有法人地位的第三方认证机构承担，并接受相应的监督管理，依靠其公正、科学和有效的认证服务取得权威和信誉，认证规则、程序、内容和方法均公开、透明，避免认证机构之间的不正当竞争。

第三节　影响测绘工程质量因素的控制

一、人的控制

人，指直接参与测绘工程实施的决策者、组织者、指挥者和操作者。人，作为控制的对象，是避免产生失误；作为控制的动力，是充分调动人的积极性，发挥人的因素第一的主导作用。

为了避免人的失误，调动人的主观能动性，增强人的责任感和质量观，达到以工作质量保工序质量以及工程质量的目的，除了加强政治思想教育、劳动纪律教育、职业道德教育、专业技术知识培训，建全岗位责任制，改善劳动条件，公平合理的激励外，还需根据测绘工程项目的特点，从确保质量出发，本着适才适用、扬长避短的原则来控制人的使用。

在测绘工程质量控制中，应从以下几个方面来考虑人对质量的影响：

（1）领导者的素质。

（2）人的理论、技术水平。

（3）人的心理行为。

（4）人的错误行为。

（5）人的违纪违章。

二、仪器设备的控制

仪器设备的选择，应本着因工程制宜，按照技术上先进、经济上合理、生产上适用、性能上可靠、操作上方便等原则。测绘工程必须采用一定的仪器或工具，而每一种仪器都具有一定的精密度，这使观测结果受到相应的影响。此外，仪器本身也有一定的误差，必然会对测绘工程的观测结果带来误差。

三、环境因素的控制

环境因素对测绘工程质量的影响，具有复杂多变的特点，如气象条件就变化万千，温度、湿度、大气折光、大风、暴雨、酷暑、严寒都对观测成果质量产生影响。因此，观测值也就不可避免地存在着误差。

在测绘工程的整个过程中，不论观测条件如何，观测结果都含有误差。但粗差在测量结果中是不允许存在的，它会严重影响观测成果的质量。因此，要求测量人员要具有高度的责任心和良好的工作作风，严格执行国家规范，坚持边工作边检查的原则，避免粗差的发生。为了杜绝粗差，除认真仔细地进行作业外，还要采取必要的检查措施。例如，对未知量进行多余观测，以便用一定的几何条件检验或用统计方法进行检验。

四、组织设计构成因素的控制

组织设计就是对组织活动和组织结构的设计过程，有效的组织设计在提高组织活动效能方面起着重大的作用。组织设计有以下要点：组织设计是管理者在系统中建立最有效相互关系的一种合理化的、有意识的过程。该过程既要考虑系统的外部要素，又要考虑系统的内部要素。组织设计的结果是形成组织结构。

（一）组织构成因素

组织构成一般是上小下大的形式，由管理层次、管理跨度、管理部门、管理职能四大因素组成。各因素是密切相关、相互制约的。

1.管理层次

管理层次是指从组织的最高管理者到最基层的实际工作人员之间的等级层次的数量。管理层次可分为4个层次，即决策层、协调层和执行层、操作层。决策层的任务是确定管理组织的目标和大政方针以及实施计划，它必须精干、高效；协调层的任务主要是参谋、咨询职能，其人员应有较高的业务工作能力；执行层的任务是直接调动和组织人力、财力、物力等具体活动内容，其人员应有实干精神并能坚决贯彻管理指令；操作层的任务是从事操作和完成具体任务，其人员应有熟练的作业技能。这3个层次的职能和要求不同，标志着不同的职责和权限，同时也反映出组织机构中的人数变化规律。

组织的最高管理者到最基层的实际工作人员权责逐层递减，而人数却逐层递增。如果组织缺乏足够的管理层次将使其运行陷于无序的状态。因此，组织必须形成必要的管理层次。不过，管理层次也不宜过多，否则会造成资源和人力的浪费，也会使信息传递慢、指令走样、协调困难。

2.管理跨度

管理跨度是指一名上级管理人员所直接管理的下级人数。在组织中，某级管理人员的管理跨度的大小直接取决于这一级管理人员所需要协调的工作量。管理跨度越大，领导者需要协调的工作量越大，管理的难度也越大。因此，为了使组织能够高效地运行，必须确定合理的管理跨度。

管理跨度的大小受很多因素影响，它与管理人员的性格、才能、个人精力、授权程度及被管理者的素质有关。此外，还与职能的难易程度、工作的相似程度、工作制度和程序等客观因素有关。确定适当的管理跨度，需积累经验并在实践中进行必要的调整。

3.管理部门

组织中各部门的合理划分对发挥组织效应是十分重要的。如果部门划分不合理，会造成控制、协调困难，也会造成人浮于事，浪费人力、物力、财力。管理部门的划分要根据组织目标与工作内容确定，形成既有相互分工又有相互配合的组织机构。

4.管理职能

组织设计确定各部门的职能，应使纵向的领导、检查、指挥灵活，达到指令传递快、信息反馈及时；使横向各部门间相互联系、协调一致，使各部门有职有责、尽职尽责。

（二）组织设计原则

项目机构的组织设计一般需考虑以下7项基本原则。

1.集权与分权统一的原则

在任何组织中都不存在绝对的集权和分权。项目机构是采取集权形式还是分权形式，要根据工程的特点、工作的重要性等因素进行综合考虑。

2.专业分工与协作统一的原则

对于项目机构来说，分工就是将目标，特别是投资控制、进度控制、质量控制三大目标分成各部门以及工作人员的目标、任务，明确干什么、怎么干。在分工中特别要注意以下3点：

（1）尽可能按照专业化的要求来设置组织机构。

（2）工作上要有严密分工，每个人所承担的工作应力求达到较熟悉的程度。

（3）注意分工的经济效益。

在组织机构中还必须强调协作。所谓协作，就是明确组织机构内部各部门之间和各部门内部的协调关系与配合方法。在协作中应该特别注意：主动协作要明确各部门之间的工作关系，找出易出矛盾之点，加以协调。有具体可行的协作配合办法，对协作中的各项关系应逐步规范化、程序化。

3.管理跨度与管理层次统一的原则

在组织机构的设计过程中，管理跨度与管理层次呈反比例关系。这就是说，当组织机构中的人数一定时，如果管理跨度加大，管理层次就可以适当减少；反之，如果管理跨度缩小，管理层次肯定就会增多。一般来说，项目机构的设计过程中，应该在通盘考虑影响管理跨度的各种因素后，在实际运用中根据具体情况确定管理层次。

4.权责一致的原则

在项目机构中应明确划分职责、权力范围，做到责任和权力相一致。从组织结构的规律来看，一定的人总是在一定的岗位上担任一定的职务，这样就产生了与岗位职务相适应的权力和责任。只有做到有职、有权、有责，才能使组织机构正常运行。由此可见，组织的权责是相对于预定的岗位职务来说的，不同的岗位职务应有不同的权责。权责不一致对组织的效能损害是很大的。权大于责就容易产生瞎指挥、滥用权力的官僚主义；责大于权就会影响管理人员的积极性、主动性、创造性，使组织缺乏活力。

5.才职相称的原则

每项工作都应该确定为完成该工作所需要的知识和技能。可以对每个人通过考察他的学历与经历，进行测验及面谈等，了解其知识、经验、才能、兴趣等，并进行评审比较。职务设计和人员评审都可以采用科学的方法，使每个人现有的和可能有的才能与其职务上的要求相适应，做到才职相称，人尽其才，才得其用，用得其所。

6.经济效率原则

项目机构设计必须将经济性和高效率放在重要地位。组织结构中的每个部门、每个人为了一个统一的目标，应组合成最适宜的结构形式，实行最有效的内部协调，使事情办得简洁而正确，减少重复和扯皮。

7.弹性原则

组织机构既要有相对的稳定性，不要总是轻易变动，又要随组织内部和外部条件的变化，根据长远目标做出相应的调整与变化，使组织机构具有一定的适应性。

（三）组织机构活动基本原理

组织机构的目标必须通过组织机构活动来实现。组织活动应遵循如下基本原理。

1.要素有用性原理

一个组织机构中的基本要素有人力、物力、财力、信息、时间等。运用要素有用性原理，首先应看到人力、物力、财力等要素在组织活动中的有用性，充分发挥各要素的作用，根据各要素作用的大小、主次、好坏进行合理安排、组合和使用，做到人尽其才、财尽其利、物尽其用，尽最大可能提高各要素的有用率。

一切要素都有作用，这是要素的共性。然而要素不仅有共性，而且还有个性。例如，同样是工程师，由于专业、知识、能力、经验等水平的差异，所起的作用也就不同。因此，管理者在组织活动过程中不但要看到一切要素都有作用，还要具体分析各要素的特殊性，以便充分发挥每一要素的作用。

2.动态相关性原理

组织机构处在静止状态是相对的，处在运动状态则是绝对的。组织机构内部各要素之间既相互联系，又相互制约；既相互依存，又相互排斥，这种相互作用推动组织活动的进行与发展。这种相互作用的因子，叫作相关因子。充分发挥相关因子的作用，是提高组织管理效应的有效途径。事物在组合过程中，由于相关因子的作用，可以发生质变。一加一可以等于二，也可以大于二，还可以小于二。整体效应不等于其各局部效应的简单相加，这就是动态相关性原理。组织管理者的重要任务就在于使组织机构活动的整体效应大于其局部效应之和，否则，组织就失去了存在的意义。

3.主观能动性原理

人和宇宙中的各种事物，运动是其共有的根本属性。它们都是客观存在的物质，不同的是，人是有生命、有思想、有感情、有创造力的。人会制造工具，并使用工具进行劳动；在劳动中改造世界，同时也改造自己；能继承并在劳动中运用和发展前人的知识。人是生产力中最活跃的因素，组织管理者的重要任务就是要把人的主观能动性发挥出来。

4.规律效应性原理

组织管理者在管理过程中要掌握规律，按规律办事，把注意力放在抓事物内部的、本质的、必然的联系上，以达到预期的目标，取得良好效应。规律与效应关系非常密切，一个成功的管理者懂得只有努力揭示规律，才有取得效应的可能；而要取得好的效应，就要主动研究规律，坚决按规律办事。

（四）测绘项目的资源配置

人员和设备是完成测绘项目资源配置的两个主要条件，项目应配置合适的人员和设备。

1.人员配置

测绘项目人员配置分为项目负责人、生产管理组、技术管理组、质量控制组、后勤服务部门（包含资料管理组、设备管理组、安全保障组、后勤保障组等）。

（1）项目负责人一般由院长（总经理）担任，全面负责本项目的生产计划的实施、技术管理、质量控制、资料的安全保密管理等工作。

（2）测绘项目中的生产管理组一般分为3个层次：项目生产负责人一般由生产院长（项目经理）担任、中队（部门）生产负责人一般由中队长（部门经理）担任、作业组生产负责人一般由各生产作业组长担任。项目负责人全面负责整个项目的工作，包括经费控制、进度控制、质量控制、人员管理等工作。中队（部门）生产负责人全面负责整个中队（部门）的生产工作，也包括经费控制、进度控制、质量控制、人员管理等工作。作业组生产负责人负责组的全面工作，作业组一般不负责经费管理，只负责作业组的进度、质量和人员管理。

（3）测绘项目中的技术管理组一般分为3个层次：项目技术负责人一般由总工担任、中队（部门）技术负责人一般由中队（部门）工程师担任、作业组技术负责人一般由各生产作业组工程师担任。项目技术负责人是测绘项目的最高技术主管，负责整个项目的技术工作。中队（部门）技术负责人全面负责整个中队（部门）的技术工作。作业组是最基本的作业单位，每个组设一个技术组长，负责全组的技术工作，技术组长一般由组长兼任。作业员具体从事观测、进行数据处理等工作，作业组的组长（技术组长）也兼做作业员的工作。

（4）测绘项目的质量控制组一般由质量控制办公室（部门）负责，对每一道工序进行质量检查。

（5）后勤服务部门包含资料管理组、设备管理组、安全保障组、后勤保障组等，各自负责项目的后勤服务工作。

2.设备配置

目前测绘项目的主要设备包括水准仪、经纬仪、全站仪、GPS测量系统、航空摄影机、数字摄影测量工作站和数字成图系统等。这7类设备前5类属于外业设备，后2类属于内业设备。测绘项目要配备合适的设备。例如，地形图测绘。地形图的比例尺和范围大小不同，要采用不同的测绘方法及不同的测绘设备。

第四节　测绘工程实施过程中的质量控制

一、测绘工程质量的特点及控制方针

（一）测绘工程质量特点

测绘工程生产质量是测绘工程质量体系中一个重要组成部分，是实现测绘产品功能和使用价值的关键阶段；生产阶段质量的好坏，决定着测绘产品的优劣。测绘工程生产过程就是其质量形成的过程，严格控制生产过程各个阶段的质量，是保证其质量的重要环节。

测绘工程产品质量与工业产品质量的形成有显著的不同，测绘工程工艺流动，类型复杂，质量要求不同，操作方法不一。特别是露天生产，受天气等自然条件制约因素影响大，生产具有周期性。所有这些特点，导致了测绘工程质量控制难度较大。具体表现在：

（1）制约测绘工程质量的因素多，涉及面广。测绘工程项目具有周期性，人为和自然的很多因素都会影响到成果质量。

（2）生产质量的离散度和波动性大，测绘工程质量变异性强。测绘项目涉及面广、参与人员素质参差不齐，且一般具有不可重复性，使得测绘工程个体质量稍不注意即有可能出现质量问题，特别是关键位置的测绘质量将直接影响到整体工程质量。

（3）质量隐蔽性强。测绘工程大部分只能在工程完工后才能发现质量问题。因此，在测绘生产过程中必须现场管理，以便及时发现测绘质量问题。

所以，对测绘工程质量应加倍重视、一丝不苟、严加控制，使质量控制贯穿于测绘生产的全过程。对测绘工程量大、面广的工程，更应该注意。

（二）测绘工程质量控制的方针

质量控制是为达到质量要求所采取的作业技术和活动。它的目的在于，在质量形成过程中控制各个过程和工序，实现"预防为主"的方针，采取行之有效的技术措施，达到规定要求，提高经济效益。

"质量第一"是我国社会主义现代化建设的重要方针之一，是质量控制的主导思想。测绘工程质量是国家建设各行各业得以实现的基本保证。测绘工程质量控制是确保测绘质量的一种有效方法。

二、测绘工程质量控制的实施

（一）测绘生产质量控制的内容和要求

（1）坚持预防为主，重点进行事前控制，防患于未然，把质量问题消除在萌芽状态。

（2）既应坚持质量标准，严格检查，又应热情帮助促进。

（3）测绘生产过程质量控制的工作范围、深度、采用何种工作方式，应根据实际需要，结合测绘工程特点、测绘单位的能力和管理水平等因素，事先提出质量检查要求大纲，作为合同条件的组成内容，在测绘合同中明确规定。

（4）在处理质量问题的过程中，应尊重事实，尊重科学，立场公正，谦虚谨慎，以理服人，做好协调工作。

（二）测绘人员的素质控制

人员的素质高低，直接影响产品的优劣。质量控制的重要任务之一就是推动测绘生产单位对参加测绘生产的各层次人员特别是专业人员进行培训。在分配上公正合理，并运用各种激励措施，调动广大人员的积极性，不断提高人员的素质，使质量控制系统有效地运行。在测绘生产人员素质控制方面，应主要抓3个环节。

1. 人员培训

人员培训的层次有领导者、测量技术人员、队（组）长、操作者的培训。培训重点是关键测量工艺和新技术、新工艺的实施，以及新的测量规范、测量技术操作规程的操作等。

2. 资格评定

应对特殊作业、工序、操作人员进行考核和必要的考试、评审，如对其技能进行评定，颁发相应的资格证书或证明，坚持持证上岗，等等。

3. 调动积极性

健全岗位责任制，改善劳动条件，建立合理的分配制度，坚持人尽其才、扬长避短的原则，以充分发挥人的积极性。

（三）测绘生产组织设计的质量控制

测绘生产组织设计包括两个层次。一是测绘项目比较复杂，需要编制测绘生产组织总设计。就质量控制而言，它是提出项目的质量目标以及质量控制，保证重点工程质量的方法与手段等。二是工程测绘生产组织设计。目前，测绘单位普遍予以编制。

（四）测绘仪器的质量控制

测绘仪器的选型要因地制宜，因工程制宜。按照技术先进、经济合理、使用方便、性能可靠、使用安全、操作和维修方便等原则选择相应的仪器设备。对于工程测量，应特别着重对电磁波测距仪、经纬仪、水准仪以及相应配套附件的选型。对于平面定位而言，一般选用性能良好、操作方便的电子全站仪和GPS仪器较为合适。对高程传递，一般选择水准仪或用三角高程方法的电子全站仪。对保证垂直度，一般选择激光铅直仪、激光扫平仪。对变形监测，应选择相应的水平位移及沉陷观测遥测系统。任何产品都必须有准产证、性能技术指标以及使用说明书。一般应立足国内，当然也不排除选择国外的合格产品。随着测绘技术的发展，为提高进度和效益，自动化观测系统日益受到重视。

仪器设备的主要技术参数要有保证。技术参数是选择机型的重要依据。对于工程测量而言，应首先依据合理限差要求，按照事先设计的施工测量方法和方案，结合场地的具体条件，按精度要求确定好相应的技术参数。在综合考虑价格、操作方便的前提下，确定好相应的测量设备。如果发现某些测量仪器在施工期间有质量问题，必须按规定进行检验、校正或维修，确保其自始至终的质量等级。

（五）施工测量控制网和施工测量放样的质量控制

施工测量的基本任务是按规定的精度和方法，将建筑物、构造物的平面位置和高程位置放样（或称测设）到实地。因此，施工测量的质量将直接影响到工程产品的综合质量和工程进度。此外，为工程建成后的管理、维修与扩建，应进行竣工测量和质量验收。为测定建筑物及其地基在建筑荷载及外力作用下随时间变化的情况，还应进行变形观测。

1.施工测量控制网

为保证施工放样的精度，应在建筑物场地建立施工控制网。施工控制网分为平面控制网和高程控制网。施工控制网的布设应根据设计总平面图和建筑物场地的地形条件确定。对于丘陵地区，一般用三角测量或三边测量方法建立。对于地面平坦而通视比较困难的地区，如在扩建或改建的工业场地，则可采用导线网或建筑方格网的方法。在特殊情况下，根据需要也可布置一条或几条建筑轴线组成简单图形作为施工测量的控制网。现在已经用GPS技术建立平面测量控制网。不管何种施工控制网，在应用它进行实际放样前，必须对其进行复测，以确认点位和测量成果的一致性及使用的可靠性。

2.工业与民用建筑施工放样

（1）工业与民用建筑施工测量的任务。工业与民用建筑施工测量是测量在工程建设中的具体应用，其主要任务有以下3项：

①施工前。施工前在施工场地上建立施工控制网，把设计的各个建筑物的平面位置和高程按要求的精度测设到地面上，使相互能连成统一的整体。

②施工中。根据施工进度，把设计图纸上建筑物平面位置和高程在现场标定出来，按施工要求开展各种测量工作。并在施工过程中随时进行建筑物的检测，以使工程建设符合设计要求。

③完工后。要进行检查、验收测量，并编绘竣工平面图。对于一些重要建（构）筑物，在施工和运营期间定期进行变形观测，以了解建（构）筑物的变形规律，监视其安全施工和运营，并为建筑结构和地基基础科学研究提供资料。

（2）工业与民用建筑施工测量的管理。工业与民用建筑施工测量的精度，在施工测量的不同阶段要求不同。一般来说，施工控制网的精度要高于测图控制网的精度，工业建设比民用建设精度要求高，高层建筑比低层建筑精度要求高，预制件装配式施工的建筑物比现场浇筑的精度要求高。

总之，工业与民用建筑施工测量的精度及管理工作，应根据工程的性质和设计要求及规范来合理确定。精度要求过低，影响施工质量，甚至会造成工程事故；精度要求过高，又会造成人力、物力及时间的浪费。

3.高层建筑施工测量

随着我国社会主义现代化建设的发展，像电视发射塔、高楼大厦、工业烟囱、高大水塔等高耸建筑物不断兴建。这类工程的特点是基础面小、主体高，施工必须严格控制中心位置，确保主体竖直垂准。这类施工测量工作的主要内容是：

（1）建筑场地测量控制网（一般有田字形、圆形及辐射形控制网）。

（2）中心位置放样。

（3）基础施工放样。

（4）主体结构平面及高程位置的控制。

（5）主体建筑物竖直垂准质量的检查。

（6）施工过程中外界因素（主要指日照）引起变形的测量检查。

4.线路工程施工测量

线路工程包括铁路、公路、河道、输电线、管道等，施工测量复核工作大同小异，归纳起来有以下3项：

（1）中线测量。其主要内容有起点、转点、终点位置的检核。

（2）纵向坡度及中间转点高度的测量。

（3）地下管线、架空管线及多种管线汇合处的竣工检核等。

5.地形测量工程管理

地形图测绘，是在图根控制网建立后，以图根控制点为测站，测出各测绘点周围的地物、地貌特征点的平面位置和高程，根据测图比例尺缩绘到图纸上并加绘图式符号，经整饰即成地形图。地形测量是各种基本测量方法和各种测量仪器的综合应用，是平面高程的综合性测量。

地形图是各种地物和地貌在图纸上的概括反映，是进行各类工程规划设计和施工的必备资料。为保证成图质量，地形测量实施阶段的管理主要是保证成图符合按规定要求所需的精度。为保证精度满足要求，除在测图时要随时检查发现问题及时纠正外，当完成测图后，还应做一次全面检查。检查方法有室内检查、巡视检查和使用仪器设站检查等。

（1）室内检查。室内检查主要检查记录计算有无错误，图根点的数量和地貌的密度等是否符合要求，综合取舍是否恰当以及连接是否符合要求，等等。

（2）巡视检查。巡视检查是沿拟定的路线将原图与实地对照，查看地物有无遗漏，地貌是否与实地相符，符号、注记等是否正确。发现问题要及时改正。

（3）仪器设站检查。在上述基础上再做设站检查。采用测图时同样的方法在原已知点（图根点）上设站，重新测定周围部分碎部点的平面位置和高程，再与原图比较，误差小于规定的要求。因此，地形测量工程管理工作就是如何满足精度要求进行制度设计和督促检查。

6.地籍测量与房产测绘管理

地籍测量与房产测绘的内容包括城镇土地权属调查、土地登记与土地统计、土地利用现状调查、地籍测量、地籍变更测量、房地产调查、房产图测绘等。地籍测量与房产测绘和地形测量同样要先进行控制测量，然后根据控制点测定测区内的地籍碎部点并据此绘制地籍图。

（1）地籍测量主要是测定和调查土地及其附着物的权属、位置、数量、质量和利用现状等基本情况的测绘工作；房产测量主要是测定和调查房屋及其用地情况，即主要采集房屋及其用地的有关信息，为房产产权、房籍管理、房地产开发利用、交易、征收税费以及城镇规划建设提供测量数据和资料。

（2）地籍与房产测量的基本功能。地籍与房产测量的功能有：

①法律功能。地籍与房产测量的成果经审批验收，依据登记发证后，就具有了法律效力，因此可为不动产的权属、租赁和利用现状提供资料。

②经济功能。地籍图册为征收土地税收提供依据，为土地的有偿使用提供准确的成果资料，为不动产的估价、转让提供资料服务，因而具有显著的经济功能。

③多用途功能。地籍测量成果为制订经济建设计划、区域规划、土地评价、土地开发利用、土地规划管理、城镇建设、环境保护等提供基础资料，因而具有广泛的社会功能。

（3）地籍与房产测绘工程的管理必须紧紧抓住以土地权属为核心，以地块为基础的土地及其附着物的权属、位置、数量、质量和利用现状等土地基本信息，按规定要求测定权属界址点的精度。

7.道路工程测量管理

道路工程一般由路线本身（路基、路面）、桥梁、隧道、附属工程、安全设施和各种标志组成。道路工程测量主要工作内容有中线测量、圆曲线及缓和曲线的测设、路线纵横断面测量、土石方的计算与调配、道路施工测量、小桥涵施工测量等。

测量工作在道路工程建设中起着重要作用，测量所得到的各种成果和标志是工程设计和工程施工的重要依据。其中，道路中线测量是道路工程测量中关键性工作，它是测绘纵横断面图和平面图的基础，是道路施工和后续工作的依据。测量工作的精度和速度将直接影响设计和施工的质量和工期。为了保证精度和防止错误，道路工程测量也必须遵循"由整体到局部，从高级到低级，先控制后碎部"的原则，并注意步步有校核。

8.水利工程测量

水利工程测量的主要内容有土坝施工测量、混凝土重力坝施工测量、大坝变形观测、隧洞施工测量、渠道测量等。水利枢纽工程的建筑物主要有拦河大坝、电站、放水涵洞、溢洪道等。水利工程测量是为水利工程建设服务的专门测量，它在水利电力工程的规划设计阶段、建筑施工阶段与经营管理阶段发挥着不同的作用。在水利枢纽工程的建设中，测量工作大致可分为勘测阶段、施工阶段和运营管理阶段三大部分。它们在不同的时期，其工作性质、服务对象和工作内容不完全相同，但是各阶段的测量工作有时是交叉进行的。

一个水利枢纽通常是由多个建筑物构成的综合体。其中包括有大坝建筑物，它的作用大。在它们投入运营后，由于水压力和其他因素的影响将产生变形。为了监视其安全，便于及时维护管理，充分发挥其效益，以及为了科研的目的，都应对它们进行定期或不定期的变形观测。在这一时期，测量工作的特点是精度要求高、专用仪器设备多、复杂性大。因此，对于水利工程测量运营管理阶段的变形监测及其数据处理是管理工作的重点。

三、测绘产品质量管理与贯标的关系

（一）贯标

1.贯标的概念

通常所说的贯标就是指贯彻关于质量管理体系的标准，其核心思想是以顾客为关注焦点，以顾客满意为唯一标准，通过发挥领导的作用，全员参与，运用过程方法和系统方法，持续改进工作的一种活动。加强贯标工作，是一个企业规避质量风险、品牌风险、市场风险的基础工作。

2.测绘质量管理体系运行中有关注意事项

测绘生产单位只有切实、有效地按照标准建立质量管理体系并持续运行，才能够通过贯标活动改进内部质量管理。因此，在体系运行中要抓好以下控制环节：

（1）统一思想认识，尤其是领导层，树立"言必行，行必果"的工作作风。

（2）党政工团组织发挥作用，协同工作，使全体人员具有浓厚的质量意识。

（3）使每个人员明确其质量职责。

（4）规定相应的奖惩制度。

（5）协调内部质量工作，明确规定信息渠道。

（二）测绘质量监督管理办法

测绘产品质量检验有监督检验和委托检验两种不同类型，它们的区别主要表现在以下方面：

（1）检验机构服务的主体不同。监督检验服务的主体是审批、下达监督检验计划的测绘主管部门和技术监督行政管理部门。委托检验服务的主体是用户或委托方。

（2）检验根据不同。监督检验依据的是国家有关质量的法律，地方政府有关质量的法律、法规、规章，国民经济计划和强制性标准。委托检验依据的一般是供需双方合同约定的技术标准。

（3）检验经费来源不同。监督检验所需费用一般由中央或地方财政拨款。委托检验费用则由生产成本列出。

（4）取样母本不同。监督检验的样本母体是验收后的产品。委托检验的样本母体是生产单位最终检查后的产品。

（5）责任大小不同。监督检验承检方需对批量产品质量结论负责，委托检验则根据抽样方式决定承检方责任大小。如果是委托方送样，承检方仅对来样的检验结论负责。若是承检方随机抽样，则应对批产品质量结论负责。

（6）质量信息的作用不同。监督检验反馈的质量信息供政府宏观指导参考，奖优罚劣。委托检验的质量信息仅供委托方了解产品质量现状，以便采取应对措施。

上述区别，决定了产品质量监督检验和委托检验采用的质量检验方法和质量评判规则的不同。在市场经济体制下，测绘产品质量委托检验在质检机构的业务份额中占据的比重越来越大。质检机构在承检委托检验业务时的首项工作，就是确定检验技术依据，而采用何种检验技术依据，一般应由委托方提出。检验技术依据选择的正确与否，将直接关系到产品质量判定的准确性。因此，质检机构的检验工作都是在确立的检验技术依据的基础上进行的，如检验计划的制定、检验计划的实施以及产品质量的判定等。因此，正确地选用检验技术依据就显得尤为重要。

第六章 房建工程测绘技术

第一节 小地区控制测量

一、控制测量基础

测量工作必须遵循"从整体到局部，先控制后碎部"的原则。测量工作首先要进行控制测量。控制测量是指在测区内布设若干个起控制作用的点并对其平面位置和高程进行测定。这些起控制作用的点称为控制点，控制点按一定规律和要求布设成的网状几何图形称为控制网。控制网按内容可分为平面控制网和高程控制网。确定控制点平面位置（坐标）的工作称为平面控制测量，确定控制点高程的工作称为高程控制测量。

（一）国家控制网

在全国范围内建立的控制网，称为国家控制网。国家控制网是用精密测量方法按一、二、三、四等4个等级建立的，它的低级点受高级点逐级控制。

1.国家平面控制网

国家平面控制网是全国各种比例尺测图的基本控制，并为确定地球的形状和大小提供研究资料。国家平面控制网主要布设成三角网（锁），是采用三角测量的方法进行测定的，一等三角网是国家平面控制网的骨干，二等三角网布设于一等三角网环内，是国家平面控制网的全面基础，三、四等三角网为二等三角网内的插点，是二、三等三角网的进一步加密。

2.国家高程控制网

国家高程控制网是从国家水准原点出发，用精密水准测量方法按一、二、三、四等4个等级逐级建立的。国家一等水准网是国家高程控制网的骨干，二等水准网布设于一等

124

水准环内，是国家高程控制网的全面基础。三、四等水准网为国家高程控制网的进一步加密。

（二）城市控制网

在城市或厂矿地区，为了测绘大比例尺地形图、进行市政工程或建筑工程放样，在国家控制网的基础上建立起来的控制网，称为城市控制网。城市控制网平面网分为二、三、四等和一、二级小三角网（或者一、二、三级导线网）。城市高程控制网分为二、三、四等水准网和图根水准测量等几个等级，是城市大比例尺测图及工程测量的高程控制基础。直接为测绘地形测图服务的控制点称为图根控制点，简称图根点。测定图根点位置的工作，称为图根控制测量。图根点的密度，取决于测图比例尺和地物、地貌的复杂程度。图根控制网主要采用导线（网）测量和GPS-RTK网测量两种形式。

（三）小地区控制网

小地区一般是指15km²以内的地区。小地区控制测量的目的在于进一步加密控制点，以直接供测图或施工放样使用。小地区平面控制测量主要采用导线测量、三角测量和GPS测量等方法。高程控制通常采用四等及等外水准测量（或三角高程测量）的方法进行。

二、导线测量

在地物分布复杂的建筑区、视线障碍较多的隐蔽区和带状地区，小地区平面控制测量通常采用导线测量。将测区内相邻控制点用直线连接而构成的折线图形称为导线，组成导线的控制点称为导线点。导线测量就是依次测定各导线边的边长和转折角，再根据起算数据推算出各边的坐标方位角进而求出各导线点坐标的一种控制测量方法。用经纬仪测量转折角，用钢尺测定导线边长的导线称为经纬仪导线；用光电测距仪或全站仪测定导线边长则称为光电测距导线。

（一）导线的布设形式

导线的布设有附合导线、闭合导线和支导线3种形式。

（1）附合导线是从一个已知点和已知方向出发，经过若干导线点后附合到另外一个已知点和已知方向的导线。附合导线在布设时需要4个已知点，具有较强的检核作用和较高的精度。

（2）闭合导线是由一个已知点和已知方向出发，途经若干导线点又返回该已知点的导线。闭合导线只需要两个控制点，因此适用性很强。

（3）支导线是从一个已知点和一个已知方向出发，经过各导线点，既不回到原出发点，又不附合到另一个已知点上的导线。由于支导线缺乏检核条件，易出现错误，因此其点数一般不超过两个，它仅用于图根导线测量。

（二）导线测量的外业工作

1.踏勘选点

踏勘是对测区内地形、地理、气候、交通条件等进行的实地考察，其目的是选取合适的导线点作准备，踏勘前应根据已有地形图等资料进行分析，结合工程的实际，提前设计好踏勘路线，以提高效率。选点是在踏勘后而选定的导线点，导线点的选取一般应遵循以下原则：

（1）导线点应选在地势较高、视野开阔的地点，便于施测周围地形。

（2）相邻两导线点间要互相通视，便于测量水平角和水平距离。

（3）导线点应选在土质坚实、便于安置仪器和保存标志的地方。

（4）导线边长要选得大致相等，以提高精度。

（5）导线点应有足够的密度，分布均匀，便于控制整个测区。

埋设完导线点标志后，需对导线点进行编号。

2.测量边长

测量边长可以用钢尺量距或利用光电测距。

3.测量转折角

测量转折角适宜用测回法，导线网的结点适宜用方向观测法。对闭合导线和附合导线，可以测左角，也可测右角，不允许混测。支导线需同时测量左角和右角。

4.导线的连接测量

连接测量通常指连接角或连接边的测量。连接测量起到传递坐标方位角和坐标的作用，是导线测量中必须进行的钻凿工作。通常附合导线有两个连接角，闭合导线和支导线有一个连接角。

由于支导线不具备像闭合、附合导线那样的检核条件，因此不需要计算角度闭合差、坐标增量闭合差，也就是导线转折角与坐标增量计算值不需要改正计算，其余计算步骤和方法与闭合导线或附合导线相同，即由观测的转折角推算坐标方位角，然后由起点的坐标推算导线点的坐标。

三、交会测量

当测区内已有控制点需要加密时，可以采用交会测量的方法来加密控制点。交会测量的方法可以分为角度交会和距离交会，其中角度交会包括前方交会、侧方交会和后方交会。

第二节　大比例尺地形图的测绘与应用

一、地形图测绘概述

地形图测绘的主要任务就是使用测量仪器，按照一定的测量程序和方法，将地物和地貌及其地理元素测量出来并绘制成图。地形测绘的主要成果就是要得到各种不同比例尺的地形图。而大比例尺的地形测绘所研究的主要问题，就是在局部地区根据工程建设的需要，如何将客观存在于地表上的地物和地貌的空间位置以及它们之间的相互关系，通过合理的取舍，真实准确地测绘到图纸上，其特点是测区范围小、精度要求高、比例尺大，因而在如何真实准确地反映地表形态方面具有其特殊性。

1：10000～1：100000比例尺的国家基本地形图，主要采取的是航空摄影的方法或综合法进行测绘成图，而小于1：100000的小比例尺地形图则是根据较大比例尺的地形图及各种资料编绘而成。通常所说的大比例尺测图是指1：500～1：5000比例尺的地形图测绘，主要采用的是传统的平板测图法、全站仪数字测图及GPS-RTK测图等方法来施测。1：10000和1：5000比例尺的地形图是国家基本地形图，它是国民经济建设各部门进行规划设计的一项重要依据，也是编制其他各种小比例尺地形图的基础资料。1：5000比例尺的地形图通常用于各种工程勘察、规划的初步设计和设计方案的比选，也用于制定土地整理和灌溉网计划工作、地质勘探成果的填绘和矿藏量的计算等工作中。1：2000和1：1000比例尺的地形图主要供各种工程建设的技术设计、施工设计和工业企业的详细规划设计使用。大比例尺地形图主要用于国民经济建设，是为适应城市和工程建设的需要而施测的。而更大比例尺的地形图主要是供特种建筑物（如桥梁、主要厂房、市政管线等）的详细设计和施工所用，在测绘这种比例尺的地形图时，面积更小，表现得更加详细，精度要求也更高。基于不同工程建设项目的设计需要，设计部门会根据对地形图图纸的精度及图纸内容的不同要求而选择不同的比例尺地形图；另外在不同的设计阶段，也往往选择不同比例尺的地形图，以获取设计所需的基础数据资料。通常在初步设计阶段采用较小比例尺的地形图，在施工设计阶段采用1：1000比例尺的地形图。对于城市社区或者某些重要主体工程，要求精度很高，而采用更大比例的1：500比例尺的地形图。值得指出的是，有些中小厂矿企业或单体工程在施工设计时也采用1：500比例尺的地形图，并不是因为1：1000比例尺的地形图的精度达不到要求，而是因为其图面较小，选择较大的图面更能反映出设计内容的细部，这时也可考虑采用将原图放大的方式或适当放宽测图精度要求来实行。

总之，大比例尺地形图是为适应城市建设的发展和工程建设的需要而施测的。一般应按照统一的规范测绘。大量的大比例尺地形图是为设计和使用单位专门测绘的，是为某项具体工程项目服务的，这些图使用目的明确、专业性强、保留限期不一，施测时在精度、内容和表现形式等方面都应该遵照不同部门的特点和要求而有所偏重，根据经济、合理的原则，按照有关具体技术规定进行。地形图必须采用地形图图示中规定的符号和注记来绘制。规定的符号和注记是地形图上表示地物和地貌的基本要素，我们借助于这些要素可以认识地球表面的自然形态及构成特征，了解地表区域内地物与地貌的相互位置关系及地理信息。进行工程项目建设时，项目设计者可以借助工程建设地区的地形图了解待建地区的地物构成、地势状况和环境条件等信息，以便设计者在进行工程项目的规划、设计时，能充分利用地形条件，优化设计施工方案，使工程建设更加合理、适用、经济、安全。

二、比例尺地形图测绘技术方案设计概述

为了保证测绘工作能够有序、高效、顺利地进行，在地形图测绘工作开始前就应该拟定相应的技术设计方案（或实施计划书）。因为只有按照可靠、合理的技术方案有步骤地开展工作，才能使测绘工作在技术上合理、可靠，在经济上节省人力、物力，提高经济效益，实现社会效益。地形测绘技术方案应根据测量任务委托书和有关部门颁发的测量规范和实施细则，以及所收集的相关资料（包括测区测绘等）来编制。

技术方案的具体内容应包括任务概述、测区概况、已有资料及其分析、技术方案的设计、人员组织和劳动计划、仪器设备和供应计划、财务预算、检查验收计划以及安全措施等。测量任务委托书应明确工程项目的名称或编号、设计阶段及测量目的、测区范围（附图）及工作量、对测量工作的主要技术要求和特殊要求，以及上缴资料的种类和日期等内容。在编制技术方案之前，应充分了解委托人对测绘产品的技术质量要求，认真研究测量任务书和已有的资料成果。承担项目的负责人应组织相关测绘人员对测区进行现场踏勘和调查分析，实地了解测区内交通运输、自然地理、人文风俗和气象条件等情况，收集测区内及测区附近有关高等级测量控制点资料和相关图纸，核对旧的标石和点之记，并初步考虑地形测绘控制网及图根控制网的布设方案和必须采取的有效措施等。

拟定测图技术方案时，应注意测量坐标系统的选择，一个测区只能有一种坐标系统。在一般工程建设中面积多为几平方公里至几十平方公里，这时可利用国家控制网或城市控制网的坐标和方向，并采用国家坐标系统或城市坐标控制系统。在某些情况下，若没有国家控制点或城市控制点可以利用，这时可以采用独立坐标系统。高程系统则应尽量与国家高程系统一致。如果测区附近没有国家水准点或城市高程控制点，或者联测工作量很

大，这时可在已有地形图上求得一个点的高程作为高程起算点。对于扩建和改建工程的测图任务，为了保证两次测图系统的统一，应利用原来的水准点高程系统。

拟定地形测绘控制网的布设方案时，应根据收集的资料和现场踏勘情况，在已有地形图（或小比例尺地形图）上进行，首先将收集的控制点依据其坐标展绘在地形图上，然后据此来进行图上布点组网，进行图上布点时应充分考虑测区的范围及实际地形状况，同时考虑控制点密度，设计出布点草图后，应进行必要的精度估算。有时需要提出若干个方案以进行技术及经济等方面的比选，对地形控制网的图形、施测、点的密度和平差计算等因素进行全面分析，以此来确定最终的控制网布设技术方案。

在此基础上，根据技术方案统计工作量，结合规定计划提交的时间编制组织措施和劳动计划，提出仪器设备的配备计划、经费预算计划和工作进度计划，同时拟定检查验收计划等。即编制地形测绘实施计划、人员配备计划、仪器及设备配备计划、资金计划和上缴资料的种类和日期等计划，以形成总的地形测绘技术方案初稿。完成技术方案初稿后，应提交给业主，并进行论证分析，基于论证报告会的修改意见，编写方案终稿，其终稿同样要经本单位技术负责人审核并报请业主签字认可，此时方案才算编制完成，留档备案后，方可予以实施。

（1）首级控制测量的技术计划拟定

①在中小比例尺地形图上标注出测区的范围，并进行概略的分幅编号。

②在图上标出已有国家控制点或城市控制点，包括测区外但靠近测区的控制点，并选择适当的测量坐标系统和高程系统。

③根据图上已有的控制点及其仪器设备条件确定图形的布设形式，现在宜采用GPS网或导线网作为测区的首级控制网。

④设计并绘制控制网图形（图上选点、定点），并根据概略图形进行精度估算，编制控制测量技术要求拟定控制测量施测计划。

（2）图根控制测量技术计划

进行大比例尺地形图测绘时，高等级控制点的点位稀少，远不能满足其测图的需要，这时应在高等级控制点的基础上依据测区范围及地形情况加密适当数量的控制点，此种点即为图根控制点，是测图的直接控制点。所以图根控制测量技术计划应在首级控制测量技术计划的基础上来编制，一般应注意以下4点。

①图根控制点一定要保证足够的数量，在地物较多或比较隐蔽的地方还应多增加点数，直至满足测图的要求为止。

②选好点位。图根控制点的视野要开阔，控制面积大，通视效果良好，测图方便，安全可靠。

③各项技术指标应满足有关规范要求。

④整个测区的图根控制点应统一编号，不得重复。

（3）地形图测绘实施计划

为了测图工作的顺利进行，作业队和作业小组都应该制定相应的测图计划和工作进度安排。

三、地形图测绘方法

地形图测绘方法主要有经纬仪平板测图法（传统的白纸测图法）、全站仪测图法和GPS-RTK测图法等测图方法。也可采用这几种方法的联合作业模式或其他作业模式。地形图测绘的基本工作是测定各地面点位。传统的白纸测图方法是用仪器测得各地面上特征点的三维坐标，或者以测得的水平角、竖直角及距离来确定点位，然后绘图员按坐标（或角度与距离）将点展绘到图纸上。跑尺员根据实际地形向绘图员报告测的是什么点（如房角点），这个（房角）点应该与哪个（房角）点连接，等等。绘图员则当场依据展绘的点位按图式符号将地物（房屋）描绘出来，就这样一点一点地测和绘，一幅地形图也就生成了。

经纬仪平板测图法的实质是图解几何测图，通过测量将碎部点展绘在图纸上，以手工方式描绘地物和地貌，具有测图周期长、精度低的特点。其基本工作程序为：在收集资料并进行现场踏勘的基础上，拟定可行的测图技术方案；进行测区的基本控制测量和图根控制测量；进行测图前的一系列准备工作，以保证测图工作的顺利进行；在测站点密度不够时要对控制点进行加密；利用控制点建立测站，逐点测量，并完成各测站的碎部点采集工作，据此手工绘制地形图；进行图边测图和野外接图；完成检查、验收，野外原图整饰等地形测图的结束工作。

数字测图是对利用各种手段（全站仪野外数据采集和GPS-RTK数据采集等）采集到的地面碎部点坐标数据进行计算机处理，利用数字测绘成图软件，编辑生成以数字形式储存在计算机存储介质上的地形图的方法。数字测图的基本思想是将地面上的地形和地理要素（或称模拟量）转换为数字量，然后由电子计算机对其进行处理，得到内容丰富的电子地图，需要时由图形输出设备（如显示器、绘图仪）输出地形图或各种专题图图形。将模拟量转换为数字量这一过程通常称为数据采集。数据采集方法主要有野外地面数据采集法、航片数据采集法、原图数字化法。数字测图就是通过采集有关的绘图信息并记录在数据终端（或直接传输给便携机），然后在室内通过数据接口将采集的数据传输给计算机，并由计算机对数据进行处理，再经过人机交互的屏幕编辑，形成绘图数据文件。最后由计算机控制绘图仪自动绘制所需的地形图，最终由磁盘等存储介质保存电子地图。数字测图虽然生产成品仍然是以提供图解地形图为主，但它却是以数字形式保存着地形模型及地理信息。

四、碎部测绘技术

（一）碎部测量工作内容及一般要求

1.碎部测量工作内容

地形图测绘包括控制测量和碎部测量两个阶段的工作。在测区控制测量（包括图根控制）工作实施完成后，即可进行碎部测量工作。其主要工作任务是以控制点为基础，测定地物、地貌的平面位置和高程，并将所测碎部特征点展绘在图纸上，经编辑处理而绘制成地形图。在碎部测量中，地物的测绘实际上就是地物平面形状的测绘，而地物平面形状可用其轮廓点（交点和拐点）和中心点来表示，这些点被称为地物特征点，由此，地物的测绘可归结为地物特征点的测绘。地貌尽管形态复杂，但可将其归结为许多不同方向、不同坡度的平面交合而成的几何体，其平面交线就是方向变化线和坡度变化线，只要确定出这些方向变化线和坡度变化线上的方向和坡度的变换点（称为地貌特征点或地性点）的平面位置和高程，地貌的基本形态也就反映出来了。也就是说，无论地物还是地貌，其形态都是由一些特征点（碎部点）所决定的。所以，碎部测量的实质就是测绘出测区内各地物和地貌碎部点的平面位置和高程。碎部测量工作包括两个过程：一是测定碎部点的平面位置和高程；二是利用地形图图示符号在图上按事先确定的比例绘制出各种地物和地貌，最终形成地形图。地形图测绘工作完成后，地形图应经过内业检查、实地的全面对照及实测检查。实测检查量不应少于测图工作量的10%。

碎部测量相对于其他工作而言比较复杂，工作内容具体、琐碎，工作量大，遇到的问题多，而且大部分工作必须在野外完成。因此为了提高测图的效率和精度，测绘人员必须在测图前熟悉测量技术规范，掌握碎部测图的工作工序、各种要求和注意事项，认真仔细地进行测在测图过程中不断积累经验。通常在平坦地区应以测绘地物为主，且主要测绘地物的平面位置，适当求解部分碎部点的高程。例如在居民区，一般只测房角的平面位置，可不测每个房角碎部点的高程；对于街道和路口可适当测记几个高程点；而对于大面积的空场地、耕地，可以"品"字形均匀测绘高程注记点，一般在图上2～3cm保留一个地形点。在山地、丘陵地区，由于地物很少，应以测绘地貌为主。所有碎部点的位置、数量，应以描绘等高线为目的，并尽量做到边测边绘。

2.碎部测量工作的一般要求

在满足各测图方法所规定的最大视距要求的情况下，应合理掌握碎部点的密度，力争用最少、最精的碎部点，真实、全面、准确地确定出地物和等高线的位置。若点数太少，就会使描绘时因缺乏依据而影响测图的精度；若点数太多，不仅会降低测图速度，还会影响图面的清晰美观。对地物测绘来说，碎部点的数量取决于地物数量的多少及其形状的繁简程度。对地貌测绘来说，碎部点的数量取决于测图比例尺、等高距的大小及地貌的复杂程度。一般在地势平坦处，碎部点可适当减少。在地面坡度变化较大或转折点较多时，应适量增加立尺点。在直线段或坡度均匀的地方，碎部点的最大间距也有一定的要求，具体参见其后各测图方法中的相应规定。地形图的图面要求：内容齐全、主次分明、清晰易读，各种地物和地貌位置正确、形状相似，综合取舍恰当，各种线条和地形符号运用正确、标准统一，各种文字说明、注记要真实、齐全、规范。

碎部测量是以测图小组为单位开展工作的，无论用何种方法测图，观测员、跑尺员、记录员和绘图员都应保持团结精神，相互协作，这对小组测图的进度十分重要。尤其是绘图员和跑尺员之间的配合，往往成为影响测图效率和精度的关键因素。在一个测站开始测图前，测图小组应仔细观察测图范围，分析周围地形特征，商定测图次序、跑尺路线和综合取舍的内容。统一思想后，各作业人员做到心中有数，忙而不乱。尤其跑尺员在施测前应与绘图员统一认识，正确选定地物点和地貌点，跑尺员跑点时要有次序，不能东跑一个点、西跑一个点，应尽量做到测完一个地物，再测另一个地物。为了方便跑尺员与绘图员或观测员之间的联系，应充分利用旗语、摆动标尺等约定的联络信号，或配置对讲机，以提高测图效率。

为了准确地测绘较复杂的地物、地貌，有时绘图员需到立尺点查看，了解各碎部点间的关系；跑尺员应经常向绘图员报告立尺点的情况和跑尺计划，注意调查地理名称和量测陡坎、冲沟等比高，复杂的地方还需画草图，为绘图员提供参考。对本测站上无法测绘的局部隐蔽地区的地形，立尺员要向观测员介绍，以便研究处理的方法。每测完一片区域时，跑尺员应回到测站查看勾绘的地形是否与实地相符，以便及时发现错误进行修改或补充。另外，碎部测量要坚持现场边测边绘，切忌图面上测了一大片区域，却没有画出一个地物或一条等高线来。如果图上碎部点很多，未能及时画出图形，等到后来画时就很容易出错。地形图上的线条、符号和注记一般也要在现场完成，做到站站清、天天清、人人清。同时，在进行碎部测量工作时，务必实时对工作情况及测绘成果予以检查。这是基于在碎部测量的各环节中，均会产生误差，甚至粗差。为了消除粗差、减小误差，保证碎部测图的精度，必须加强对碎部测量各环节的检查，这样才能最终得到合格的地形图。

测图前，应对测站和定向点进行检查，目的是保证所用的已知点计算及测点的正确性。检查的内容包括方向、距离和高程，俗称"三检查"。"三检查"的观测数据均应记入记录手簿中。测图过程中，要经常检查零方向是否发生变动。为了节省观测时间，避免跑尺员频繁地返回定向点，可采用间接法进行检查。即在初始定向后，用经纬仪（或全站仪）瞄准附近某一明显地物，记住水平方向的读数，或用照准仪照准附近某一明显地物，在图纸上画出来。这样，在测图过程中，方向检查时只需检查这一明显地物的方向即可。一个测站观测完之后，不能急于迁站，而应再次进行仪器定向的检查，若检查符合要求，则可以迁站，否则应补测或部分重测。

迁站后，要注意进行临站检查，临站检查是生产实际中控制地形图测图精度的一种重要手段。所谓临站检查，就是对相邻测站边缘地区的明显地物或地貌特征点，在本测站已将其绘制在图纸上的情况下，在相邻测站上再对其进行观测检核。同一碎部点由不同测站测定的图上位置差和高程差不能超过3倍的碎部点中误差。若超过限差，应分析检查原因，甚至部分重测。临站检查应在每一测站测图前进行，并记入手簿中，以备测图验收之用。

（二）碎部点的测绘方法

1.极坐标法

极坐标法是地形测图中测定碎部点的一种主要方法。极坐标法又分为图解法和解析法。经纬仪图解极坐标法的操作过程是：首先利用经纬仪建立测站以直接测定各碎部点相对起始方向（已知控制边）的水平角度、水平距离和垂直角；然后计算出平距和高程；最后，绘图员根据所测水平角、距离，利用量角器展点工具将碎部点展绘在图纸上，以此确定每一个碎部点的位置。解析坐标法则是将仪器所测得的数据，依据测站控制点的坐标计算出碎部点的坐标，再采用展点法将碎部点按比例尺绘在图纸上。极坐标法适用于通视条件良好的开阔地区，每一测站所能测绘的范围较大，且各碎部点都是独立测定的，不会产生累积误差，相互间不会发生影响，便于查找、改正测错的点，不影响全局。但该法由于须逐点竖立标尺，故工作量和劳动量较大，对于难以到达的碎部点，用此法困难较大。

2.距离交会法

对于隐蔽地区，尤其是居民区内通视条件不好的少数地物的测绘，采用距离交会法比较方便。在测站上用极坐标法直接测定测站控制范围内的房屋可见点的平面位置，并量取房屋的长（或宽）度尺寸，按几何作图方法绘出可见房轮廓。

3.方向交会法

该方法适用于通视条件良好、特征点目标明显，但距离较远或不便于测距的情况。其方法是在两相邻控制点上分别建立测站，并对同一地形特征点进行照准，在图纸上描绘其对应方向线，则相应的两方向的交点即为所测特征点在图上的平面位置。应用方向交会法时，要注意交会角应在30°~150°范围内，以保证点位的准确性，同时最好有第三个方向作检核。该法的优点是可以不测距离而求得碎部点的位置，若使用恰当，可减少立尺点数量，提高作业速度。

4.碎部点高程的测定

地形测图中，对大部分碎部点不仅要测定其平面位置，而且还要测定其高程。碎部点的高程一般可采用电磁波测距三角高程测量方法或经纬仪三角高程测量方法来进行。

（三）地物测绘

1.地物测绘的一般原则

地物即地球表面上自然和人工建造的固定性物体。在地形图上表示地物的一般原则是：凡能按测图比例尺表示的地物，应将它们水平投影位置的几何形状依照测图比例尺描绘在地形图上，如建筑物、铁路、双线河等；或将其边界位置按比例尺表示在图上，边界内绘上相应的符号，如果园、森林、农田等。不能按比例尺表示的地物，在地形图上应用相应的地物符号表示出地物的中心位置，如水塔、烟囱、控制点等；凡是长度能按比例尺表示，而宽度不能按比例尺表示的地物，则应将其长度按比例尺如实表示，宽度以相应的符号表示。进行地物测绘时，必须根据规定的比例尺，按测量规范和地形图图式的要求综合取舍，将各种地物表示在地形图上。

2.地物的综合取舍原则

在进行地形图测绘工作时，由于地物的种类及数量繁多，不可能将所有的地物一点不漏地测绘到地形图上。因此，无论用何种比例尺测绘地物，为了既显示和保持地物分布的特征，又保证图面的清晰易读，同时为了确保不给用图带来重大影响，应对尺寸较小、在图上难以清晰表示的地物进行综合取舍。其综合取舍的基本原则如下：

（1）地形图上地物的位置要求准确、主次分明，符号运用得当，充分反映地物特征。图面要求清晰易读、便于利用。

（2）由于测图比例尺的限制，在一处不能同时清楚地描绘出两个或两个以上地物符号时，可将主要地物精确表示，而将次要地物移位、舍弃或综合表示。移位时应注意保持地物间相对位置的正确；综合取舍时要保持其总貌和轮廓特征，防止因综合取舍而影响地物、地貌的性质变化。如图上道路、河流太密时，只能取舍，不能综合。

（3）对于易变化、临时性或对识图意义不大的地物，可以不表示。总而言之，综合取舍的实质意在保证测图精度要求的前提下，按需要和可能，正确合理地处理地形图内容中的"繁与简""主与次"的关系问题。当内容繁多，图上无法完整地描绘或影响图纸的清晰性时，原则上应舍弃一些次要内容或将某些内容综合表示。各种要素的主次关系是相对而言的，且随测区情况和用图的目的不同而异。某些显著、具有标志性作用或具有经济、文化和军事意义的各种地物（如独立树、独立房屋、烟囱等），虽然很小也要表示。例如，在荒漠或半荒漠的地区，水井和再小的水塘都不能舍弃，沙漠中的绿洲（树木）也不能舍弃。

3.地物测绘方法

（1）居民地测绘：居民地是人类居住和进行各种活动的中心场所，它是地形图上的一项重要内容。测绘居民地时，应在地形图上表示出居民地的类型、形状、质量和行政意义等。居民区可根据测图比例尺大小或用图需要，对测绘内容和取舍范围适当加以综合。临时性建筑可不测。

居民地房屋的排列形式很多，农村中以散列式即不规则的房屋较多，此时应对这些独立房屋分别测绘；城市中的房屋排列比较整齐，可以根据测图比例尺，进行适当的综合取舍。对于居民地的外部轮廓，原则上都应准确测绘。1：1000或更大的比例尺测图，各类建（构）筑物及主要附属设施应按实地轮廓逐个测绘，其内部的主要街道和较大的空地应予以区分，图上宽度小于0.5mm的次要道路不予表示，其他碎部点可综合取舍。房屋以房基角为准立尺（或棱镜）测绘，并按建筑材料和质量分类予以注记，对于楼房还应注记层数。若房屋形状极不规则，一般规定房屋轮廓凹凸部分在图上小于0.4mm或1：500比例尺图上小于1mm时，可用直线连接所绘特征点，以此绘出与实地地物相似的地物图形。围墙、栅栏等可根据其永久性、规整性、重要性等进行综合取舍。

房屋、街巷的测量，对于1：500和1：1000比例尺地形图，应分别实测；对于1：2000比例尺的地形图，小于1m宽的小巷，可适当合并；对于1：5000比例尺的地形图，小巷和院落连片的，可合并测绘。而街区凸凹部分的取舍，可根据用图的需要和实际情况确定。各街区单元的出入口及建筑物的重点部位，应测注高程点；主要道路中心在图上每隔5cm处和交叉、转折、起伏变换处，应测注高程点；各种管线的检修井，电力线路、通信线路的杆（塔），架空管线的固定支架，应测出位置并适当测注高程点。测绘居民地，主要应测出各建筑物轮廓线的主要转折点（房角点），然后连接成图。建（构）筑物宜用其外轮廓表示，房屋外轮廓以墙角或外墙皮为准。当建（构）筑物轮廓凸凹部分在1：500比例尺图上小于1mm或在其他比例尺图上小于0.5mm时，可用直线连接。

（2）独立地物是判定方位、确定位置、指定目标的重要标志，必须准确测绘并按规定的符号正确予以表示。独立性地物的测绘，能按比例尺表示的，应实测外轮廓，填绘符号；不能按比例尺表示的，应准确表示其定位点或定位线。

独立地物一般用非比例符号表示。非比例符号的中心位置与该地物实地的中心位置关系，随各种不同的地物而异，在测图时应注意下列几点：

①规则的几何图形符号，如圆形、正方形、三角形等，以图形几何中心点为实地地物的中心位置。

②底部为直角形的符号，如独立树、路标等，以符号的直角顶点为地物中心位置。

③宽底符号，如烟囱、岗亭等，以符号底部中心为实地地物的中心位置。

④几种图形组合符号，如路灯、消火栓等，以符号下方图形的几何中心为实地地物的中心位置。

⑤下方无底线的符号，如山洞、窑洞等，以符号下方两端点连线的中心为实地地物的中心位置。

另外，各等级的控制点（如三角点、导线点、GPS点、水准点等）都必须精确地测定并绘制在地形图上。图上各控制点的点位就是相应控制点的几何中心，同时必须注记控制点的名称和高程。控制点的名称和高程以分数形式表示在符号的右侧，分子为点名或点号，分母为高程，高程注记一般精确到0.001m，采用三角高程测定的注记精确到0.01m。

（3）道路测绘：道路包括铁路、公路及其他道路。所有交通及附属设施（如铁路、公路、大车路、乡村路等）均应按实际形状测绘。车站及其附属建筑物、隧道、桥涵、路堤、里程碑等均需表示。涵洞应测注洞底高程。在道路稠密区的次要人行路可适当取舍。对1：2000、1：5000比例尺的地形图，可适当舍去车站范围内的附属设施。小路可选择测绘。

①测绘铁路时，标尺应立于铁轨的中心线上，铁路符号按国家图示规定表示。在进行1：500或1：1000比例尺地形测图时，应按照比例绘出轨道宽度，并将两侧的路肩、路堤、路沟也表现出来。铁路上的高程应测轨面高程，在曲线段应测注内轨面高程。在地形图上，高程均注记在铁路的中心线上。铁路两旁的附属建筑物按照其实际位置测量并绘制出来，以相应的图示符号表示。

②公路在图上一律按实际位置测绘。测量时，可采用将标尺立于公路路面的中心或路面一侧，丈量路面宽度，按比例尺绘制；也可将标尺交错立于路面两侧，分别连接相应一侧的特征点，画出公路在图上的位置。

公路在图上应按不同等级的符号分别表示，并注记路面材料。公路的高程应测量公路中心线的高程，并注记于中心线。公路两旁的附属建筑物按实际位置测绘，以相应的图示符号表示。路堤和路堑的测绘方法与铁路相同。

③大车路一般指路基未经修筑或经简单修筑，能通行大车，有的还能通行汽车的道路。大车路的宽度大多不均匀，变化大，道路部分的边界线也不很明显。在测绘时，可将标尺立于道路的中心，按照平均路宽以地形图图示规定的符号绘制。

④人行小路主要是指居民地之间往来的通道，或村庄间的步行道路，可通行单轮车，一般不能通行大车。田间劳动的小路一般不测绘，上山的小路应视其重要程度选择测绘。测绘时，将标尺立于小路的中心，测定中心线，以单虚线表示。由于小路弯曲较多，标尺点的选择要注意取舍，既不能太密，又要正确反映小路的位置。有些小路若与田埂重合，应绘小路而不绘田埂；有些小路虽不是直接由一个居民地通向另一个居民地，但它与大车路、公路或铁路相连，则应视测区道路网的具体情况决定取舍。各种道路均应按现有的名称注记。

（4）管线的测绘：管线包括地下、地上和空中的各种管道、电力线和通信线。管道包括上水管、下水管、暖气管、煤气管、通风管、输油管以及各种工业管道等；电力线包括各种等级的输电线（高压线和低压线）；通信线包括电话线、有线电视线、广播线和网络线等。测绘管线时，应实测其起点、终点、转折点和交叉点的位置，按相应的符号表示在图上。架空管线应实测其转折处支架杆的位置，直线部分应根据测图比例尺和规范要求进行实测或按长度图解求出。管线转角均应实测。线路密集部分或居民区的低压电力线和通信线，可选择主干线测绘；当管线直线部分的支架、线杆和附属设施密集时，可适当取舍；当多种线路在同一杆柱上时，应表示主要的。各种管道还应加注类别，如"水""暖""风""油"等。电力线有变压器时，应实测其变压器位置，按相应图示符号表示。图面上各种管线的起止走向应明确清楚。

（5）水系的测绘：水系包括河流、湖泊、水库、渠道、池塘、沼泽、井、小溪和泉源等，其周围的相关设施如码头、水坝、水闸、桥涵、输水槽和泄洪道等也要实测并表示在图上。各种水系及附属设施宜按实际形状测绘，应实测其岸边边界线和水涯线并注记高程。水涯线应按要求在调查研究的基础上进行实测，必要时要注记测图日期。当河流在地形图上宽度大于0.5mm的，应在两岸分别竖立标尺测量，在图上按测图比例尺以实宽双线表示，并注明流向；图上宽度小于0.5mm的，只需测定中线位置，以单线表示。相应的堤、坝均应测注顶部及坡脚高程；而水塘应测注塘顶边及塘底高程。当河沟、水渠在地形图上宽度大于1mm的以双线按比例测绘，堤顶的宽度、斜坡、堤基底宽度均应实测依比例表示；在图上宽度小于1mm的以单线表示。堤底要注记高程。沟渠的土堤高度大于0.5m的，要在图上表示。水渠应测注渠顶边高程。泉源、井应测定其中心位置，在水网地区，当其密度较大时，可视需要适当取舍。泉源应注记高程和类别，如"矿""温"等。对水井应测定井台的高程，并注记在图上。沼泽按其范围线依比例实测，要区分是否通行并以相应的符号表示。盐碱沼泽应加注"碱"。各种水系有名称的应注记名称。属于养殖或种植的水域，应注记类别，如"鱼""藕"等。

（6）植被的测绘：植被是指覆盖在地球表面所有植物的总称，包括天然的森林、草地、灌木林、竹林、芦苇地等，以及人工栽培的花圃、苗圃、经济作物林、旱地、水田、菜地等。测绘各种植被，应测定其外轮廓线上的转折点和弯曲点，依实地形状按比例描绘出地类线，并在其范围内填充相应的地类符号。农业用地的测绘按稻田、旱地、菜地、经济作物地等进行区分，并配置相应符号。稻田应测出田间的代表性高程，当田埂宽在地形图上小于1mm时，可用单线表示。

森林在图上的面积大于25cm²时，应注记树的种类，如"松""荔枝"等，幼苗和苗圃应注记"幼""苗"。同一块地生长多种植物时，植被符号可以配合使用最多不得超过3种。若植物种类超过3种，应按其重要性或经济价值的大小和占地面积的多少进行适当取舍。符号的配置应与植物的主次和疏密程度相适应。植被的地类界线与地面上线状地物（如道路河流、桓栅、电力线、通信线等）重合时，地类界线应省略不绘，而只绘线状地物符号。植被符号范围内，若有等高线穿过应加绘等高线，若地势平坦（如水田）而不能绘等高线的，应适当注记高程。

梯田坎的坡面投影宽度在地形图上大于2mm时，应实测坡脚；小于2mm时，可量注比高。当两坎间距在1：500比例尺地形图上小于10mm，在其他比例尺地形图上小于5mm时或坎高小于等高距的1/2时，可适当取舍。

（7）境界的测绘：境界是国家间及国内行政规划区之间的界线，包括国境线、省级界线、市（区）级界线、县级界线、乡镇级界线5个级别。国境线的测绘非常严肃，它涉及国家领土主权的归属与完整，应根据政府文件测定。国内各级境界线应按照有关规定和规范要求精确测绘，以界桩、界碑、河流或线状地物为界的境界，应按图示规定符号绘出。不同级别的境界重合时，只绘高级别境界线，各种其他地物注记不得压盖境界符号。

在地物测绘的过程中，有时会发现图上表示出的地物和实际情况不符，如本应为直角的房屋在图上不成直角、一条直线上的路灯图上显示不在一条直线上等。这时应做好外业测量的检查工作，如果属于观测错误，应立即纠正；若不是观测错误，则有可能是由于各种误差积累所引起，或在两个测站观测了同一地物的不同部位而造成的。当这些不符现象在图上小于规范规定的误差时，可用误差分配的方法予以消除，使图上地物的形状和实地相似；若大于规范规定的误差时，需补测或部分重测。

（四）地貌测绘

1.等高线基本知识

（1）等高线是一定范围内高程相等的相邻地面点在地形图上的水平投影所连成的闭合曲线。事实上，等高线为一组高度不同的空间平面曲线，地形图上表示的仅是它们在投影面上的投影，在没有特别指明时，通常将地形图上的等高线投影简称为等高线。

（2）等高距和示坡线：从等高线的定义可知，等高线是一定高度的水平面与地面相截的截线。水平面的高度不同，等高线表示地面的高程也不同。地形图上相邻两等高线之间的高差，称为等高距。等高距越小则图上等高线越密，地貌显示就越详细、确切，但图面的清晰程度相应较低，且测绘工作量大大增加；反之，等高距越大则图上等高线越稀，地貌显示就越粗略。因此，在测绘地形图时，等高距的选择必须根据地形高低起伏程度、测图比例尺的大小和使用地形图的目的等因素来决定。对同一幅地形图而言，其等高距是相等的，因此地形图的等高距也称为基本等高距。在测绘地形图时，应对地形类别进行划分。地形图上相邻等高线间的水平距离，称为等高线平距。由于同一地形图上的等高距相同，故等高线平距的大小与地面坡度的陡缓有直接的关系。等高线平距越小，地面坡度越陡；平距越大，则地面坡度越缓；地面坡度相等，等高线平距相等。

（3）等高线的分类：为了更好地描绘地貌的特征，便于识图和用图，地形图的等高线又分为首曲线、计曲线、间曲线、助曲线4种。

①首曲线：在地形图上，按规定的等高距（基本等高距）描绘的等高线称为首曲线，又称基本等高线，首曲线用0.15mm的细实线描绘。

②计曲线：凡是高程能被5倍基本等高距整除的等高线称为计曲线，也称加粗等高线，计曲线用0.3mm的粗实线描绘并标上等高线的高程。

③间曲线：当用首曲线不能表示某些微型地貌而又需要表示，可加绘按1/2基本等高距描绘的等高线，称为间曲线，间曲线用0.15mm的长虚线描绘。在平坦地区当首曲线间距过稀时，可加绘间曲线。间曲线可不闭合而绘至坡度变化均匀为止，但一般应对称。

④助曲线：当用间曲线还不能表示应该表示的微型地貌时，还可在间曲线的基础上再加绘按1/4基本等高距描绘的等高线，称为助曲线，助曲线用0.15mm的短虚线描绘。同样，助曲线可不闭合而绘至坡度变化均匀为止，但一般应对称。

（4）等高线的特性：根据等高线表示地貌的规律性，可以归纳其特性如下：

①同一条等高线上各点的高程相等。

②等高线是闭合曲线，不能中断（间曲线除外），如果不在同一幅图内闭合，则必定在相邻的其他图幅内闭合。

③等高线只有在陡崖或悬崖处才会重合或相交。

④等高线经过山脊或山谷时改变方向，因此山脊线与山谷线应和改变方向处的等高线的切线垂直相交。

⑤在同一幅地形图内，基本等高线距是相同的，因此，等高线平距大表示地面坡度小；等高线平距小则表示地面坡度大；平距相等则坡度相同。倾斜平面的等高线是一组间距相等且平行的直线。

（5）典型地貌的等高线：地球表面高低起伏的形态千变万化，但经过仔细研究分析就会发现它们都是由几种典型的地貌综合而成的。了解和熟悉典型地貌的等高线，有助于正确地识读、应用和测绘地形图。典型地貌主要有山头和洼地、山脊和山谷、鞍部、陡崖和悬崖等。

①山头和洼地的等高线，两者都是一组闭合曲线，极其相似。山头的等高线由外圈向内圈高程逐渐增加，洼地的等高线外圈向内圈高程逐渐减小，这样就可以根据高程注记区分山头和洼地。也可以用示坡线来指示斜坡向下的方向。在山头、洼地的等高线上绘出示坡线，有助于地貌的识别。

②山脊和山谷、鞍部：山坡的坡度和走向发生改变时，在转折处就会出现山脊或山谷地貌。山脊的等高线均向下坡方向凸出，两侧基本对称。山脊线是山体延伸的最高棱线，也称分水线。山谷的等高线均凸向高处，两侧也基本对称。山谷线是谷底点的连线，也称集水线。相邻两个山头之间呈马鞍形的低凹部分称为鞍部。鞍部是山区道路选线的重要位置。鞍部左右两侧的等高线是近似对称的两组山脊线和两组山谷线。

另外，还有陡崖和悬崖等，陡崖是坡度在70°以上的陡峭崖壁，有石质和土质之分。如果用等高线表示，将会非常密集或重合为一条线，因此采用陡崖符号来表示。悬崖是上部突出、下部凹进的陡崖。悬崖上部的等高线投影到水平面时，与下部的等高线相交，下部凹进的等高线部分用虚线表示。

2.等高线的测绘

传统测图中常常以手工方式绘制等高线。地貌是由等高线表示的，地貌的测绘实质上就是等高线的测绘。测绘等高线与测绘地物一样，首先应测定地貌特征点的平面位置和高程，对照实际地形将地性点连成地性线，通常用实线连成山脊线，用虚线连成山谷线，即得地貌骨干的基本轮廓。然后在同一坡度的两相邻地貌特征点间按高差与平距成正比关系求出等高线通过点（通常用目估法或内插法来确定等高线通过点）。接着按等高线的特性，对照实地情况把高程相等的点用光滑曲线连接起来，就能绘制出等高线，等高线勾绘出来后，还要对等高线进行整饰，即按规定每隔四条基本等高线加粗一条计曲线，并在计曲线上注记高程。高程注记的字头应朝向高处，但不能倒置。在山顶、鞍部、凹地等坡向不明显处的等高线应沿坡度降低的方向加绘示坡线。

（1）测定地貌特征点：地貌特征点是指各类地貌的坡度变换点，如山顶点、鞍部点、山脊线与山谷线的坡度变换点、上坡的坡度变换点、山脚与平地相交点等。测定地貌特征点，首先应认真观察和分析地形，选择恰当的立尺点，然后用极坐标法或方向交会法逐一测定立尺点的平面位置，用小点表示在图上，旁边注记高程。

（2）连接地性线：当图上有了一定数量的地貌特征点后，必须及时按实地情况连接地性线。通常用细实线连成分水线，用细虚线连成合水线。这些地性线构成了地貌的骨干网线，从而基本确定了地貌的起伏形态。勾绘地性线最好是边测边绘，以免连错点。另外连接地性线是为了勾绘等高线之用，当等高线绘制完毕后，要将地性线全部擦掉。所以，地性线要轻绘，切不可下重笔。

（3）确定各地性线上等高线的通过点，然后连接相邻两地性线上高程相同的点描绘等高线。由于所测地形点大多不会正好落在等高线上，所以必须在同一地性线上相邻点间，先用目估等比内插法定出基本等高线的通过点，常采用"取头定尾等分中间"的定点方法。

（4）等高线的勾绘

按照上述方法确定所有地性线上等高线的通过点，再根据实际情况，将高程相等的点用光滑的曲线连接起来，即勾绘出等高线。不能用等高线表示的地貌，如悬崖、峭壁、土堆、冲沟、雨裂等，应按图式中标准符号表示。总之，进行地貌测绘时应选择好山顶、山脚、鞍部、山脊线或山谷线等地貌坡度变化处或地形走向转折处这些特征点进行测绘，只要测定这些点的平面位置及高程，就可按比例尺把它们展绘在图纸上，最后用内插法描绘出等高线。对天然形成的斜坡、陡坎，其比高小于等高距的0.5或图上长度小于10mm时，可不表示；当坡、坎较密时，可适当取舍。

五、地形图测绘技术方法

（一）经纬仪平板测图

经纬仪平板测图是采用经纬仪配合小平板与量角器展点器所实施的一种测图方法。经纬仪平板测图实施流程为：将经纬仪安置在控制点（主要是图根点）上建立测站，采用碎部测量方法，测定碎部点（地物、地貌特征点）的位置（测量出碎部点方向与起始方向的夹角，利用视距法测量出测站点到碎部点的水平距离和高差），并按规定的比例尺将所测点展绘到图纸上，依据各测点间的关系，进行连线，描绘地物（或地貌）于图纸上加注对应的地物（或地貌）符号，数据采集完成后，对手工绘制的图纸予以整饰、编辑得到地形图。

1.测图前的准备工作

地形控制测量之后，应做好测图前的准备工作，具体包括仪器工具的准备、绘制坐标格网和展绘控制点等内容。

（1）仪器工具的准备：测图前，要准备好测图所需的仪器工具，以免到了野外后因仪器工具的损坏或遗漏而影响工作；对测图使用的仪器应进行检验、校正，并准备好测图所需的图纸。地形测绘原图所用的图纸，宜选用厚度为0.07～0.10mm，伸缩率小于0.2%的聚酯薄膜纸。聚酯薄膜纸的毛面为正面，薄膜坚韧耐湿，弄脏后沾水可洗，便于野外作业，也便于图纸整饰，但此薄膜易燃、易折。

（2）绘制坐标方格网。图纸准备好后，可采用如下3种方法绘制坐标格网。

①直角坐标展点仪是一种专门用于绘制坐标格网和展绘控制点的仪器，但由于价格昂贵，只有大的测绘单位才备有。

②方眼尺：此尺又称格网尺，是一种专用于手工操作绘制方格网和展点的钢尺。该尺小巧精密，便于携带，测量人员多有备用。

③针刺透点法：将已展好格网的图纸覆盖在要绘制坐标的薄膜上，用针对准格网顶点垂直刺下，然后用铅笔和直尺对准顶点连成格网。还可以直接选用印刷好的带有方格网的成品聚酯薄膜图纸。

（3）控制点展绘：在绘制好方格网的图纸上展绘控制点时，应依据测图比例尺进行。首先，依据所绘地形图的图幅坐标，将各坐标格网线的对应坐标值注记在图框外相应的位置，然后对应所展绘控制点坐标，确定其所在图上位置即方格。

2.经纬仪平板测图的外业工作步骤

（1）选点：首先熟悉地形，并选择好待测的地物、地貌特征点。立尺者应对测站周围的地形地物有全局观点，事先计划好选点、跑尺的路线，在一个点上立尺时，就要想到下一个立尺点的位置。跑点的一般原则是：在平坦地区，可由近及远，再由远及近，测站工作完成时应结束于测站附近；在地性线明显的地区，可沿山脊线、山谷线或大致沿等高线跑点，立尺点应分布均匀，尽量一点多用。碎部点的采集密度应达到对应测图比例尺的要求。此外跑点者要将所选各点的编号、位置、地形、地物的大体情况等画成草图或示意图，以供绘图员参考。草图可以一个测站一张，也可几个测站一张。工程测量规范规定：测图时，每幅图应测出图廓线外5mm。由此要求跑尺员在跑点时，所跑点范围应超出图幅一定范围，而范围的大小应依测图比例尺相应计算确定。

（2）工程测量规范规定：实施经纬仪平板测图时，测站仪器的设置及检查，应符合下列要求：

①经纬仪仪器每测站对中的偏差，不应大于图上0.05mm。

②在测站定向时，应以相邻控制点中较远一点标定方向，另一点进行检核，其检核方向线的偏差不应大于图上0.3mm，每站测图过程中和结束前应注意检查定向方向；检查另一测站的高程，其较差不应大于1/5基本等高距。

（3）记录和计算：到达测站后，在开始观测之前，记录者应首先把测站点的点号名称、高程数据、定向点的点号名称及该测站的仪器高等记录下来。当观测开始后，记录者必须及时、准确地记下所有观测数据，并立即计算，求得各测点的水平距离及高程。最后将测点的点号、水平角、水平距离、高程等数据报给绘图者，以便及时展点绘图。

（4）展点绘图：绘图者将小平板图板架在测站点附近，并将图板粗略定向。展点时，首先在图上轻轻画出测站零方向线，然后根据记录者报出的数据，以测站点为圆心，自零方向线起，用量角器按顺时针方向量出所测的水平角，在此方向上，按测图比例尺在量角器的直尺边上量出所测的水平距离予以刺点，即得该点的平面位置，并在该点上注以高程数字。碎部点展绘到一定数量之后，便可着手勾绘地形图。绘图时必须对照实际地形、地物，并参考草图，把同一山脊上或同一山谷上的点，分别以实线和虚线连接起来，构成地性线。然后，在地性线上内插勾绘出等高线。对于地物点，把相邻点连接起来，形成其轮廓形状，如画建筑物、构筑物等，只需把相邻的房角点用直线连接，而道路、河流等，则在其转弯处逐点连成圆滑的曲线。

（5）内插法描绘等高线：地貌主要用等高线来表示。等高线是根据相邻地貌特征点的高程，按规定的等高距勾绘的。由于地形特征点是选在地面坡度和方向变化处，因此两相邻地形点之间的坡度可视为不变，其高差与平距成正比关系。所以，尽管所测的地形点高程不等于所求等高线的高程，但可通过上述比例关系，求出等高线通过点。当测图熟练后，可采用目估法，勾绘相邻地形点之间的等高线，以提高勾绘等高线的速度。应当注意：在两点间进行内插时，这两点间的坡度必须均匀。另外勾绘等高线时，要对照实地情况，先画计曲线，后画首曲线，并注意等高线通过山脊线、山谷线的走向。当一个测站上的工作完成后，就可搬迁到另一个控制点上，按照相同的工作步骤，一片一片地进行测绘，最后衔接起来，成为一幅完整的地形图。为了相邻图幅的拼接，每幅图应测出图廓外5mm。

3.平板测图内业工作

（1）纸质地形图绘制、拼接及铅笔整饰：完成了各图幅的外业测绘工作之后，应在此基础上，按照规范要求对纸质地形图进行绘制、图纸拼接、整饰及检查工作，编绘满足要求的成果图。在手工绘制纸质地形图时，应按照纸质地形图绘制的主要技术要求予以绘制，其主要技术要求如下。

①在绘制地物的轮廓符号时，若地物按依比例尺符号绘制其轮廓线，应保持轮廓位置的精度；若是用半依比例尺符号绘制的地物现状（如围墙等），应保持地物主线位置的几何精度；若是用不依比例尺符号绘制的独立地物，应保持其主点位置的几何精度。

②在绘制居民地的相关地物时，应符合以下规定：城镇和农村的街区、房屋，均应按外轮廓线准确绘制；街区与道路的衔接处，应留出0.2mm的间隔。

③绘制水系时，应符合以下规定：水系应先绘桥、闸，其次绘双线河、湖泊、渠、海岸线、单线河，然后绘堤岸、陡岸、沙滩和渡口等；当河流遇桥梁时应中断；单线沟渠与双线河相交时，应将水涯线断开，弯曲交于一点。当两双线河相交时，应互相衔接、圆滑。

④对道路网的绘制，应符合以下规定：当绘制道路时，应先绘铁路，再绘公路及大车路等；当实线道路与虚线道路、虚线道路与虚线道路相交时，应实部相交；当公路遇桥梁时，公路和桥梁应留出0.2mm的间隔。

⑤绘制等高线时，应保证等高线所表达地貌的精度，等高线的线画均匀、光滑自然；当图上的等高线遇双线河、渠和不依比例尺绘制的独立地物符号时，应中断。

⑥在地形图中绘制境界线时，应注意：凡绘制有国界线的地形图，必须符合国务院批准的有关国境界线的绘制规定；境界线的转角处，不得有间断，并应在转角上绘出点或曲折线。

⑦各种注记的配置，应分别符合下列规定。文字注记，应使所指示的地物能明确判读。一般情况下，字头应朝北。道路河流名称，可随现状弯曲的方向排列。各字侧边或底边，应垂直或平行于现状物体。各字间隔尺寸应在0.5mm以上，远间隔的亦不宜超过字号的8倍。注字应避免遮断主要地物和地形的特征部分。高程的注记，应注于点的右方，离点位的间隔应为0.5mm。等高线的注记字头，应指向山顶或高地，字头不应朝向图纸的

下方。

⑧每幅图绘制完成后，应进行图面检查和图幅接边、整饰检查，发现问题及时修改。按此要求，绘制好测区内各幅图纸后，应按图纸接图表进行图纸拼接工作，各图幅经拼接后，便可进行原图的铅笔整饰。所谓铅笔整饰是指对地形图进行整理和修饰，用橡皮擦去图上不应保留的所有点、线（如地性线，但应保留碎部点高程以供清绘时参考），然后按照图示和有关规范，用光滑的线条重新描绘各种符号和注记（边擦边绘，线条不能太粗）。地物轮廓和等高线应明晰清楚，并与实测位置严格一致，不能随意变动。各种注记字头一律朝北。地物的文字注记应选择适当位置，不要遮盖地物。另外按图示规定进行内、外图廓的整饰，应画出内外图廓、坐标网线、邻接图表，并按规定注记图名、图号、测图采用的坐标系和高程系、测图比例尺、基本等高距、测绘机关名称、日期、观测员、绘图员和检查员的姓名等。如果是地方独立坐标系，还应画出正北方向。

（2）地形图检查：为了确保地形图的质量，除施测过程中加强检查外，在地形图测完后，必须对成图质量作一次全面检查。

①室内检查首先应检查各种观测计算是否齐全，记录手簿和计算是否有误或超限，有无涂改情况等；在控制测量成果计算中，各项计算是否正确清晰；还应检查地形原图是否符合要求，图上地物、地貌各种符号注记是否有错；等高线与地形点的高程是否相符，有无矛盾或可疑之处；图边拼接有无问题等。如发现错误或不清晰的地方，应到野外进行实地检查修改。

②外业检查时应带原图沿预定的线路巡视，将图上的地物、地貌和实地上的地物、地貌进行对照检查。查看内容主要是图上有无遗漏或错误的地方，名称、注记是否与实地一致等，特别是应对接边时所遗留的问题和室内图面检查时发现的问题作重点检查。对于室内检查和野外巡视检查中发现的错误和疑点，应用仪器进行实地设站检查，除对发现的问题进行修正和补测外，还要对本测站所测地形进行检查，看原测地形图是否符合要求，如发现点位误差超限，应按正确的观测结果修正。

（3）地形图的验收：各种观测计算资料以及原图经全面检查认为符合要求后，应按其质量评定等级，予以验收。验收时应首先检查成果资料是否齐全，然后在全部成果中抽取较为重要的部分作重点检查，包括内业成果、资料和外业施测的检查。其余部分作一般性检查。通过检查鉴定各项成果是否合乎规范及有关技术指标的要求，对成果质量作出正确的评价。如果验收结果超限误差的比例超过规定，或是发现成果中存在较大的问题，上级业务部门可暂不验收，应将成果退回作业组，令其进行修改或重测。

（4）上交成果包括控制测量成果和地形图。控制测量成果的资料包括各级控制网展绘略图（包括分幅图、水准路线图、导线网图等）、外业观测手簿、装订成册的计算资料及平面控制和高程控制成果表等。地形图的资料包括完整的地形原图、地形测量手簿、接边接合表及技术总结等。

六、大比例尺地形图的应用

（一）在数字地形图上求点的平面直角坐标

随着计算机在测量中的应用，数字地图应运而生，并且越来越普遍地被人们使用。在数字地形图上确定点的平面坐标则不需要作以上计算，直接用鼠标捕捉所求点即可直接在屏幕上显示，很多专业软件也都提供了专门的查询功能，都可以直接从图上获取所需坐标以及其他的信息，且数字地形图不会产生变形，获取的坐标精度较高。

（二）求图上某直线的坡度

按照大比例尺地形图方法计算地面直线的坡度时，如果直线两端点间的各等高线平距相近，求得的坡度基本上符合实际坡度；如果直线两端点间的各等高线平距不等，则求得的坡度只是直线端点处的平均坡度。即当直线跨越多条等高线、地面坡度大致相同时，所求出的坡度值就表示这条直线的地面坡度值；当直线跨越多条等高线，且相邻等高线之间的平距不等（地面坡度不一致）时，所求出的坡度值就不能完全表示这条直线的地面坡度值。

（三）求地形图上任意区域范围的面积

1.图解几何法

当所量测的图形为多边形时，可将多边形分解为若干单一几何形体，如三角形、梯形或平行四边形等，此时可用三棱尺等比例尺工具量出这些图形各边的边长，然后按各图形的面积计算公式算出各几何图形的面积，最后汇总计算出多边形的总面积。当所量测的图形为曲线连接时，则先在透明纸上绘制好毫米方格网，然后将其覆盖在待量测的地形图上，数出完整方格的个数，然后估量非整方格的面积相当于多少个整方格（一般将两个非整方格看作一个整方格计算），得到总的方格数；再根据比例尺确定图上每个小方格所代表的实地面积，则可得到区域的总面积。

2.坐标解析法

坐标解析法是根据几何图形各顶点坐标值进行面积计算的方法。当图形边界为闭合多边形，且各顶点的平面坐标已经在地形图上量出或已经在实地测量，则可以利用多边形各顶点的坐标，用坐标解析法计算出图块区域面积。

第三节　建筑施工控制测量

一、施工控制网基础

施工测量也必须遵循"从整体到局部，先控制后细部"的原则，在施工之前，先在施工现场建立统一的施工平面控制网和高程控制网，然后以此为基础，再测设建筑物的细部位置。采取这一原则，可以保证施工测量的精度。

（一）施工控制网的分类

施工控制网分为施工平面控制网和高程施工控制网两种。

1.施工平面控制网

施工平面控制网可以布设成三角网、导线网、建筑方格网和建筑基线4种形式，至于采用哪种形式的平面控制网，应根据总平面图和施工场地的地形条件确定。

（1）对于地势起伏较大、通视条件较好的施工场地，可采用三角网。

（2）对于地势平坦、通视又比较困难的施工场地，可采用导线网。随着全站仪的普及，施工平面控制网越来越多地采用全站仪导线网。

（3）对于建筑物多为矩形且布置比较规则和密集的施工场地，可采用建筑方格网。

（4）对于地势平坦且又简单的小型施工场地，可采用建筑基线。

2.高程施工控制网

高程施工控制网通常采用水准网。

（二）施工控制网的特点

与测图控制网相比，施工控制网具有控制范围小、控制点密度大、精度要求高、受施工干扰较大及使用频繁等特点。

二、建筑方格网及其测设

（一）建筑方格网的布设

由正方形或矩形组成的施工平面控制网，称为建筑方格网，或称矩形网。建筑方格网适用于按矩形布置的建筑群或大型建筑场地。布设建筑方格网的基本要求如下：

（1）建筑方格网的布设应根据总平面图上各种已建和待建的建筑物、道路及各种管线的布设情况，结合现场的地形条件来确定。

（2）方格网的主轴线应布设在建筑区的中部，与主要建筑物轴线平行或垂直。

（3）按照实际地形布设，使控制点位于测角和量距都比较方便的地方，标桩的高程与场地的设计标高不要相差太大。

（4）当场地面积不大时，宜布设成全面方格网。若场地面积较大，应分二级布设，首级可采用"十"字形、"口"字形或"田"字形，然后再进行加密。

建筑方格网的轴线与建筑物轴线平行或垂直，因此，用直角坐标法进行建筑物的定位、放线较为方便，且精度较高。但由于建筑方格网必须按总平面图布置，测设工作量成倍增加，缺乏灵活性，点位易被毁坏，在全站仪逐步普及的条件下，正逐步被导线网或三角网所代替。

（二）方格网点的测设

主轴线测设好后，分别在主轴线端点安置经纬仪，精确测设90°角，交汇出"田"字形方格网的顶点并埋设永久性标志。为了进行校核，还要在方格网顶点上安置经纬仪检查角度是否为90°，并测量各相邻点间的距离，与设计边长比较，保证误差均在允许范围内。然后再以基本方格网点为基础，加密方格网中其余各点。

由于建筑方格网的测设工作量大，测设精度要求高，因此可委托专业测量单位进行。

三、高程施工控制网的测设

（一）高程施工控制网的建立

建立高程施工控制网一般采用水准测量的方法，并应与施工场地附近已知的国家或城市水准点进行连测。高程施工控制网的水准点密度，应尽可能做到设一个测站即可测设出待测点的高程。在建筑基线点、建筑方格网点以及导线点等平面控制点桩面上中心点旁边，设置一个突出的半球状标志即可兼作高程控制点。

为了便于检核和提高测量精度，高程施工控制网应布设成闭合或附合路线。高程控制网可分为首级网和加密网，相应的水准点称为基本水准点和施工水准点。

（二）基本水准点

基本水准点应布设在土质坚实、不受施工影响、无震动和便于施测的地方，并埋设永久性标志。一般情况下按四等水准测量的方法测定其高程，而对于为连续性生产车间或地下管道施工测量所建立的基本水准点，则需按三等水准测量的方法测定其高程。

第四节　民用建筑施工测量

一、建筑物的定位和基础放线

（一）建筑物的定位

建筑物的定位，是指根据设计条件将建筑物主轴线交点测设到地面上，并以此作为基础放线和细部轴线放线的依据。由于定位条件和现场条件的不同，民用建筑有以下两种定位方法。

1.根据控制点定位

如果待定位建筑物的定位点设计坐标已知，且附近有高级控制点可利用，可根据实际情况选用极坐标法、角度交汇法或距离交汇法测设点位。其中极坐标法在建筑物定位中应用广泛。

2.根据建筑基线或建筑方格网定位

如待定建筑物的定位点的坐标已知，且附近场地已设有建筑方格网或建筑基线，可利用直角坐标法测设点位。

（二）建筑物的放线

建筑物的放线，是指根据已定位的主轴线交点桩（角桩）详细测设出建筑物各轴线的交点桩（也称为中心桩），然后根据轴线交点桩用白灰撒出开挖边界线。

二、建筑物基础施工测量

（一）建筑物基槽挖深控制与基槽底面抄平

为了控制基槽开挖深度，当快挖到槽底设计标高时，可用水准仪根据地面上±0.000控制点用测设已知高程的方法在槽壁上测设一些水平小木桩（或在侧壁打入大铁钉），使木桩的表面离槽底的设计标高相差一固定值（如0.500m），用以控制挖槽深度。为了施工时使用方便，一般在槽壁各拐角处和槽壁每隔3~4m处均测设水平桩，必要时，可沿水平桩的上表面拉上细线，作为清理槽底和打基础垫层时控制标高的依据。水平桩高程测设的允许误差为±10mm。

（二）在垫层上投测基础中心线并检查基础顶面标高

基础垫层打好后，根据龙门板上的中心钉或轴线控制桩，用经纬仪或拉细线用铅垂把轴线投测到垫层上，并用墨线弹出基础墙体中心线和基础墙边线，作为砌筑基础的依据。俗称"摆底"。基础施工结束后，应检查基础墙顶面的标高是否符合设计要求，也可检查防潮层。检查方法是用水准仪测出基础墙顶面上若干点的高程，并与设计高程比较，允许误差为±10mm。这项工作俗称"找平"。

（三）桩基础施工测量

桩基础的一般特点是基坑较深，施工场地狭窄，建筑物大多根据建筑红线或其他地物来定位。

1.桩的定位

根据建筑物主轴线测设桩基和板桩轴线位置的允许偏差为20mm，对于单排桩则为10mm。沿轴线测设桩位时，沿轴线方向偏差应小于3cm，垂直轴线方向的偏差应小于2cm。位于群桩外周边上的桩，测设偏差不得大于桩径或桩边长的1/10；群桩中间的桩不得大于桩径或边长的1/5。对恢复后的各轴线，应检查无误后才能进行桩位的测设。对排列成网格形状的桩，只要根据轴线精确地测设出格网的4个角点，进行加密即可。对群桩的测设一般按照"先整体、后局部，先外廓、后内部"的顺序进行。测设时通常根据轴线，用直角坐标法测设不在轴线上的点。

2.施工后桩位的检测

桩基础施工结束后，应根据轴线，重新在桩顶上测设出桩的设计位置，并用油漆标明。然后量出桩中心与设计位置的偏差，如偏差在允许范围内，即可进行下一工序的施工。

三、建筑物主体结构和墙体施工测量

（一）柱和墙体的定位

在基础工程结束后，应对龙门板或控制桩进行认真检查复核。复核无误后可利用龙门板或控制桩将轴线测设到基础顶面或防潮层上，然后用墨线弹出柱边线、墙中心线和墙边线。并用经纬仪检查外墙轴线交角是否为直角，符合要求后把墙轴线延伸并在基础侧面作出标志，作为向上投测轴线的依据。同时在基础立面上标志出门、窗和其他洞口的边线位置。当钢筋混凝土柱施工到一定高度并拆模后，或墙体砌筑到一定高度后，用铅垂将基础侧面上的轴线引测到柱或墙体上，以免基础覆土后看不见轴线标志。

（二）现浇柱的施工测量

1.模板标高的测设

柱模板垂直度校正好以后，在模板外侧测设一条比地面高0.5m的标高线并注明标高数值。作为测量柱顶标高、安装铁件、牛腿支模等的依据。

向柱顶引测标高，一般选择不同行列的两三根柱子，从柱子下面已测好的标高点处用钢尺沿柱身向上量距，在柱子上端模板上定两三个同高程的点。然后在平台模板上安水准仪，以一标高点为后视点，施测柱顶模板标高，并闭合于另一标高点。

2.柱拆模后的抄平放线

柱拆模后，根据基础表面的柱中线，在下端侧面上标出柱中线位置，然后用吊线法或经纬仪投点法，将中点投测到柱上端的侧面上，并在每根柱侧面上测设比地面高0.5m的标高线。

（三）墙体标高的控制

在墙体砌筑施工中，墙体各部位标高通常用皮数杆来控制。

皮数杆是根据建筑物剖面设计尺寸，在每皮砖（或砌块）、灰缝厚度处画出线条，并且标明±0.000标高、门、窗、楼板、过梁、圈梁等构件高度位置的木杆。在墙体施工中，用皮数杆可以控制墙体各部位构件的准确位置，并保证每皮砖灰缝厚度均匀，每皮砖都处在同一水平面上。皮数杆一般立在建筑物拐角和隔墙处，立皮数杆时，先在地面上打一木桩，用水准仪测出±0.000标高位置，并画一横线作标志；然后，把皮数杆上的±0.000线与木桩上±0.000线对齐、钉牢。皮数杆钉好后要用水准仪进行检测，并用铅垂校正皮数杆的垂直度。为了施工方便，墙体施工采用里脚手架时，皮数杆应立在墙外侧；采用外脚手架时，皮数杆应立在墙内侧，如砌框架或钢筋混凝土柱间墙时，每层皮数可直接画在构件上，而不立皮数杆。

四、建筑物的轴线投测和高程传递

（一）建筑物的轴线投测

多层建筑砌筑过程中，为了保证轴线位置正确，可用铅垂或经纬仪将轴线投测到各层楼板边缘或柱顶上。

1.用铅垂投测轴线

将较重的铅垂悬吊在楼板或柱顶边缘，当铅垂尖对准基础墙面上的轴线标志时，吊线在楼板或柱顶边缘的位置即为楼层轴线端点位置。各轴线的端点投测完后用钢尺检核各轴线的间距，符合要求后继续施工，并把轴线逐层自下向上传递。

用铅垂投测轴线简便易行，不受施工场地限制，一般能保证施工质量。但当有风或建筑物较高时，投测误差较大，应采用经纬仪投测法。

2.用经纬仪投测轴线

在轴线控制桩上安置经纬仪，严格对中整平后，瞄准基础墙面上的轴线标志，用盘左、盘右取中的方法，将轴线投测到楼层边缘或柱顶上。将所有轴线端点投测完之后，用钢尺检核其间距，相对误差不得大于1/2000。检查合格后，才能继续弹线为施工提供依据。

（二）高程传递

多层建筑施工中高程传递主要有以下3种方法。

（1）利用皮数杆传递高程。

（2）对于高程传递精度要求较高的建筑物，通常用钢尺直接丈量传递高程。对于二层以上的各层，每砌高一层，就从楼梯间用钢尺从下层的"500线"向上量出层高，测出上一层的"500线"。这样用钢尺逐层向上引测。

（3）悬挂钢尺代替水准尺，用水准测量的方法从下向上传递高程。

五、高层建筑施工测量

高层建筑物的特点是建筑物层数多、高度高、建筑结构复杂，设备和装修标准较高。因此，在施工过程中对建筑物各部位的平面位置、垂直度以及轴线尺寸、标高等的精度要求都十分严格。同时对质量检测的允许偏差也有非常严格的要求。此外，由于高层建筑工程量大，多设地下工程，又多为分期施工，工期较长，施工现场变化较大，为保证工程的整体性和局部施工的精度要求，在实施高层建筑施工测量时，事先要定好测量方案，选择适当的测量仪器，并拟定出各种控制和检测的措施以确保放样的精度。

（一）高层建筑定位测量

1.测设施工方格网

高层建筑的定位放线必须保证足够的精度，因此一般采用测设专用的施工方格网的形式来定位。施工方格网一般在总平面图上进行设计，施工方格网是测设在基坑开挖范围以外一定距离，平行于建筑物主要轴线方向的矩形控制网。

2.测设主轴线控制桩

在施工方格网的四边上，根据建筑物主要轴线与方格网的间距，测设主要轴线的控制桩。测设时要以施工方格网各边的两端控制点为准。建筑物的中轴线等重要轴线也应在施工方格网的边线上测设出来，与四廓的轴线一起称为施工控制网中的控制线。控制线的间距一般为30～50m，测距精度不低于1/10000，测角精度不低于±10″。

如果高层建筑轴线投测采用经纬仪法，应在更远处且安全牢固的地方引测轴线控制桩，轴线控制桩与建筑物的距离应大于建筑物的高度，以避免投测轴线时仰角过大。

（二）高层建筑基础施工测量

1.测设基坑开挖边线

高层建筑一般都有地下室，因此要开挖基坑。开挖前要根据建筑物的轴线控制桩确定角桩及建筑物的外围边线，再考虑边坡的坡度和基础施工所需工作面的宽度，测设出基坑的开挖边线并撒出白灰线。

2.基坑开挖时的测量工作

高层建筑的坑一般都很深，需要放坡并进行边坡支护加固。开挖过程中，除了用水准仪控制开挖深度外，还应经常用经纬仪或拉线检查边坡的位置，防止基坑底边线内收，基础位置不够。

3.基础放线及标高控制

（1）基础放线：基坑开挖完成后，有以下3种情况。

①先打垫层，再做箱形基础或筏板基础，这时要求在垫层上测设出基础的各条边界线、梁轴线、墙宽线和柱位线等。

②在基坑底部打桩或挖孔，做桩基础，这时要求在基坑底部测设各条轴线和桩孔的定位线，桩做完后，还要测设桩承台和承重梁的中心线。

③先做桩，然后在桩上做箱基或筏基，组成复合基础，这时的测量工作是前两种情况的结合。

测设轴线时，为通视，常测设轴线的平行线，这时一定要标注清楚，以免用错。另外，一些基础桩、梁、柱、墙的中线一定与建筑轴线重合，因此要认真按图施测，防止出错。

如果是在垫层上放线，可把有关的轴线和边线直接用墨线弹在垫层上，施测时要严格检测基础轴线，保证精度。如果在基坑下做桩基，则应在基坑护壁上设立轴线控制桩，以便保留较长时间，也便于复核桩位和测设桩顶上的承台和基础梁等。

从地面往下投测轴线时，用经纬仪投测，盘左、盘右各投一次取中，以保证精度。

（2）基础标高的测设：基坑完成后，应及时用水准仪根据地面上的±0.000水平线将高程引测到坑底，并在基坑护坡的钢板或混凝土桩上做好标高为整米数的标高线。引测时可多设几个测站，也可用悬吊钢尺代替水准尺进行施测。

第五节　工业建筑施工测量

一、厂房控制网的测设

工业建筑以厂房为主，可分单层和多层、装配式和现浇整体式。我国较多采用预制钢筋混凝土柱装配式单层厂房。

（一）中、小型厂房矩形控制网的测设

对于一般的中、小型工业厂房的施工测量，通常在基础的开挖线以外约4m左右测设一个与厂房轴线平行的矩形控制网，作为厂房施工测量的依据。小型厂房也可采用民用建筑定位的方法。

（二）大型工业厂房控制网的测设

对于大型厂房或设备基础复杂的厂房，须先测设与厂房的柱列轴线相重合的主轴线，然后根据主轴线测设矩形控制网。在控制网的边线上，除厂房控制桩外，增设距离指标桩。桩位宜选在厂房柱列轴线或主要设备的中心线上，其间距一般为18m或24m，以便直接利用指示桩进行厂房的细部测设。

二、厂房基础施工测量

（一）厂房柱列轴线的测设

测设完厂房矩形控制网之后，根据施工图上设计的柱距和跨度，用钢尺沿矩形控制网各边测设出柱列轴线控制点位置，并用桩位标定出来。这些柱列轴线控制桩是厂房细部测设和施工的依据。

（二）柱基定位和放线

在两条互相垂直的柱列轴线控制桩上，安置2台经纬仪，沿轴线方向交会出各柱基的位置（柱列轴线的交点），此项工作称为柱基定位。

柱基定位和放线时，应注意柱列轴线不一定都是柱基的中心线，而一般立模、吊装等习惯用中心线，此时应将柱列轴线平移，定出柱基中心线。

（三）柱基施工测量

基坑挖至接近设计标高时，在坑壁的四个角上测设相同高程的水平桩。桩的上表面与坑底设计标高一般相差0.3~0.5m，用作修正坑底和垫层施工的高程依据。

基础垫层打好后，根据基坑周边定位小木桩，用拉线吊铅垂的方法，把柱基定位线投测到垫层上，弹出墨线，用红漆画出标记，作为柱基立模板和布置基础钢筋的依据。

立模时，将模板底线对准垫层上的定位线，并用铅垂检查模板是否垂直。立模后，将柱基顶面设计标高测设在模板内壁，作为浇灌混凝土的高度依据。

注意，在支杯形基础杯口的底模板时，应注意使浇筑后的杯底标高比设计标高略低3~5cm，柱子安装前可按预制柱的实际长度填高修平杯底，以免杯底标高过高不能安装柱子。

三、厂房构件安装测量

（一）柱子的安装测量

1.柱子安装测量的精度要求

柱子安装必须严格遵守下列限差要求：

（1）柱脚中心线与柱列轴线之间的平面尺寸容许偏差为±5mm。

（2）牛腿面的实际标高与设计标高的容许误差，当柱高在5m以下时为±5mm，5m以上时为±8mm。

（3）柱的垂直度容许偏差为柱高的1/1000，且不超过20mm。

2.柱子安装前的准备工作

（1）柱身弹线：首先将每根柱子按轴线位置进行编号，再检查柱子尺寸是否满足设计要求。然后在柱身的三个侧面用墨线弹出柱中心线，并在每面中心线的上端和下端及近杯口处用红漆画出标志，以供校正时对照。

（2）杯底找平：先量出柱子的-0.600m标高线至柱底面的长度，再在相应的柱基杯口内量出-0.600m标高线至杯底的高度并进行比较，确定杯底找平厚度，用水泥砂浆根据找平厚度，在杯底进行找平，使柱子安装后的牛腿面标高符合设计要求。

3.柱子安装时的测量工作

柱子安装测量的目的是保证柱子牛腿面的高程符合设计要求，柱身竖直。

（1）柱子就位与抄平：用吊车将预制的钢筋混凝土柱子吊入杯口后，应使柱子三面的中心线与杯口中心线对齐，用木楔或钢楔临时固定。柱子立稳后，立即用水准仪检测柱身上的±0.000m标高线，其容许误差为±3mm。

（2）柱子垂直度测量，用两台经纬仪，分别安置在柱基纵、横轴线上，离柱子的距离不小于柱高的1.5倍，先用望远镜瞄准柱底的中心线标志，固定照准部后，再缓慢抬高望远镜观察柱子中心线偏离十字丝竖丝的方向，指挥吊车拉直柱子，直至从两台经纬仪中观测到的柱子中心线都与十字丝竖丝重合为止。在杯口与柱子的缝隙中浇入混凝土，以固定柱子的位置。在实际安装时，一般是一次把许多柱子都竖起来，然后进行垂直校正。这时，可把两台经纬仪分别安置在纵、横轴线的一侧，一次可校正几根柱子。

3.柱子安装测量的注意事项

经纬仪使用前必须严格校正，应使照准部水准管气泡严格居中。校正时，除注意柱子垂直外，还应随时检查柱子中心线是否对准杯口中心线标志，以防柱子产生水平位移。在校正变截面的柱子时，经纬仪必须安置在柱列轴线上，以免产生差错。在日照下校正柱子的垂直度时，应考虑日照使柱顶向阴面弯曲的影响，为避免此种影响，宜在早晨或阴天校正。

（二）吊车梁的安装测量

安装吊车梁时，测量工作的主要任务是使安置在柱子牛腿上的吊车梁的平面位置、顶面标高及梁端面中心线的垂直度均符合设计要求。

（1）根据柱子上的±0.000m标高线，用钢尺沿柱面向上量出吊车梁顶面设计标高线、作为调整吊车梁顶面标高的依据。

（2）在吊车梁的顶面和两端面上，用墨线弹出梁的中心线，作为安装定位的依据。

（3）根据厂房中心线，在牛腿面上投测出吊车梁的中心线。

（三）屋架的安装测量

1.屋架安装前的准备工作

屋架吊装前，用经纬仪或其他方法在柱顶面放出屋架定位轴线，并应弹出屋架两端头的中心线，以便进行定位。

2.安装屋架的测量工作

屋架吊装就位时，应使屋架的中心线与柱顶面上的定位线对齐，允许误差为±5mm。屋架的垂直度可用铅垂或经纬仪进行检查。

第六节 建筑物变形观测与竣工测量

一、水准基点的布设

建筑物沉降观测是用水准测量的方法，周期性地观测建筑物上沉降观测点和水准基点之间的高差变化值。水准基点是进行建筑物沉降观测的依据，因此水准基点要埋设成永久性水准点。水准基点的布设应满足以下要求：

（1）要有足够的稳定性，水准基点必须设置在沉降影响范围以外，冰冻地区水准基点应埋设在冰冻线以下0.5m。

（2）要具备检核条件，为了保证水准基点高程的正确性，水准基点最少应布设3个，以便相互检核。

（3）要保证较高的观测精度，水准基点和观测点之间的距离应适中，相距太远会影响观测精度，一般应在100m范围内。

二、沉降观测点的布设

沉降观测点是为沉降观测而设置在待测建（构）筑物上的固定标志，其数目和位置与建筑物或设备基础的结构、形状、大小、荷载及地质条件有关，应能全面反映建筑物的沉降情况。

三、建筑物位移观测与裂缝观测

根据平面控制点测定建筑物的平面位置的变化，称为位移观测。为进行位移观测，在建筑物施工时要在建筑物附近埋设测量控制点、在建筑物上设置位移观测点。观测点与控制点应位于同一直线上。控制点至少须埋设3个，控制点之间的距离及观测点与相邻的控制点间的距离要大于30m，以保证测量的精度。当要测定建（构）筑物在某一特定方向上的位移量时，可以在垂直于待测定的方向上建立一条基准线，定期地测量观测标志偏离基准线的距离，就可以了解建（构）筑物的水平位移情况。位移观测的方法有多种，最常用的有前方交会法、基准线法、激光准直法、导线法、引张线法等，应根据实际情况选用适当的观测方法。

四、竣工测量

建（构）筑物竣工验收时进行的测量工作，称为竣工测量。在每一个单项工程完成后，必须由施工单位进行竣工测量，并提交该工程的竣工测量成果，作为编绘竣工总平面图的依据。竣工测量要提交竣工测量平面图作为成果。竣工平面图的编绘方法与地形测量相似，区别在于以下4点。

（一）图根控制点的密度

一般竣工测量图根控制点的密度，要大于地形测量图根控制点的密度。

（二）碎部点的实测

地形测量一般采用视距测量的方法，测定碎部点的平面位置和高程；而竣工测量一般采用经纬仪测角、钢尺量距的极坐标法测定碎部点的平面位置，采用水准仪或经纬仪视线水平测定碎部点的高程；亦可用全站仪进行测绘。

（三）测量精度

竣工测量的精度，要高于地形测量的精度。地形测量的精度要求满足图解精度，而竣工测量的测量精度一般要满足解析精度，应精确至厘米。

（四）测绘内容

竣工测量的内容比地形测量的内容更丰富。竣工测量不仅测地面的地物和地貌，还要测各种隐蔽工程，如上、下水及热力管线等。

第七章　无人机摄影测量制图技术

第一节　摄影测量基础

一、摄影测量基本概念

摄影测量指的是通过影像研究信息的获取、处理、提取和成果表达的一门信息科学。摄影测量学是利用光学摄影机或数码相机获取的影像，经过处理以获取被摄物体的形状、大小、位置、特性及其相互关系的一门学科。

二、摄影测量主要任务

摄影测量学是测绘学的分支学科，它的主要任务是测绘各种比例尺的地形图，建立数字地面模型，为各种地理信息系统和土地信息系统提供基础数据。摄影测量学要解决的两大问题是几何定位和影像解译。几何定位就是确定被摄物体的大小、形状和空间位置。几何定位的基本原理源于测量学的前方交会方法，它是根据两个已知的摄影站点和两条已知的摄影方向线交会出构成这两条摄影光线的待定地面点的三维坐标。影像解译就是确定影像对应地物的性质。

三、摄影测量特点

（1）通过对影像进行量测和解译（主要在室内完成），无须接触物体本身，很少受气候、地理等条件的限制。

（2）所摄影像是客观物体或目标的真实反映，信息丰富，形象直观，可以从中获得所研究物体的大量几何信息和物理信息，可以拍摄动态物体的瞬间影像，完成常规方法难以实现的测量工作。

（3）摄影测量适用于大范围地形测绘，成图快、效率高。

（4）摄影测量产品形式多样，可以生产纸质地形图，数字线划图、数字高程模型、数字正摄影像图和实景三维模型等。

四、摄影测量分类

（1）根据摄影时摄影机所处位置不同，可分为地面摄影测量、航空摄影测量、航天摄影测量和显微摄影测量。其中航空摄影测量根据相机数量和安装方式的不同可分为正直航空摄影测量和倾斜航空摄影测量；按飞行高度的不同可分为一般航空摄影测量和低空航空摄影测量。无人机航空摄影测量属于低空航空摄影测量的一种类型。

（2）根据应用领域不同，可分为地形摄影测量与非地形摄影测量两大类。

（3）根据技术处理手段不同（或历史发展阶段不同），可分为模拟摄影测量、解析摄影测量和数字摄影测量。现阶段摄影测量全部采用数字摄影测量技术。

五、无人机航空摄影测量的优势

无人机低空摄影测量以无人驾驶飞机作为飞行平台，配备高分辨率数码相机作为传感器，并在系统中集成应用GNSS、IMU、GIS等技术，可以快速获取一定区域的真彩色、高分辨率（大比例尺）和现势性强的地表航空遥感数字影像数据，经过摄影测量数据处理后，能够提供指定区域的数字高程模型DEM、数字正射影像图DOM、数字线划地形图DLG和数字栅格地形图DRG等测绘成果，或者建立地面实景三维模型，是航天卫星遥感与普通航空摄影在测绘领域中技术应用不可缺少的补充手段。目前，无人机航空摄影测量技术发展日趋成熟，应用越来越广泛。

与航天卫星遥感和普通航空摄影测量相比，无人机航空摄影测量主要有以下优点：

（1）机动性、灵活性和安全性更高。无人机具有灵活机动的特点，受空中管制和气候的影响较小，能够在恶劣环境下直接获取遥感影像，即便是设备出现故障，也不会出现人员伤亡，具有较高的安全性。

（2）低空作业，获取影像分辨率更高，受气候影响小。无人机可以在云下超低空飞行，弥补了卫星光学遥感和普通航空摄影经常受云层遮挡获取不到影像的缺陷，可获取比卫星遥感和普通航摄更高分辨率的影像。同时，低空多角度摄影可以获取建筑物多面高分辨率的纹理影像，弥补了卫星遥感和普通航空摄影获取城市建筑物时遇到的高层建筑遮挡问题。

（3）成果精度较高，可达到1∶1000测图精度。无人机为低空飞行器，飞行作业高度在50～1000m，航空摄影影像数据地面分辨率可达5cm以上，摄影测量成果的平面和高程精度可达到亚分米级，可生产符合规范精度要求的1∶1000数字地形图，能够满足城市建设精细测绘的需要。

（4）成本相对较低、操作简单。无人机低空航摄系统使用成本低，耗费低，对操作员的培养周期相对较短，系统的保养和维修简便，可以无须机场起降，是当前唯一将航空摄影与测量集于一体的航空摄影测量作业方式，是测绘单位实现按需开展航摄飞行作业的理想生产模式。

（5）周期短、效率高。对于面积较小的大比例尺地形测量任务（10～100km²），受天气和空域管理的限制较多，大飞机普通航空摄影测量成本高；采用全野外数据采集方法成图，作业工作量大，成本高；而采用无人机航空摄影测量技术，利用其机动、快速和经济等优势，在阴天、轻雾天也能获取合格的影像，从而将大量的野外工作转入内业，既能减轻劳动强度，又能提高作业的效率和精度。

六、航空摄影测量基础知识

航摄影像是航空摄影测量的原始资料。航摄影片解析就是用数学分析的方法，研究被摄景物在航摄像片上的成像规律，研究像片上影像与所摄物体之间的数学关系，从而建立像点与物点的坐标关系式。其目的是根据像片上的影响，采用解析方法或者图解的方式，获取被摄物体的空间坐标或地物的几何图形。

点的坐标变换包括像点坐标变换和地面点坐标的变换，变换的目的是把像点及其对应的地面点表示在统一的坐标系中，以便利用像点、投影中心和相应地面点三点共线的条件建立构像方程式。坐标变换中一个重要内容是点在像空系中的坐标与以摄站为原点的地辅系中的坐标之间的变换。这是同原点的两空间坐标系间的变换，这个变换依赖于一个旋转矩阵，使用这个矩阵可以实现像点和地面点在像空系和地辅系中的相互变换。立体像对的相对定向解算，以单张像片解析为基础的摄影测量通常称为单像摄影测量或平面摄影测量，这种摄影测量不能解决空间目标的三维坐标测定问题，解决这一问题可依靠由不同摄影站摄取的具有一定影像重叠的两张像片解析为基础的摄影测量。由不同摄影站摄取的、具有一定影像重叠的两张像片称为立体像对。以立体像对解析为基础的摄影测量称为双像测量摄影或立体摄影测量。立体像对的相对定向就是要恢复摄影时相邻两影像摄影光束的相互关系，从而使同名光束对对相交。相对定向的方法有两种：一种是单独像对相对定向，它采用两幅影像的角元素运动实现相对定向；另一种是连续像对相对定向，它以左影像为基准，采用右影像的直线运动和角运动实现相对定向。

第二节　无人机航空摄影

一、无人机航空摄影作业流程

无人机航空摄影作业流程与普通航空摄影作业流程基本一致，主要包括项目基础资料收集、飞行作业空域申请、作业方案技术设计、航空摄影作业、航空影像质量检查和成果验收等阶段。

二、无人机航空影像特点

无人机航空摄影与普通航空摄影相比，无人机航空摄影获取的影像具有以下特点：

（1）像片数量多，数据处理工作量大。通常无人机航空摄影的传感器系统使用民用级非量测型数码相机，感光器面积小（主要采用APS-C、全画幅，高端系统采用中画幅）、有效像素较低（有效像素通常在2000万~4240万，最高不大于1亿像素），与普通航空摄影（通常相机有效像素不低于2亿）项目相比，其像片数量成倍增长，后期遥感应用数据处理工作量和难度大大增加。

（2）像片姿态变化大，数据处理难度大。通常无人机航空摄影使用体积更小、重量更轻的无人机作为"飞行平台"，受气候变化影响大，飞行姿态通常较差，获取的航空影像的旋偏角、俯仰角较大；同一航线的弯曲度、相对航高变化大，航向重叠度不均匀；相邻航线保持平行困难，旁向重叠度变幅较大，航空摄影作业容易发生重叠度不足，甚至产生航空摄影漏洞。与普通航空摄影相比，航空摄影的航向重叠度和旁向重叠度要求更大，后期遥感应用数据处理对软件系统要求更高、处理难度更大。

（3）影像质量较低，畸变更大。与普通航空摄影使用工业级量测型数码相机相比，无人机航空摄影搭载传感器系统使用民用级非量测型数码相机。为了降低系统重量，通常使用质量更轻的低端定焦镜头，镜头畸变不均匀导致影像畸变较大；飞行作业时相对航高低，相机系统主要采用广角镜头，由此在影像四周也会产生广角畸变，距离中心越远畸变越大；同时感光器像元尺寸小（一般不超过$6\mu m$），感光面积小，获取的航空影像质量不如普通航空摄影影像。因此，无人机航空摄影的相机系统检校间隔更短，后期遥感应用数据处理前必须增加影像预处理流程。

三、无人机遥感影像质量评价

为了使无人机影像后续数据处理能够顺利完成，需要对获取的无人机影像进行质量评价，主要包括以下4个方面。

（1）影像重叠度。影像重叠是指相邻像片所摄地物的重叠区域，有航向重叠和旁向重叠，重叠度以像幅边长的百分比数表示。

（2）航高差是反映无人机在空中拍摄时飞行姿态是否平稳的重要指标，如果航高差变化过大，说明其在空中的姿态不稳定，这时就要分析不稳定的原因，是风速太大，还是无人机硬件故障造成的。《地形图航空摄影规范》对同一航线上相邻像片规定的航高差是不得大于30m，最大航高和最小航高之差不得大于50m，实际航高与设计航高之差不应大于50m。

（3）像片倾角是指无人机相机主光轴与铅垂线的夹角。像片倾角一般不应大于5°，最大不应超过12°，出现超过8°的像片数不应多于总像片数的10%。特殊地区（如风向多变的山区）像片倾角一般不应大于8°，最大不应超过15°，出现超过10°的相片数不应多于总数的10%。

（4）像片旋角指相邻像片的主点连线与像幅沿航线方向的两框标连线之间的夹角。像片旋角一般不大于15°，在确保像片航向和旁向重叠度满足的前提下，个别最大旋角不超过30°，在同一条航线上旋角超过20°的像片数不应超过3幅，超过15°旋角的像片数不得超过分区像片总数的10%。

第三节　无人机摄影测量数据处理

一、无人机航空摄影测量成果类型

（1）数字高程模型（Digital Elevation Model，DEM）是在一定范围内通过规则格网点描述地面高程信息的数据集，用于反映区域地貌形态的空间分布，即采用一组阵列形式的有序数值表示地面高程的一种实体地面模型，是数字地形模型（Digital Terrain Model，DTM）的一个分支，其他各种地形特征值均可由此派生。数字地形模型DTM是描述包括高程在内的各种地貌因子，如坡度、坡向及坡度变化率等因子在内的线性和非线性组合的空间分布，其中DEM是零阶单纯的单项数字地貌模型，其他如坡度、坡向及坡度变化率等地貌特性可在DEM的基础上派生。数字高程模型构建方法有多种。按数据源及采集方式分为直接地面测量构建、摄影测量构建和已有地形图构建等3种。

（2）数字正射影像图（Digital Orthophoto Map，DOM）是以航空或航天遥感影像（单色/彩色）为基础，经过辐射改正、数字微分纠正和镶嵌处理，按地形图范围裁剪成的影像数据，并将地形要素的信息以符号、线画、注记、公里格网和图廓（内/外）整饰等形式填加到影像平面上，形成以栅格数据形式存储的影像数据库。它具有地形图的几何精度和影像特征。数字正射影像图的分幅、投影、精度和坐标系统，与同比例尺地形图一致，图像分辨率为输入大于400dpi，输出大于250dpi，具有精度高、信息丰富、直观逼真和现势性强等优点。

数字正射影像图构建方法有多种。按照制作正射影像的数据源，以及技术条件和设备差异划分，主要包括下述3种方法：全数字摄影测量方法、单片数字微分纠正和已有正射影像图扫描。

①全数字摄影测量方法。通过数字摄影测量系统来实现，即对数字影像对进行内定向、相对定向和绝对定向后，形成DEM，按反解法做单元数字微分纠正，将单片正射影像进行镶嵌，最后按图廓线裁切得到一幅数字正射影像图，并进行地名注记、公里格网和图廓整饰等，经过修改后形成DOM。

②单片数字微分纠正。如果区域内已有DEM数据以及像片控制成果，可直接生产DOM，其主要流程是对航摄负片进行影像扫描后，根据控制点坐标进行数字影像内定向，再由DEM成果做数字微分纠正，其余后续过程与上述方法相同。

③已有正射影像图扫描。若已有光学投影制作的正射影像图，可直接对光学正射影像图进行影像扫描数字化，再经几何纠正就能获取数字正射影像的数据。几何纠正是直接针对扫描变换进行数字模拟，扫描图像的总体变形过程可以看作是平移、缩放、旋转、仿射、偏扭和弯曲等基本变形的综合作用结果。

（3）数字线划地图（Digital Line Graphic，DLG）是地形图上基础地理要素的矢量数据集，且保存各要素间的空间关系和相关的属性信息。数字线划地图表达的地图要素与现有地形图基本一致，可以方便地实现空间数据和属性数据的管理、查询和空间分析以及制作各种精细的专题地图，是目前应用最为广泛的数字测绘成果形式。数字测图中最为常见的产品就是数字线划地图，外业测绘最终成果一般就是DLG，相比其他数字测绘成果形式，数字线划地图在放大、漫游、查询、检查、量测和叠加地图等方面更为方便，数据量更小，分层更容易，生成专题地图更快速，也称作矢量专题信息（Digital Thematic Information，DTI）。数字线划地图的技术特征为地图地理内容、分幅、投影、精度和坐标系统与同比例尺地形图一致。图形输出为矢量格式，任意缩放均不变形。数字线划地图的生产方法主要包括摄影测量（含三维激光测量、InSAR测量和倾斜摄影等）、野外实测已有地形图扫描矢量化和数字正射影像图矢量化等。

（4）数字栅格地图（Digital Raster Graphic，DRG）是纸质、胶片地形图的数字化产品，在内容、几何精度和色彩上与地形图保持一致的栅格数据文件集，由纸质地形图经扫描、几何纠正和图像处理后生成，或由地形图制图数据栅格化处理生成。数字栅格地图的技术特征：地图地理内容、外观、视觉式样与同比例尺地形图一样，平面坐标系统、高程系统与相应的矢量地形图完全一致；地图投影采用高斯–克吕格投影；图像分辨率为输入大于400dpi，输出大于250dpi。

二、无人机摄影测量外业

无论何种摄影测量方式，其摄影测量外业技术和作业工序基本一致，主要包括控制测量、像片控制测量和像片调绘等工序。

（一）控制测量

控制测量是指在项目测区范围内，按测量任务所要求的精度，测定一系列控制点的平面位置和高程，建立起测量控制网，作为项目大地测量、摄影测量、地形测量和工程测量等各种测量活动和工程项目规划、勘测设计、施工、安全监测和维护管理的基础。控制网具有控制全局、限制测量误差累积的作用，是各项测量工作的依据。对于地形测绘，等级控制是扩展图根控制的基础，以保证所测地形图能互相拼接成为一个整体；对于航空摄影测量，等级控制是扩展像片控制测量的基础，以保证能够进行空中三角测量，各个立体像对所测地形图能互相拼接成为一个整体；对于工程测量，常需布设专用控制网，作为施工放样和变形观测的依据。

控制测量按不同的分类标准有不同分类方法。

（1）按控制测量的层次可分为基本（首级）控制测量、加密控制测量和图根控制测量（像片控制测量）等3个类型。

（2）按控制测量的内容可分为平面控制测量、高程控制测量和三维控制测量等3个类型。

①平面控制测量：指为测定控制点平面坐标而进行的控制测量。

②高程控制测量：指为测定控制点高程而进行的控制测量。

③三维控制测量：指为同时测定控制点平面坐标和高程或空间三维坐标而进行的控制测量。控制测量按精度可分为多个等级，不同测量规范（标准）中控制测量等级划分基本相同，局部可能略有差异，可细分等级。平面控制测量等级通常分为一、二、三、四、五等（可细分为一级、二级）和图根（可细分为一级、二级）；高程控制测量等级通常分为

一、二、三、四等和图根（可细分为一级、二级）。

控制测量可采用不同测量方法作业。平面控制测量作业方法主要包括GNSS测量（GNSS静态相对定位、GNSS单基站RTK定位测量、GNSS网络RTK定位测量和CORS定位测量等），三角形网（三角网、三边网和边角同测网）测量，导线测量和小三角测量（前方交会、后方交会等）等；高程控制测量作业方法主要包括水准测量（光学水准测量、数字水准测量和静力水准测量）、三角高程测量（光电测距三角高程、视距三角高程等）等。

（二）像片控制测量

像片控制测量（Photo Control Survey）又称为像片联测，是指在实地测定像片控制点（简称像控点）平面位置和高程的测量工作。像片控制测量包括像片控制点设计、像片控制点测量、像片控制点数据处理和像片控制点成果整理等几个工序。像片控制点设计在测区航空影像的基础上进行，主要确定像片控制点布设方法、像片控制点测量方法、像片控制点测量方案、像片控制点数据处理方案、像片控制点成果资料整理要求和成果提交格式等。

像片控制点布设方法主要包括全野外布点法、单航线布点法和区域网布点法。全野外布点法是指以一张像片或一个立体像对为单位布设像片控制点，所有像片控制点均采用全野外实地测量；单航线布点法是指以一条航线（段）为单位布设像片控制点并进行野外实地测量的方法；区域网布点法是指以几条航线段或几幅图为一个区域布设像片控制点并进行野外实地测量的方法等。全野外布点法的像片控制点数量最多，外业工作量最大，成果精度可靠，但对于部分纹理相近区域（如林地、草地等）布设像片控制点困难；单航线布点法的像片控制点数量适中，外业工作量中等，成果精度比较可靠，对于跨度不大的纹理相近区域可跨域布设像片控制点，存在相邻航线间像片控制点精度不均匀的缺点；区域网布点法的像片控制点数量最少，外业工作量最小，空中三角测量工作量较大，成果精度比较可靠，对于跨度不大的纹理相近区域可跨域布设像片控制点，整个区域像片控制点精度均匀。无人机航空摄影测量中影像像幅小，像片数量多，像片控制点布设困难，像片控制点布设方法通常不采用全野外布点法，主要采用区域网布点法，辅助采用单航线布点法。

像片控制点可分为平面控制点、高程控制点和平高控制点3种类型。像片控制点测量方法根据成果精度要求选择相应等级的控制测量（通常等级较低）方法，其外业测量、数据处理控制测量相同。像片控制点测量方法与等级控制测量最重要的区别主要有两点：像片控制点野外选点和像片控制点刺点。在野外，像片控制点的点位一般选用像片上的明显地物点，通常要求地势较为平坦区域的目标清晰、易分辨、易测量、高精度的直角地物目标或点状地物目标；点位选定后，应在像片上精确刺出位置，并在像片背面绘出相关地物关系略图，以简明确切的文字说明其位置。像片控制点测量完成后，要求对像片控制点测量资料进行整理，提交像片控制点成果表及其刺点像片。

（三）像片调绘

像片调绘是摄影测量数据中一项最重要的工序，其目的是识别和解释此影像的类属及特性。像片判读（也称像片解译或判释）是像片调绘的主要工作内容，是根据地物的光谱特性像片的成像规律及判读特征，阅读和分析像片影像信息的综合过程。像片调绘采用放大片调绘，放大片比例尺为成图比例尺的2倍。调绘片采用隔号片，调绘面积线一般不应分割居民地、工矿企业和平行分割线状地物。调绘面积线右、下两边为直线，左、上两边为曲线。自由图边调出范围线4mm，不得产生漏洞。调绘面积线四周注明接边航线号及片号。自由图边应有检查者签名，接边像片应有接边者、检查者签名，调绘片右下方应有调绘者、检查者签名，注明调绘日期。像片调绘的方法主要包括先外后内法、先内后外法。对像片各种明显的、依比例尺的地物，可只做定性数量描述，内业以立体模型为准。调绘片清绘采用红、蓝、黑三色清绘。红色用于调绘面积线、地类界用实线、自由图边、新增地物和片外注记等；蓝色用于水系及相应名称注记；其余用黑色。像片调绘的补测是指对于调绘像片上影像模糊、阴影遮盖的地物或者航空摄影后新增地物，应在调绘片上用交会法、截距法等以明显地物点为起始点补调，当大面积地物补调用上述方法保证不了成图精度时，应用解析法、交会法或截距法等进行补测。补测像片上用红色虚线绘出补测范围，另附补测略图供内业描绘。摄影后消失的地物在调绘片上用红色画上"×"。范围较大时可用红色虚线绘出范围注明已拆。像片调绘主要内容包括居民地及设施调绘、独立地物调绘、交通道路设施调绘、管线垣栅调绘、水系调绘、境界调绘、地貌调绘、植被与土质调绘和名称注记调绘等内容；但军事设施和国家保密单位不进行实地调绘，只用0.2mm黑实线绘出范围，内部用直径7mm圆内注"军"或"密"字。像片调绘主要成果包括调绘片成果和局部区域补测成果。

三、无人机摄影测量内业

无论何种摄影测量方式，其摄影测量内业数据处理流程和作业工序基本一致，主要包括遥感影像数据预处理、空中三角测量和测绘成果制作等工序。

（一）遥感影像数据预处理

1.滤波处理

对数字化图像去除噪声的操作称为滤波处理。数字图像的噪声主要源于图像的获取（图像的数字化）和传输过程。图像获取中的环境条件和传感器元件本身的质量均对图像传感器的工作情况产生影响。例如，使用CCD相机获取图像，光照程度和传感器温度是图像中产生大量噪声的主要因素；图像在传输过程中由于受传输信道的干扰而产生噪声污染。数字图像的噪声产生是一个随机过程，其主要形式有高斯噪声、椒盐噪声、泊松噪声和瑞利噪声等。滤波处理的主要方法有空域滤波和频域滤波。

（1）空域滤波是使用空域模板进行图像处理的方法，它直接对图像的像素进行处理，属于一种邻域操作，空域模板本身被称为空域滤波器。空域滤波的原理是在待处理的图像中逐点地移动模板，将模板各元素值与模板下各自对应的像素值相乘，最后将模板输出的响应作为当前模板中心所处像素的灰度值。

（2）频域滤波是变换域滤波的一种，是指将图像进行变换后（图像经过变换从时域到频域），在变换域中对图像的变换系数进行处理（滤波），处理完毕后再进行逆变换，最后获得滤波后的图像的过程。频域滤波的主要优势是在频域中可以选择性地对频率进行处理，有目的地让某些频率通过，而把其他的阻止。目前使用最多的变换方法是傅里叶变换。由于计算机只能处理时域和频域都离散的信号，处理信号之前需要进行离散傅里叶变换，而图像在计算机中的存储形态是数学矩阵，其信号都是二维的，所以最终进行数字图像滤波时，计算的是二维离散傅里叶变换。

2.镜头畸变校正

由于无人机有效载荷重量相对有人机较小，因此无人机搭载的航空摄影测量设备大多是非量测型相机，镜头存在着不同程度的畸变。镜头畸变实际上是光学透镜固有的透视失真的总称，它可使图像中的实际像点位置偏离理论值，破坏了物方点、投影中心和相应的像点之间的共线关系，即同名光线不再相交，造成了像点坐标产生位移，空间后方交会精度减低，最终影响空中三角测量的精度，制作的数字正射影像图也同样产生了变形。镜头畸变主要包括径向畸变（如枕形变形）和偏心畸变（如桶形变形）。

校正镜头畸变的方法是建立一个高精度检校场，检校场内的标志点坐标已知，用待检校的数码相机对其拍摄，在照片上提取数个标志点的像点坐标，然后根据共线方程，将标志点的物方坐标经透视变换反算出控制点的理想图像坐标，设为无误差的像点坐标，然后代入图像畸变。其中，建立高精度检校场是关键，检校场可分为二维和三维两种。检校场的控制点精度要求非常高，通常在亚毫米级，标靶、标杆等相关器件也是由膨胀系数极小的特殊合金材料制作的。

（二）空中三角测量

空中三角测量是指在立体摄影测量中，利用像片对内在几何联系，根据少量的野外控制点，在室内进行控制点加密，求得加密点的高程和平面位置的测量方法。即利用一系列连续的带有一定重叠度的航测影像，根据事先测量的少量野外控制点的实际坐标值，以摄影测量中的几何关系建立相应的航线模型或区域网模型，从而解算出加密点的平面坐标和高程。主要作用是减少测区影像绝对定向时所需要的控制点，在保证精度的情况下减少测量野外控制点的工作量，降低在不易测量控制点的地形复杂地段或者危险区域的测图难度。空中三角测量主要是为缺少野外控制点的地区测图提供绝对定向的控制点。

1.空中三角测量分类

空中三角测量按照摄影测量的技术发展阶段（或历史发展阶段）不同，同样可分为模拟空中三角测量、解析空中三角测量和数字空中三角测量等3种类型。现阶段空中三角测量全部采用数字空中三角测量技术。

（1）模拟空中三角测量，又称为光学机械法空中三角测量，是在全能型立体测量仪器（如多倍仪）上进行的空中三角测量，在仪器上恢复与摄影时相似或相应的航线立体模型，根据测图需要选定加密点，并测定其高程和平面位置。

（2）解析空中三角测量，又称为电算加密，是指用计算的方法，根据像片上量测的像点坐标和少量地面控制点，采用较严密的数学公式，按最小二乘法原理，用电子计算机解算待定点的平面坐标和高程。

（3）数字空中三角测量，又称为自动空中三角测量，是指在数字摄影测量中，利用影像匹配方法在计算机中自动选择连接点，实现自动转点和量测，进行空中三角测量的方法。

2.解析空中三角测量方法

解析空中三角测量可以采用不同的方法，按照平差中采用的数学模型不同可以分航带法、独立模型法和光束法。

（1）航带法空中三角测量是将一条航带作为研究的模型。先将一个立体像对看成一个单元模型，将多个立体像对构成的单元模型连接成一个航带，构成航带模型，然后再将整个航带模型看成一个单元模型进行解析计算处理。其主要流程如下：像点坐标的量测和系统误差改正—像对的相对定向—模型连接及航带网的构成—航带模型的绝对定向—航带模型的非线性改正。

（2）独立模型法。为了避免航带法平差误差的不断积累，可以将单元模型作为计算单元，由相互连接的单元模型构成航带网或者区域网。在此过程中误差被限制在单个模型范围内，从而避免了误差的传递积累。其基本思想是将单元模型（一个像对或者两个甚至三个像对）视为刚体，利用各模型彼此间的公共点进行平移、缩放或旋转等三维线性变换后连成一个区域。在变换过程中，尽量保证模型间的公共点坐标的一致性和控制点的观测坐标和其在地面摄影测量坐标的一致性。最后通过最小二乘法原理求得待定点的地面坐标。

（3）光束法区域网空中三角测量是以一幅影像所组成的一束光线作为平差的基本单

元，以中心投影的共线方程作为平差的基础方程而进行的解析计算方法。和前两种方法相比，光束法空中三角测量理论上更加严密而且精度更高，与此同时，它所需要的计算量更大，因此对计算机的容量和性能要求更高。随着计算机技术的发展，计算机的运算速度和容量得到了很大的提高，而且成本不断下降，使得光束法成为目前运用最广泛的方法，并且普遍运用于无人机低空摄影测量中，是其后期数据处理的核心内容之一。

3.数字空中三角测量作业流程

自动数字空中三角测量就是利用模式识别技术和多像影像匹配等方法代替人工在影像上自动选点与转点，同时自动获取像点坐标，提供给区域网平差程序解算，以确定加密点在选定坐标系中的空间位置和影像的定向参数。

（1）构建区域网。一般来说，首先需将整个测区的光学影像逐一扫描成数字影像，然后输入航摄仪检定数据建立摄影机信息文件，输入地面控制点信息等建立原始观测值文件，最后在相邻航带的重叠区域里量测一对以上同名连接点。

（2）自动内定向。通过对影像中框标点的自动识别与定位来建立数字影像中的各像元行、列数与其像平面坐标之间的对应关系。首先，根据各种框标均具有对称性及任意倍数的90°旋转不变性这一特点，对每一种航摄仪自动建立标准框标模板；其次，利用模板匹配算法自动快速识别与定位各框标点；最后，以航摄仪检定的理论框标坐标值为依据，通过二维仿射变换或者是相似变换解算出像元坐标与像点坐标之间的各变换参数。

（3）自动选点与自动相对定向。首先，用特征点提取算子从相邻两幅影像的重叠范围内选取均匀分布的明显特征点，并对每一特征点进行局部多点松弛法影像匹配，得到其在另一幅影像中的同名点。为了保证影像匹配的高可靠性，所选的点应充分地多。然后，进行相对定向解算，并根据相对定向结果剔除粗差后重新计算，直至不含粗差为止，必要时可进行人工干预。

（4）多影像匹配自动转点。对每幅影像中所选取的明显特征点，在所有与其重叠的影像中，利用核线（共面）条件约束的局部多点松弛法影像匹配算法进行自动转点，并对每一对点进行反向匹配，以检查并排除其匹配出的同名点中可能存在的粗差。

（5）控制点半自动量测。摄影测量区域网平差时，要求在测区的固定位置上设立足够的地面控制点。

（6）摄影测量区域网平差。利用多像影像匹配自动转点技术得到的影像连接点坐标可用作原始观测值提供给摄影测量平差软件，进行区域网平差解算。

（三）数字测绘成果生产

空中三角测量完成后，可以按照任务要求开展数字测绘成果生产，无人机航空摄影测量成果主要包括数字高程模型DEM、数字正射影像图DOM、数字线划地形图DLG和数字栅格地形图DRG，其中数字栅格地形图DRG不采用直接生产方式，通常采用数字线划地形图DLG转换获取。在数字测绘成果生产过程中，根据输入空中三角测量成果类型的不同，后续作业流程略有差异。若输入空中三角测量加密点成果，则按照先逐步开展内定向、相对定向、绝对定向工序，再进行模型重建工序，最后进行数字测绘成果生产；若输入影像定向参数成果，则直接进入模型重建工序，再进行数字测绘成果生产。

第八章 卫星导航与定位技术及其应用

第一节 卫星导航与定位技术基础

一、卫星导航与定位技术的作用

导航是一个技术门类的总称，它是引导运载体（包括飞机、船舶、车辆以及个人）安全、准确地沿着选定的路线，准时到达目的地的一种手段。导航的基本功能是回答"我现在在哪里？我要去哪里？如何去？"的问题。导航由导航系统完成，包括装在运载体上的导航设备以及装在其他地方与导航设备配合使用的导航台。从导航台的位置来看，主要有：陆基导航系统，即导航台位于陆地上，导航台与导航设备之间用无线电波联系；星基导航系统，导航台设在人造卫星上，扩大覆盖范围，即卫星导航定位。导航是人类从事经济和军事活动必不可少的信息技术。

卫星导航定位的基本作用是向各类用户和运动平台实时提供准确、连续的位置、速度和时间信息。在卫星定位系统出现之前，远程导航与定位主要用无线导航系统。其中，罗兰-C工作在100kHz，由3个地面导航台组成，导航工作区域2000km，一般精度200～300m；Omega（奥米茄）工作在十几千赫，由8个地面导航台组成，可覆盖全球，精度几英里；多普勒系统利用多普勒频移原理，通过测量其频移得到运动物参数（地速和偏流角），推算出飞行器位置，属自备式航位推算系统。这些系统的缺点是覆盖的工作区域小，电磁波传播受大气影响，定位精度不高。

二、卫星导航与定位技术的主要内容

首先，卫星导航定位为民用领域带来巨大的经济效益。卫星导航广泛应用于海洋、陆地和空中交通运输的导航，推动世界交通运输业发生了革命性变化。例如，卫星导航接收

机已成为海洋航行不可或缺的导航工具，国际民航组织在力求完善卫星导航可靠性的基础上推动以单一卫星导航取代已有的其他导航系统，陆上长、短途汽车正在以装备卫星导航接收机作为发展时尚。

卫星导航定位在陆地与海洋测绘、工业、精细农业、林业、渔业、土建工程、矿山、物理勘探、资源调查、地理信息产业、海上石油作业、地震预测、气象预报、环保研究、电信、旅游、娱乐、管理、社会治安、医疗急救、搜索救援以及时间传递、电离层测量等领域得到大量应用，显示出巨大的应用潜力。卫星导航还用于飞船、空间站和低轨道卫星等航天飞行器的定位和导航，提高了飞行器定位精度，并简化了相应的测控设备，推动了航天技术的发展。

卫星导航定位已经渗透到国民经济的许多部门。随着卫星导航接收机的集成微小型化，可以被嵌入其他的通信、计算机、安全和消费类电子产品中，使其应用领域更加广泛。卫星导航用户接收机生产和增值服务本身也是一个蓬勃发展的产业，是重要的经济增长点之一。

其次，卫星导航是军事应用的重要领域。卫星导航可为各种军事运载体导航。例如为弹道导弹、巡航导弹、空地导弹、制导炸弹等各种精确打击武器制导，可使武器的命中率大为提高，武器威力显著增长。卫星导航已成为武装力量的支撑系统和武装力量的倍增器。卫星导航可与通信、计算机和情报监视系统构成多兵种协同作战指挥系统。卫星导航可完成各种需要精确定位与时间信息的战术操作，如布雷、扫雷、目标截获、全天候空投、近空支援、协调轰炸、搜索与救援、无人驾驶机的控制与回收、火炮观察员的定位、炮兵快速布阵以及军用地图快速测绘等。

卫星导航可用于靶场高动态武器的跟踪和精确弹道测量以及时间统一勤务的建立与保持。当今世界正面临一场新军事革命，电子战、信息战及远程作战成为新军事理论的主要内容。导航卫星系统作为一个功能强大的军事传感器，已经成为天战、远程作战、导弹战、电子战、信息战的重要武器，并且敌我双方对控制导航作战权的斗争将发展成为导航战。谁拥有先进的导航卫星系统，谁就在很大程度上掌握了未来战场的主动权。

在我国，卫星导航定位在国民经济建设中也发挥了重要作用，主要表现在以下方面：

（1）交通运输：卫星导航首先在远洋和近海实现了普及应用，尤其是已有10万条渔船装备了GPS接收机，占中国全部渔船的1/3。中国民航做过一些用GPS进行飞机导航和精密近场着陆的试验。但鉴于民航对飞机导航安全性要求很高，且用户为数不多、投资有限，实际投入使用相对迟缓。民航单一应用卫星的前景有待民用卫星导航精度、可用性和完好性的大幅提高。GPS车辆系统的功能一般可分为自我导航和中心对车辆定位并调度指挥（如出租汽车的调度，公安、银行、保险及运输危险物品等部门对车辆的跟踪监控，失窃车辆的自动定位告警等）两类。前者往往需要在微机上自备电子地图和目的地路径引导软件，后者必须与移动通信、指挥调度中心相配套，甚至于全国联网。其移动通信早期常采用专用移动通信网，如集群电话或卫星通信，廉价的方法则是采用公用移动通信网，例如现在中国已经广阔覆盖了GMS移动通信系统，使用其短信息业务尤其经济。指挥控制中心一般通过数据网络与移动通信接口，配置相应容量的计算机系统和数据库，并有按任务需求的地理信息系统和众多远端车辆位置同时在电子地图上显示的能力。总的说来，交通运输与卫星导航相结合，社会效益显著，经济效益巨大。卫星导航用于城市交通管理，可防止交通拥挤和堵塞现象，用于公路管理可提高运输能力30%。

（2）测绘、资源勘探等静态定位：这是国内开展GPS定位应用较早的另一个领域，现已建成连续运行的GPS观测站30多个，从根本上解决了中国测量使用参考框架的问题，其绝对定位精度优于0.1m，相对定位精度优于10^{-7}，比传统测量方法提高效率3倍以上，费用降低50%，精度大幅提高。同时，在过去人迹罕至的高原、沙漠、海洋获得了大量的定位成果，为国家制图、城乡建设开发、资源勘察等做出了贡献。

（3）高精度授时：这是卫星导航应用领域的另一个重要项目。中国长波台的授时精度为微秒级，GPS在取消SA以后有可能获得4ns精度，且装备简易，在国内已经普遍应用，如用于各级计量部门、通信网站和电力输送网等。将卫星导航系统授时接收机做成电子手表，成为商品，更是未来非常巨大的应用市场。

（4）科学研究：利用GPS研究电离层延迟及电子浓度变化规律，建立中国区域的电离层网格模型，完成了全国分布式广域差分科学试验，为广域差分CGPS技术的应用推广做了有益有效的前期工作。地面GPS观测在气象学上的国内应用也逐步受到重视，它可提供几乎连续的、高精度的可降水汽量数据，可用于天气预报。

（5）卫星导航与信息化：一些大中城市已在规划中将GPS信息综合应用服务体系纳入其城市信息化建设计划之中。数字地球、数字中国也离不开卫星导航，卫星导航与个人移动通信手机相结合可能是一个市场规模更大的领域。用手机报警、请求安全援助或医疗急救时，对方非常需要手机的精确位置。在这方面，技术上是成熟的，但只有在GPS组件的成本不致显著增加手机价格时，经济效益才能成为现实。

（6）产业化问题：GPS卫星导航的广泛应用为中国培育了卫星导航用户机的产品市场。但是，产业化需要有较大规模的商业经营运作和价廉物美的规模化产品。目前，这方面差距很大。我们所用的设备，尤其是基础性产品，几乎全部是进口的。因此，必须大力解决专用核心芯片和OEM板的生产问题，从而促进导航用户机的产业化发展。

第二节 GPS定位原理及应用

一、GPS系统的组成

GPS由3个独立的部分组成:空间部分——GPS卫星星座部分;地面控制部分——地面监控系统;用户设备部分——GPS信号接收机部分。

空间部分使用24颗高度约20200km的卫星组成卫星星座。21+3颗卫星(21颗工作卫星,3颗备用卫星)均为近圆形轨道,运行周期约为11h58min,分布在6个轨道面上(每轨道面4颗),轨道倾角为55°。卫星的分布使得在全球的任何地方、任何时间都可观测到4颗以上的卫星,并能保持良好定位解算精度的几何图形(DOP),这就提供了在时间上连续的全球导航能力。在2万千米高空的GPS卫星,当对地球来说自转一周时,它们绕地球运行两周,即绕地球一周的时间为12恒星时。这样,对于地面观测者来说,每天将提前4min见到同一颗GPS卫星。位于地平线以上的卫星颗数随着时间和地点的不同而不同,最少可见到4颗,最多可见到11颗。GPS卫星向广大用户发送的导航电文是一种不归零的二进制数据码D(t),码率fd=50Hz。为了节省卫星的电能,增强GPS信号的抗干扰性、保密性,实现遥远的卫星通信,GPS卫星采用伪噪声码对D码作二级调制,即先将D码调制成伪噪声码(P码和C/A码),再将上述两噪声码调制在L1、L2两载波上,形成向用户发射的GPS射电信号。因此,GPS信号包括两种载波(L1、L2)和两种伪噪声码(P码、C/A码)。这4种GPS信号的频率皆源于10.23MHz(星载原子钟的基频)的基准频率。

地面控制部分包括5个监测站、3个注入站和1个主控站。监测站设有GPS用户接收机、原子钟、收集当地气象数据的传感器和进行数据初步处理的计算机。监控站的主要任务是取得卫星观测数据并将这些数据传送至主控站。监测站均为无人值守的数据采集中心。

主控站接收各监测站的GPS卫星观测数据、卫星工作状态数据、各监测站和注入站自身的工作状态数据。根据上述各类数据,完成以下3项工作:

(1)及时编算每颗卫星的导航电文并传送给注入站。

(2)控制和协调监测站间、注入站间的工作,检验注入卫星的导航电文是否正确以及卫星是否将导航电文发给了GPS用户系统。

（3）诊断卫星工作状态，改变偏离轨道的卫星位置及姿态，调整备用卫星取代失效卫星。

注入站接收主控站送达的各卫星导航电文并将之注入飞越其上空的每颗卫星。用户设备部分主要由以无线电传感和计算机技术支撑的GPS卫星接收硬件、机内软件以及GPS数据处理软件构成。接收机接收GPS卫星发射信号，以获得必要的导航和定位信息，经数据处理，完成导航和定位工作。GPS接收机的结构分为天线单元和接收单元两大部分。对于测地型接收机来说，两个单元一般分成两个独立的部件，观测时将天线单元安置在测站上，接收单元置于测站附近的适当地方，用电缆线将两者连接成一个整机。也有的将天线单元和接收单元制作成一个整体，观测时将其安置在测站点上。GPS信号接收机的任务是捕获到按一定卫星高度截止角所选择的待测卫星的信号，并跟踪这些卫星的运行，对所接收到的GPS信号进行变换、放大和处理，以便测量出GPS信号从卫星到接收机天线的传播时间，解译出GPS卫星所发送的导航电文，实时地计算出测站的三维位置，甚至三维速度和时间。

GPS数据处理软件是GPS用户系统的重要部分，其主要功能是对GPS接收机获取的卫星测量记录数据进行"粗加工""预处理"，并对处理结果进行平差计算、坐标转换及分析综合处理，解得测站的三维坐标，运动物体的坐标、运动速度、方向及精确时刻。

二、GPS定位原理

GPS定位的基本原理是根据高速运动的卫星瞬间位置作为已知的起算数据，采用空间距离后方交会的方法，确定待测点的位置。GPS定位的关键是测量接收机到卫星的距离。根据测量距离采用的GPS信号观测量不同，GPS定位的基本方法一般分为伪距测量与载波相位测量。

三、GPS定位的误差源

在GPS定位中出现的各种误差按其来源大致可分为3种类型。

（1）与卫星有关的误差主要包括卫星轨道误差、卫星钟的误差、地球自转的影响和相对论效应的影响等。

（2）信号传播误差，因为GPS卫星是在距地面20200km的高空中运行，CPS信号向地面传播是要经过大气层，因此，信号传播误差主要是信号通过电离层和对流层的影响。此外，还有信号传播的多路径效应的影响。

（3）观测误差和接收设备的误差通常可采用适当的方法减弱或消除这些误差的影响，如建立误差改正模型对观测值进行改正，或选择良好的观测条件，采用恰当的观测方法等。

四、GPS技术的定位模式

GPS技术按待定点的状态分为静态定位和动态定位两大类。静态定位是指待定点的位置在观测过程中固定不变的，如GPS在大地测量中的应用。动态定位是指待定点在运动载体上，在观测过程中是变化的，如GPS在船舶导航中的应用。静态相对定位的精度一般在几毫米至几厘米范围内，动态相对定位的精度一般在几厘米到几米范围内。对GPS信号的处理从时间上划分为实时处理及后处理。实时处理就是一边接收卫星信号一边进行计算，获得目前所处的位置、速度及时间等信息；后处理是指把卫星信号记录在一定的介质上，回到室内统一进行数据处理。一般来说，静态定位用户多采用后处理，动态定位用户多采用实时处理或后处理。

按定位方式，GPS定位分为单点定位和相对定位（差分定位）。单点定位就是根据一台接收机的观测数据来确定接收机位置的方式，它只能采用伪距观测量，可用于车船等的概略导航定位。相对定位（差分定位）是根据两台以上接收机的观测数据来确定观测点之间的相对位置的方法，它既可采用伪距观测量，也可采用相位观测量，大地测量或工程测量均应采用相位观测值进行相对定位。测地型GPS接收机利用卫星载波相位进行静态相对定位，可以达到$10^{-6} \sim 10^{-8}$的高精度，但是为了可靠地求解整周模糊度，必须连续观测一两个小时或更长时间，这就限制了其实际应用，于是解决这一问题的各种方法应运而生。例如，采用整周模糊度快速逼近技术（FARA）使定位时间缩短至5min，称为快速静态定位。在GPS观测量中包含了卫星和接收机的钟差、大气传播延迟、多路径效应等误差，在定位计算时还要受到卫星广播星历误差的影响，在进行相对定位时大部分公共误差被抵消或削弱，因此定位精度大大提高。双频接收机可以根据两个频率的观测量抵消大气中电离层误差的主要部分，在精度要求高、接收机间距离较远时（大气有明显差别），应选用双频接收机。

五、GPS-RTK技术

常规的GPS测量方法，如静态、快速静态、动态测量都需要事后进行解算才能获得厘米级的精度，不能实时提交成果和实时评定成果质量。差分GPS技术的出现，克服了上述困难，位置差分、伪距差分、相位平滑伪距差分等能实时以米级的精度给定载体位置，满足了城市交通、导航和水下地形测量等要求。载波相位差分技术又称RTK技术（Real Time Kinematic），通过对两测站的载波相位观测值进行实时处理，能够实时提供厘米级的三维坐标。其原理是由基准站通过数据链实时将其载波相位观测值及基准站坐标信息一起传送给用户站，用户站将接收的卫星载波相位与来自基准站的载波相位组成相位差分观测值，通过实时处理确定用户站的坐标。流动站可处于静止状态，也可处于运动状态；可在固定点上先进行初始化后再进入动态作业，也可在动态条件下直接开机，并在动态环境下完成模糊度的搜索求解。所谓数据链是由调制解调器和电台组成，用于实现基准站与用户之间的数据传输。RTK技术的关键在于数据处理技术和数据传输技术，RTK定位时要求基准站接收机实时地把观测数据（伪距观测值、相位观测值）及已知数据传输给流动站接收机，数据量比较大，一般都要求9600的波特率，这在无线电上不难实现。

GPS-RTK技术是GPS应用的重大里程碑，它的出现为工程放样、地形测图、控制测量带来了新曙光，极大地提高了外业作业效率。

六、GPS技术的特点

（一）高精度

GPS技术可以实现毫米级别的测量精度，能够满足高精度测量的需求。GPS技术的高精度特点是由多个因素共同作用产生的，包括多星定位、精密时钟、多路径抑制、差分定位和精确轨道等。具体来讲，多星定位就是GPS接收机可以同时接收多颗卫星发射的信号，通过对这些信号进行处理，可以实现高精度的定位；精密时钟是GPS接收机内置高精度的时钟，能够精确地计算信号的传播时间，从而实现高精度的定位；多路径抑制是GPS技术可以通过多路径抑制技术来抑制信号的多次反射，从而减少误差，提高测量精度；差分定位是通过将GPS接收机与基准站进行配合，进行差分计算，从而消除大气、钟差等误差，提高定位精度；精确轨道是GPS卫星的轨道是精确测量和计算的，因此可以提供高精度的定位服务。总之，GPS技术的高精度特点使得GPS技术在许多领域具有广泛的应用前景，如航空、航海、车辆导航、地质勘探、灾害预警、气象预报、农业生产等。

（二）覆盖面广

GPS技术的覆盖面广是指它可以实现全球范围内的定位和测量，这一点是GPS技术的重要特点之一。GPS技术可以实现全球覆盖，无论在哪个地方，只要接收到卫星信号，GPS技术就可以进行定位和测量。GPS技术不受地域限制，可以在陆地、海洋、空中进行定位和测量，适用范围广泛。GPS技术可实现跨国使用，它是一种国际标准，各国都可以使用，具有协作性和兼容性。此外，GPS系统由多颗卫星和地面站组成，具有高度可靠性和稳定性，即使有卫星故障，也可以通过其他卫星实现定位和测量。

（三）实时性强

GPS技术可以实时进行定位和测量，能够满足实时需要。GPS技术无论在何时何地，只要能够接收到卫星信号，GPS技术就可以进行定位和测量。GPS系统中的卫星和地面站会不断更新位置和时间信息，接收机可以实时接收这些信息，从而实现实时更新。GPS技术可以通过差分定位技术，实时进行大气、钟差等误差的纠正，提高定位精度。此外，GPS技术可以通过显示屏等方式，实时反馈定位和测量结果，便于用户进行实时监控和调整。

（四）易于应用

GPS技术应用方便，不需要复杂的测量设备，只需要一个GPS接收机就可以实现定位和测量，而且GPS接收机的价格越来越低，已经可以用非常低廉的价格购买到具有较高性能的GPS接收机。GPS接收机体积小、重量轻，便于携带，可以随时随地进行定位和测量。GPS技术的操作也简单易懂，只需按照说明书进行设置和调整，就可以进行定位和测量。GPS技术还可以与其他技术进行整合，如地理信息系统、无线通信等，从而提高定位和测量的效率和精度。

（五）大数据量

GPS技术的大数据量主要来自卫星发射的信号和接收机接收到的信号数据。GPS技术可以产生大量的数据，可以用于各种应用领域。GPS技术的大数据量主要表现在以下几个方面。一是高速数据传输。GPS技术需要快速传输大量的数据，以便实现实时定位和测量。为了实现高速数据传输，GPS系统采用了高速数据传输协议，如NMEA0183和RTCM等。二是大容量存储。GPS技术需要存储大量的数据，以便进行后续的分析和处理。因此，GPS接收机通常配备有大容量的存储器，如SD卡、CF卡等，以便存储大量数据。三是大数据分析。GPS技术产生的大量数据需要进行分析和处理，以便提取有用的信息。GPS技术可以通过数据挖掘和机器学习等方法，对大量数据进行分析和处理，以便提取有用的信息。四是数据共享。GPS技术产生的大量数据可以进行共享，以便实现更广泛的应用。GPS技术可以通过数据共享平台，如云平台、物联网平台等，对数据进行共享和交流。

七、影响GPS定位精度的因素

与传统大地测量相同，GPS测量也受各种误差的影响。GPS的测量误差按性质可以分为系统误差和偶然误差两类。偶然误差主要包括信号的多路径效应引起的误差和观测误差等，系统误差主要包括卫星的轨道误差、星历误差、卫星钟差、接收机钟差以及大气折射误差等。系统误差无论从误差的大小还是对定位结果的危害性都比偶然误差大得多，它是GPS测量的主要误差源。

GPS测量误差按误差的来源可分为与GPS卫星有关的误差、与信号传播有关的误差、与接收设备有关的误差及人为因素产生的误差。

（一）与GPS卫星有关的误差

与GPS卫星有关的误差主要包括卫星星历误差、卫星钟误差、地球自转的影响和相对论效应的影响等。在实际工作中，可以采用差分技术减少或消除GPS卫星钟误差和卫星星历误差，用轨道改进法和精密星历后处理方法减少GPS卫星星历误差。

（二）与信号传播有关的误差

GPS信号向地面传播时要经过大气层，信号传播的误差主要有电离层折射误差、对流层折射误差、多路径误差等。对于电离层延迟的影响，可以通过以下途径解决：利用电离层模型加以改正，利用双频接收机减少电离层延迟，用两个观测值同步观测误差。减少对流层折射对电磁波延迟影响的方法有利用模型改正，利用基线两端同步观测求差（适用于气象条件较稳定、基线较短，精度要求不很高的情况）。消除多路径误差的途径有适当选择测站的站址，选择配置抑径圈或抑径板的GPS接收机，观测足够长的时间。

（三）与接收设备有关的误差

与接收设备有关的误差主要有接收机钟差、天线相位中心的位置偏差等。通常可采用适当的方法减弱或消除这些误差的影响，如建立误差改正模型对观测值进行改正，或选择良好的观测条件、采用恰当的观测方法等。

（四）人为因素产生的误差

SA技术称为选择可用性技术，即人为地引入卫星钟误差，故意降低GPS定位精度。接收机的整平对中误差是指在测段间重新整平对中仪器，以减少接收机的整平对中误差。同时还要求将天线盘上方标志指北（偏差在5°以内）便于对接收机相位中心偏差进行改正。

八、GPS控制网

通常将应用GPS卫星定位技术建立的控制网称为GPS网。

（一）GPS控制网分类

（1）GPS控制网按服务对象可以分成两大类。一类是国家或区域性的高精度的GPS控制网，这类GPS网中相邻点的距离通常是从数百千米至数千千米，其主要任务是作为高精度三维国家大地测量控制网，以求定国家大地坐标系与世界大地坐标系的转换参数，为地学和空间科学等方面的科学研究服务，或者是对GPS控制网进行重复观测，用以研究地区性的板块运动或地壳边形规律等问题。另一类是局部性的GPS控制网，包括城市或矿区GPS控制网或其他工程GPS控制网。这类网中相邻点间的距离为几千米至几十千米，其主要任务是直接为城市建设或工程建设服务。

（2）GPS控制网按其工作性质可以分成外业工作和内业工作两大部分。外业工作主要包括选点、建立测站标志、野外观测作业等；内业工作主要包括GPS控制点的技术设计、数据处理和技术总结等。

（3）GPS控制网按其工作程序可以分成GPS控制网的技术设计、仪器检验、选点与建造标志、外业观测与成果检核、GPS网的平差计算以及技术总结等若干个阶段。

（二）GPS控制网布设原则

（1）GPS网一般应通过独立观测边构成闭合图形，以增加检核条件，提高网的可靠性。

（2）GPS网点应尽量与原来地面控制点相重合。重合点一般不应少于3个（不足时应联测）且在网中分布均匀，以便可靠地确定GPS网与地面网之间的转换参数。

（3）GPS网点应考虑与水准点相重合，而对于非重合点，一般应根据要求以水准测量方法（或相当精度的方法）进行联测，或在网中布设一定密度的水准联测点，以便为大地水准面的研究提供资料。

（4）为了便于观测和水准联测，GPS网点一般应设在视野开阔和容易到达的地方。

（5）为了便于用经典方法联测或扩展，可在网点附近布设一个通视良好的方位点，以便联测方向。方位点与观测站的距离，一般应大于300m。

（四）GPS控制网实测步骤

（1）概况介绍。介绍测区地理位置、交通情况、控制点分布情况、居民点分布情况及当地风俗民情等。收集测区已有地形图、控制点成果、地质、气象等方面的资料。

（2）起始数据与坐标系统说明。GPS测量得到的是GPS基线向量，是属于坐标系的三维坐标差，而在实用上需要得到属于国家坐标系或地方坐标系的坐标，因此，必须说明GPS网的成果所采用的起始数据和起算数据所采用的坐标系统。

（3）GPS的网形设计和观测计划的制定。观测设计分为GPS网形设计和观测计划的制定。网形设计对保证GPS定位的精度与可靠性有着重要的意义。用两台接收机进行相对定位测量可以解算出一条基线（两点之间的坐标差）。用3台接收机进行相对定位测量可以同时解算出3条基线，这3条基线组成一个同步环。若用4台接收机进行相对定位测量，则可同时解算出6条基线并组成多个同步环。由不同时段观测值解算出的基线组成异步环，设计GPS网时，应当由多个时段的观测基线构成多个异步环。异步环越多，多余观测数越多，GPS网精度越高，可靠性越强。网形设计完成后，应在实地选定点位，然后制定观测计划。观测计划包含预报观测日期、GPS卫星的几何分布情况，以便确定在至少有4颗以上卫星并且其几何分布参数（PDOP）适宜的情况下进行观测。观测计划的另一部分内容就是实施观测的组织工作。

（4）GPS外业观测。GPS定位的野外观测比经纬仪测角、测距仪测边要简便得多，只需将GPS接收机天线安置在测站点上，对中并量取天线高度。开机后仅需输入测站编号、观测8期和量取天线高，并在观测中注意接收机工作是否正常即可。静态相对定位一般观测几十分钟即可达到相应的精度。观测时接收机将采集的数据存储在接收机的存储器上。

（5）GPS基线向量的计算及检核。GPS测量外业观测过程中，必须每天将观测数据输入计算机，并计算GPS基线向量。这一计算工作通常应用仪器厂家提供的软件来完成，也可以应用国内研制的软件完成，并及时对同步环闭合差、异步环闭合差以及重复边闭合差进行检查计算，闭合差应符合规范要求。

（6）GPS网的数据处理。数据处理分为预处理和后处理。预处理的主要内容是根据两台以上接收机同步观测的数据解算出两点之间的基线向量及其方差、协方差；检核同步环闭合差和异步环闭合差是否符合限差的要求，以便确定是否需要重新观测。后处理包括基线向量网的平差及其坐标的转换，最后得到实用的控制点的坐标。

第三节　GPS定位技术的展望

一、GPS技术在公路平面控制测量中的应用展望

（一）GPS技术在公路平面控制测量中的优势

GPS技术在公路平面控制测量中具有以下应用优势：

1.高效性

一是GPS技术可以实现对公路平面控制点的快速测量和定位，无须架设设备和布置测量控制点，可以大大提高测量效率和工作效率。二是GPS技术可以实现自动化的测量操作，测量人员只需携带GPS接收机进行现场测量，无须进行复杂的测量操作，减少了人力

成本和工作量。三是GPS技术可以将测量结果实时传输到计算机或移动设备上，进行数据处理和分析，实现信息化管理和决策，进一步提高了工作效率。四是GPS技术还可以通过差分技术实现误差校正，提高测量精度和准确性，进一步提高了工作效率。

2.精度高

GPS技术通过多种技术手段，可以提高公路平面测量的精度和准确性，满足不同精度要求的实际测量需求。第一，GPS技术可以通过差分技术进行误差校正，消除多种误差因素对测量结果的影响，从而提高测量精度和准确性。第二，GPS接收机采用多频率接收技术，可以消除大气延迟误差，提高测量精度。第三，GPS技术利用反演算法进行数据处理，可以降低数据噪声和误差，提高测量精度和可靠性。第四，GPS技术的高精度接收机可以实现更高的测量精度和准确性，达到毫米级的精度要求。

3.便捷性

GPS技术可以在不受时间和空间限制的情况下进行测量，可以随时随地进行测量，便于工程实施和管理。一是实时监控。GPS技术可以实时监控公路平面的变形和沉降情况，及时发现和解决问题，保证公路的稳定性和安全性。二是精准测量。GPS技术可以实现对公路平面的精确测量和定位，为工程实施提供准确的基础数据和参考依据。三是数据分析。GPS技术可以将测量数据实时传输到计算机或移动设备上进行数据处理和分析，实现信息化管理和决策，为工程实施和管理提供更科学的决策依据。四是无须物理接触。GPS技术的测量操作无须物理接触，可以避免测量人员对公路交通的影响，也可以保护测量设备和测量环境，提高了便捷性和安全性。

4.经济性

与传统的平面控制测量相比，GPS技术具有较低的测量成本和周期，可以降低工程测量的成本和时间。比如GPS技术可直接携带GPS接收机进行测量的特点，省去了布设控制点的时间和成本，提高了测量效率和降低了成本；GPS技术可以在较短的时间内完成公路平面的测量，缩短了测量周期；GPS技术的测量操作无须物理接触的特点降低了人力物力成本；GPS技术可以将测量结果实时传输到计算机或移动设备上进行数据处理和分析，实现信息化管理和决策，减少了人为误差，降低了测量成本。需要注意的是，GPS技术在公路平面控制测量中也存在一些局限性，如信号遮蔽、多路径效应、大气延迟等问题，需要进行误差校正和精度评估，以提高测量精度和准确性。同时，GPS测量的数据也需要与传统的地面控制测量数据进行比对和校正，以确保测量结果的准确性。

（二）GPS技术在公路平面控制测量发展中的具体应用

GPS技术在公路平面控制测量中有着广泛的应用，它可以实现公路平面三维测量，可以对公路平面的高度、长度、宽度等进行精确测量，提高测量效率和精度，为公路建设和管理提供更高效的技术支持和决策依据。具体步骤如下：

一是布设控制点。根据公路平面控制测量的实际需要，在公路平面上布设一定数量的控制点，控制点的布设密度应根据测量范围和精度要求确定，一般情况下，控制点的间距应在100米以内。控制点的坐标应根据精度要求进行测量和计算，并进行误差分析和校正。控制点的位置应尽可能分布在测量区域的各个方向和位置，以保证整个测量过程的可靠性和精度。

二是建立基准站。在公路平面控制测量区域内建立一到多个GPS基准站。基准站的位置应该尽量靠近控制点，并且需要进行高精度测量和校正，以确保测量精度和准确性。

三是安装接收天线。在控制点上安装GPS接收天线，用于接收GPS信号，并且通过接收器将数据传输给计算机。

四是数据采集。在采集数据前，需要进行一些准备工作，如设置采样时间、数据清零、数据存储等。然后启动GPS接收机，对控制点进行数据采集，并记录采集时间、接收机编号等信息，再将采集到的GPS数据传输至数据处理中心进行数据处理和分析。

五是数据处理。对采集到的数据进行处理和分析，包括数据校正、数据平滑、数据拟合等。通常需要使用专业的GPS数据处理软件，如Trimble Business Center、Leica Geo Office等。通过GPS数据处理，可以计算出各控制点的坐标信息，包括经度、纬度、高程等。

六是结果输出。将处理后的测量结果输出到CAD或GIS软件中，生成测量图纸和报告。通常需要将测量结果与实际地形进行对比和验证，以确保测量结果的准确性和精度。通过控制点坐标计算，可以建立公路平面的平面坐标系，以便后续工作的进行。

七是建立高程基准面。通过控制点的高程信息，可以得到高程坐标和水平位置的精确数值，然后可以根据这些数据建立公路平面的高程基准面，并将其固定在国家大地基准上。建立高程基准面后，需要对其进行验证和调整，以保证其精度和准确性。通常需要使用其他高程测量技术，如水准测量、重力测量等，对高程基准面进行验证和调整，以便实现公路平面的高程测量。

八是进行三维测量。根据建立的平面坐标系和高程基准面，对公路平面进行三维测量，包括高程测量、形态测量、曲率测量等。通过GPS技术可以对公路平面高程进行测量，获取公路高程数据，为公路设计、施工和维护提供基础数据和参考依据；GPS技术可以对公路平面的形态进行测量和分析，获取公路几何形状和曲线特征，为公路设计和改造提供参考数据；通过GPS技术可以对公路平面曲率进行测量，获取公路曲率半径数据，为公路的设计和施工提供参考数据。

二、GPS-RTK测量技术在水利工程测绘中的应用展望

（一）GPS-RTK测量技术优势分析

GPS-RTK是一项以现代化科技为基础的技术，具有明显的技术优越性，在使用时不会受到地形、环境、天气等因素的干扰，可以在一定范围内进行实时的数据采集。在水利领域，GPS-RTK技术在水文地质勘测中有着明显的优越性。在实际应用中，数据采集和记录都要由两个或多个技术人员共同进行，通过电子仪器对资料进行分析和处理，确保数据的可信度和准确性。在缺少技术人员的情况下，通过使用终端进行相应的测绘和记录，可以提高测绘工作的质量和工作效率，从而减少了人工费用。采用GPS-RTK技术和网络技术相结合，可以在最短的时间里进行数据的处理和记录，从而大大地改善了资料的处理和分析速度，大大地加快了项目的进度。而GPS-RTK技术在水利工程中的运用，主要是由于其操作方便，能够实现图像的自动传输，增强数据的直观和美观，减轻了工作的繁重程度，提高了工作的工作质量，节约了水电项目的投资，从而使整个项目的经济效益得到了明显的改善。

（二）GPS-RTK测量技术的发展在水利工程中应用

1.测量应用要点分析

（1）高速测绘：采用GPS-RTK技术，实现对仪器的测绘和卫星信号的调整，提高了测绘的速度和品质，减少了测绘中的错误。在特定的使用中，由电脑模组完成自动读写，只需确定作业地点即可使整个作业流程顺利进行。

（2）快速采集：在水利水电工程中，对工程资料的收集是十分必要的。GPS-RTK技术在地图上的应用是以卫星技术为基础，利用地图上的地貌特征，建立一个整体的GIS系统。运用卫星遥感技术能够对工程建设中的不稳定因素进行定位和监控，充分发挥这项技术强大的输出能力，对所收集的资料进行分析。另外，该技术还可以通过数据库的迅速查找，对重点区域进行数据的判定，从而增强了数据的精确度。

（3）高效分析：GPS-RTK技术在应用过程中，通过对数据进行处理，从而生成特定的数字化地图。第一，将采集到的资料按照自身的特征和属性进行归类，然后再进行相关的分析和研究。在此基础上，利用电脑技术进行综合的分析，其中需要考虑到交通、环境等因素，从而使资料的分析处理更加完备和精确。第二，通过对周围环境的数据进行处理，使测绘结果与周围的地形地貌具有很好的一致性，为后续的工程建设工作奠定基础。

2.GPS技术的应用

当前我国经济的迅速发展，西部大开发战略的不断深入，使GPS技术的应用越来越广泛，其中包括工程勘测、大地测量、导航等众多领域，且已取得良好的应用效果。随着

"3S"技术（GPS、CIS、RS）的出现与相结合，使信息采集、处理功能得到拓宽，使信息的可靠性得到保障。

3.GPS技术在水利工程测量中的应用

（1）加密控制点的测量：控制测量是进行一次测量的最基本环节，而通常的水利项目大多地处边远地区，地区的原因对测控工作的影响很大。在工程实践中，使用频率较高的是测距仪器的引线和三角网法，但其测绘的准确性受多种因素的制约，而且其工作任务繁重。但是在应用GPS-RTK技术的基础上，就可以得到很好的测绘结果，该方法具有操作简便、劳动强度低、运行速度快等特点。

（2）水下地形测量：水下地貌的观测是水利水电工程中比较困难的一个环节，其原因是水底地形的复杂性会导致测绘工作面临较大的困难，水深也会导致难以观测。通常情况下，测绘仪、三杆分度仪都会在工作中使用，但在观测过程中存在着工作量较大、准确率不高和人力成本较高等问题。GPS-RTK技术在水利测绘领域得到了很大的发展，包括海洋测绘软件、中海达数码单，该技术通过与电脑相连，可以确保精确的位置，并将GDP和测深器的资料输入电脑上，通过海洋测绘软件对海底地图进行分析，能够为以后的软件编制海底地图打下坚实的基础。将GPS技术用于海底地貌的测绘，可以极大地降低工程的繁重度，提高测绘的准确率，同时也为以后的GIS建设和运行打下了基础。

（3）施工放样测量：RTK技术在水利水电工程的测绘中得到了广泛的运用。将所确定的坐标系作为目标点，并将其输入，校正则以实际流动地点的坐标为主要依据，电子屏幕上会出现实际待测点与目标之间的偏差，以流动工作站的指数来满足精度要求。

（4）数字化地形图测量：了解了坐标系的特征后，利用RTK进行实时位置的确定，通过对数据的获取，可以对地面进行实时的测绘。或根据现场的实际地形条件，进行实时测量绘图，生成的地形点可构成管线的数字地图。在绘制地图的时候，可以由个人来完成，这样可以节省人工和工作的时间。

（5）利用RTK进行"三防"设施：GIS数据的采集根据不同GIS平台的需求，在进行RTK数据采集过程中，将"三防"设施不同的施测点的属性加进去，将每个点的三维坐标对应到位，之后再进行数据的处理。

三、GPS技术在新时代下智能汽车中的应用展望

（一）新时代下智能汽车GPS技术应用研究

1.汽车GPS技术发展

GPS导航是智能汽车发展中最原始的一个功能，也是汽车流行电子中控系统之后较早增加的一项系统功能。其实现原理是在汽车的电子中控系统中增加一个GPS接收器，车辆

通电之后便激活GPS接收器；在汽车信号条件允许的情况下，GPS接收器可以与空中至少4颗GPS卫星建立信号连接，此时便可实现对于车辆的定位；然后，基于车辆已经下载好的离线地图进行位置显示。这便可以简单理解为第一代的汽车GPS。第一代的汽车GPS有较明显的局限性，当时主要应用在一些跑长途的货车上，家用汽车上应用得比较少。

第一代汽车GPS的局限主要表现在接收器体积比较大，耗电较多，信号不稳定，地图主要为离线地图，接收机价格昂贵（高达万元）。而普通的家用汽车本身的电负荷功率都比较小，若是再附带一个较大的GPS接收器，必然会增加车辆的能耗。而且有些小型汽车主要穿梭于城市和农村之间，受到各种建筑物的遮挡，GPS信号可能会出现较大的偏差。同时，离线地图的更新也不是很及时。因此，第一代汽车GPS应用于家用汽车的价值并不是很高。

第二代汽车GPS主要是随着智能终端设备的出现而普及的，尤其是当GPS技术应用到智能手机上之后，民用GPS接收器的价格开始大幅降低，而且GPS的定位精度也得到了一定的提高。起初，由于很多汽车并没有装配GPS接收器的相关构件，因此一些汽车售后维修厂便提供给汽车装上GPS接收器的服务。虽然地图的更新也已经变得相对便捷，但由于一些道路的数据采集并不是很完善，因此当时应用GPS技术的汽车也并不是很多。虽然很多车上都装上了智能中控屏，并附带GPS功能，但整体比较"鸡肋"。随着智能手机的不断发展，手机GPS定位更加准确，而且地图更新也是实时的，人们能利用手机获取相关的路况信息，因此第二代汽车GPS导航功能主要是以手机与汽车结合的形式实现的。现在有些人开车出行，也会由于受制于汽车自身配置及驾驶习惯的影响，仍使用手机作为主要的导航工具。

第三代汽车GPS为智能GPS，与第二代相比，汽车的智能中控系统可以直接联网。在联网之后，汽车中控系统便可以基于云数据库实现对汽车的智能化辅助，比如实时更新地图数据，包括路况信息、车辆行驶速度、城市限行信息等。第三代汽车GPS定位已经相对准确，误差几乎在1m之内。在信号较为优越的情况下，不仅可以反映出汽车的位置和速度，同时还可以反映出汽车的行驶状态，便于对汽车进行精准化导航，避免出现导航错误。而这也是目前智能汽车自动驾驶技术的一个发展基础。目前，较为先进的新能源汽车基本上都已经安装了第三代的汽车GPS。

2.智能汽车GPS作用

智能汽车GPS并不是一个单纯的定位系统，可提供各种地图数据，如高速公路、普通公路等道路系统上的加油站、旅店、超市、景点停车场等一系列资料。该系统不仅能够结合汽车实际使用的需要实时定位汽车的位置，同时也能提供相应的功能导航，满足车辆使用人员的各项需求。尤其是车辆要实现自动驾驶的话，首先要能够实现对于路线的智能规划。现阶段可以借助第三方地图软件，比如百度地图、高德地图、腾讯地图等。这些地图软件都已具备路线规划及导航的功能。基于汽车GPS功能及各种传感器，可进一步实现汽车自动驾驶功能。

（三）智能汽车GPS设计及实现

1.智能汽车GPS结构

目前智能汽车的生产和制造主要是基于已经成熟的第三方软件，然后再结合目前较为成熟的5G技术实现汽车的多媒体系统与云端数据库交互，从而达到汽车智能控制的目的。5G技术具有数据携带量大、传播速度快等优点，完全可以满足现阶段智能汽车的发展需要。智能汽车的GPS还要与车身自带的摄像机、激光雷达、传感器等多项电子设备联系在一起，将GPS技术与多项技术进行融合。

2.搭建定位平台

智能汽车的定位平台是整个车辆的控制和指挥中心，主要起到对车辆自动驾驶的指挥作用，其通过将采集到的各项数据与GPS信号相融合，对汽车目前的空间位置、运行状态及下一步的运行目标进行分析，向车体的相关控制单元发出对应的控制指令，从而达到智能控制的目的。在这一过程中，涉及的数据量比较庞大，因此要求汽车数据处理系统的性能比较高，具有快速运算的能力，同时还要求各系统之间的数据采集和发布具有较强的兼容性，基于一定的连接框架，保证数据的有效传递。定位平台搭建起来后，最重要的是智能汽车的中控系统。目前，不同的汽车企业设计的数据处理流程不同。可以基于平台快速实现模块化算法的搭建，便于各种传感器功能的附加，同时便于整个汽车软件功能的升级和开发。无论是哪种改进，其本质目的都是进一步实现汽车智能化发展。

（三）智能汽车GPS融合功能实现层次

目前，GPS与智能汽车的融合已经相对成熟，一些硬件和软件问题基本上已解决，主要是缺乏对于系统的优化及相关云数据库的建立和维护。智能汽车的驾驶功能从原本的纯辅助性驾驶开始朝代替驾驶员驾驶的方向发展。在这一过程中，不仅需要不断优化汽车的性能，而且需要国家能开放这样的道路测试，为智能汽车的进一步发展提供支持。从基础设施的角度来讲，需要借助现代测绘技术加强对现有路段的精准测绘，并完善道路的数据库，比如对汽车在不同路段的转向角度、起伏度等数据进行收集。

由于存在一些GPS信号接收不良的区域，因此要完善车辆自身的识别系统，保证车辆在无法接收GPS信号的情况下，也能够实时分析出自身所在的空间位置、行驶速度、行驶方向和下一步的控制调整要求等。目前，在自动驾驶技术的使用中，在无法接收GPS信号和明确识别地点的区域，仍需要依靠人工驾驶。一些发达国家开始加大针对GPS信号盲区的智能辅助体系的建设，比如在一些隧道内、湖边等GPS信号不良的区域，建设更多的GPS信号收发基站；增加一些路面智能汽车识别标志，方便智能汽车可以基于对特殊标志的信息读取，确定运行状态。

四、建筑工程测量中GPS测绘技术的应用展望

（一）工程制图测绘

GPS技术在工程图纸中分三个步骤执行。系统首先定位测量点，然后创建测量图形点，最后进行观测。系统的平面图应放在广阔的视野内，以确保规划过程的安全性和方便性，避免GPS卫星的发送和接收受到干扰。指定系统定位的测量点后，必须在测量点技术图形所基于的图纸上准确记录测量点。为GPS测量技术建立测量点时，会先使用提示点和提示点建立两个测量点，然后安装GPS标记，GPS标记随工程制图环境的变化而变化。设置系统端号并创建GPS绘图点后，应开始进行技术分析。GPS定位系统中最重要的字符技术是观测，根据室外拍摄的结果，对使用GPS技术制作的工程图纸进行了精确匹配，仅当图面与观测结合时，才能确保工程设计资料的精确度。GPS技术与以前的测量技术相比提高了建筑生产率。很明显，它被用于许多不同的工程领域。工程行业GPS技术基于测量理论，克服了传统的局限性和变化，启用测量模式。基于当前技术水平和GPS技术水平随着技术的发展和进步，GPS技术被应用于未来的技术绘图中，技术应用需要有更大的应用目标范围和更大的发展空间。

（二）定线测量技术

将定线测量技术应用于系统可以使资料更精确、更完整，这是顺利工作的基础和前提。在传统的工作模式中，对工作人员的要求很高，这需要各部门之间的有效合作。GPS测量技术的使用可以极大地便利技术测量工作，有助于控制时间和工作量，实现良好的效益。起点位置的确定是测量过程中的一个关键点，应连续编号以确定要测量点的基准位置。输入相关参数和测量值后，使用特殊设备进行测量，该设备可以显示在显示屏上，以直观地显示测量活动。对测量数据进行比较分析时，如果差异较大，应确定影响因素，及时修复错误数据，并将对设计的负面影响降至最低。特别是在参数输入错误的情况下，可以手动校准以确保良好的测量结果。工程建设需要高效的数据源来改进工程项目建设质量，所以准确地测量是非常重要的。

GPS技术在复杂工程中的测量还将应用该部分并显示函数。测量、设计和施工中的精密设计准确支持数据并开发数据方案作为建筑标准项目构建级别。GPS测量技术在工程开发中具有相当大的优势，特别是对于某些大型隧道工程，测量数据更为准确，可用于以后

的施工。可用于许多应用的简单GPS技术的可靠基础。GPS（卫星）测量后，可以制定具体的施工方案，以提高施工质量。

（三）实时测绘

需要实时动态图（RTK）技术来确定测量位置。安装GPS接收机后需要确定其位置，在该站连接到GPS卫星后记录采集的测量数据，并将测量数据传输到中央或移动测量站。然后由该站汇总数据，使用GPS导航原理进行比较，并使用计算机系统确定交通监控的准确位置，从而实现地图的动态显示。

（四）控制测量技术

获取建筑表面数据是测量建筑工程的一项重要任务。此外，应明确划定边界，并与其他建筑工程进行全面协调，以避免冲突对工程进度和质量造成威胁。工程项目的类型和数量逐年增加，特别是在现代化趋势的背景下。在施工过程中还应考虑到其他工程的影响，加强对测量技术监测所涉地区情况的综合分析和评估，根据现实情况制定相应的预防和治疗方案，并减少施工风险。模块化是控制测量技术的主要优势，相关细节收集更加全面及时，对周围地形、地质和水文条件的勘探为设计工作奠定了坚实的基础，并大大提高了工作效率。

五、GPS技术在变形监测中的应用展望

（一）GPS技术在变形监测中的应用

1.在大地测量中的应用

目前GPS应用于变形监测中，可以确保建筑物的安全性和稳定性，而GPS是全球定位技术的一个简称，相比于传统测绘作业方法，它具有很多优势，适用性比较强，它是以全天候、高效率、实时动态为优点。相关监测人员应将GPS技术应用在大地测量中，这就需要通过建立全球性大地控制网，进而提供高精度的地心坐标。现今阶段，我国已经建成了平均长约一百千米的GPSA级网，这也为相关测绘工作提供了极大的支持，而为了保障大地测量工作朝着理想化方向有序进行，监测人员也要建立各级测量控制网，并借助GPS技术，使海岛和全国大地网连接成一个整体。

2.在工程测量中的应用

近年来，GPS技术得到快速的发展，如今被应用在变形监测领域中，其可以为监测人员工作提供一定的帮助，实现高效展开变形监测的目的。随着社会经济的不断发展，GPS技术也被应用在工程测量领域中，其主要通过布置精密工程控制网来实现有效测量的目

的。在我国有很多行业已经将GPS技术成功地应用起来，特别是对于建筑行业来讲，应用于桥梁变形监测中的案例也是比较多的，GPS技术的应用有很多优点，比如全天候、自动化测量。但是由于工程测量本身比较复杂，测量人员可以利用GPS技术降低测量工作难度系数，当然在实际测量过程中也要做好数据处理，以便于为后期桥梁管理提供科学理论依据。

3.在大型建筑物位移监测中的应用

GPS技术除了被应用于大地测量工程中，也被应用在大型建筑物位移监测领域中，它同样属于变形监测中的一个领域。大多数情况下，地面上的空间会受到内外因素的影响而出现变形，为了更好地监测变形物体的实际情况，需要利用GPS技术。测量人员可以利用GPS技术有效地对建筑物位移情况进行监测，当然监测作业过程中也会出现一些突发状况，此时更加需要利用GPS系统来做好测量工作。GPS系统具有自动化程度高、监测速度快，不受时间与被测物体障碍的影响的优点，能够有效保障监测工作朝着理想化方向顺利开展。另外，工作人员也可以借助GPS系统，高效监测大型建筑物地理坐标与高程等位移变形，通过做好数据处理，可以为建筑物正常运行提供更多的技术支持。

4.在水库大坝监测中的应用

随着社会的不断发展，变形监测工作也越来越复杂，而监测人员要想实现高效展开变形监测，就要灵活利用GPS技术实现此目的。现今，GPS技术也被应用在水库大坝监测中，能够为监测人员工作提供支持，因为水库大坝在修建时由于所处的地质构造存在着差异，受到自重、水荷载等多种载荷综合作用，容易出现变形问题，若不及时处理将影响水库的正常运行，同时也无法满足人们用水需求，所以为了水库安全以及提供安全可靠的水资源，有关部门应利用GPS技术对水库大坝实施监测。另外。大多数水库都是在山区建造，由于地形地质较为复杂，一旦出现问题不便于作业人员进行操作，利用GPS系统可以实现自动化监测，进而实现有效监测，为后续变形监测工作顺利开展提供支持。

5.在物体沉陷监测中的应用

变形监测系统性较强，传统监测方法无法满足工作需求，反而会影响最终的监测效果，所以新时代背景下，相关监测人员应利用GPS技术实现对变形物的有效监测。目前GPS技术也被应用在物体沉陷监测领域中，这样可以帮助监测人员更好地获取数据信息。若地面上的物体出现沉降变形的问题得不到及时处理，还会引发更大的安全事故，特别是对于沉陷较为严重的地带，容易引发自然灾害，对周边人群生命财产安全造成直接威胁，所以监测人员可以利用GPS系统进行海上勘察或者是做好地面沉降变形监测。另外，针对引起的沉陷严重的问题，能及时采取有效的措施处理。

（二）GPS技术在变形监测中的发展趋势

1.建立在线实时分析系统

对于变形监测者来讲，利用GPS技术可以实现高效监测的目的。而GPS技术在变形监测中有着较好的发展前景，首先，建立在线实时分析系统能够对建筑物进行变形监测。对于很多大型建筑来讲，单纯依靠传统的监测方法，无法实现掌握其变形状态的目的，特别是对于大坝、大型桥梁、高层建筑等，所以监测人员可以通过研究建立技术先进而又实用的GPS变形监测在线实时分析系统，可以更好地对建筑物进行变形监测。当然该系统主要是由数据采集、数据传输、数据处理等多个系统组成，每一个系统都发挥着至关重要的作用，这就需要通过做好系统维护，进一步为变形监测工作提供理论数据支持。其次，监测人员可以通过对所得的监测数据进行实时的分析，来客观评价建筑物变形的现状并预测其未来发展趋势，特别是对于发生自然灾害的地区，应利用GPS变形监测系统，对该地区的地质情况加以评定，对可能发生的自然灾害进行科学分析，同时由于变形监测工作比较复杂，还应建立连续运行的GPS网络系统，对大型桥梁大坝和滑坡等物体进行变形监测，当然这种监测方式也存在着一些不足，如价格比较昂贵，所以为了能够降低成本，应积极研究低成本的GPS一机多天线变形在线实时监测系统并投入使用，这也是变形监测技术未来重要发展趋势之一。

2.建立"3S"集成变形监测系统

随着时代的发展，人们生活水平逐步得到提高，同时也为我国变形监测领域带来了机遇和挑战，为了提高监测工作质量，应将GPS技术应用起来。而GPS技术在变形监测中的发展趋势也要着重分析。首先，应建立"3S"集成变形监测系统，"3S"主要包括GPS、GIS以及RS，近年来随着信息科学技术、无线通信技术的迅猛发展，"3S"技术也被应用在变形监测领域中，该技术目前已经从独立发展进入相互集成融合阶段。监测人员在实际工作时可以利用"3S"技术为监测工作提供技术上的支持。其中GIS是地理信息系统的简称，它可以描绘四维空间的地质现象，特别适用于变形监测领域中。随着国家经济的不断变化和发展，监测工作自动化水平也需要进一步提升，这就需要利用GPS系统提高作业的时效性。而建立"3S"集成变形监测系统也是势在必行，它是未来变形监测技术的重要发展趋势之一。其次，"3S"集成变形监测系统除具有一般GIS功能之外，还具有其他功能，如记载研究区域、各种地质现象随着时间演绎的过程，能够极大地满足变形监测人员工作需求。全球定位系统的简称是GPS，它的出现可以为我国变形监测工作提供很多支持，可以改变传统测量格局，如今它的应用优势也日趋凸显。为了进一步推动变形监测工作朝着理想化方向开展，监测人员还要解决GPS在变形监测中应用所遇到的问题。如对于存在的盲区所导致的监测数据缺乏有效性问题，可以通过建立"3S"变形监测系统解决问题。最后，变形监测本身比较复杂，不仅要发现变形及变形的大小，还要求监测人员对变形作出合理的解释和预判，这就需要通过建立"3S"集成变形监测系统来实现。"3S"集成变形监测系统不仅可以极大地减少成本支出，还可以对变形信息作出系统分析判断。

3.建立GPS与其他变形监测技术组合的监测系统

GPS技术在变形监测中有着较好的发展前景。首先，应通过建立GPS与其他变形监测技术组合的监测系统，这有助于保障监测工作质量得到极大的提高。比如，可以将GPS系统与GLONASS系统联合，极大地提高集成系统定位的精准度。现今市场经济的发展，GPS技术也得到迅猛发展，GPS系统的应用范围也逐步扩大，为了更好地实现对建筑物有效变形监测，更加需要将GPS系统与GLONASS系统融合在一起。当然在具体变形监测中，监测人员也要提高工作责任心，此时可以进行连续、动态实时监测，以便于提高监测数据的连续性，从而变形监测工作的质量，所以为了减少监测费用成本的投入，将GPS系统与GLONASS系统多系统联合应用是非常有必要的。其次，GPS技术还可以与其他变形监测技术深度融合，如与IN2SAR或INSAR所组成的变形监测系统。近几年的GPS技术应用范围也越来越广，它不局限于水库大坝或者是各种滑坡监测，目前也被应用在其他领域。如常见的有亚板块运动。由此可见，GPS技术的不断发展也为变形监测带来了新的机遇，我们应通过深入研究GPS技术，进一步为变形监测提供理论数据支持，实现提高监测水平和质量的目标。

4.增强小波分析理论在GPS动态变形分析研究

现阶段，GPS技术应用于变形监测中，可以为监测工作顺利开展提供保障。为了把握住变形监测未来发展趋势，需要通过增强小波分析理论在GPS动态变形分析研究。首先，监测人员可以将小波变换用于GPS动态变形分析，这样可以实现GPS动态数据的变形特征信息实时提取的目的。目前变形监测工作难度系数也越来越高，为了进一步提升监测水平，监测人员可以借助GPS技术完成各项变形监测任务。同时也要采用正确的监测数据处理方法来获取更加真实的监测结果。其次，监测人员可以采用傅里叶方法分析，这就需要通过对监测数据进行整体变换，避免因数据存在缺陷而导致变形监测质量不高等问题的出现。如今，小波变换仍旧处于起步阶段，所以相关监测人员还应当加大在小波分析理论上的研究，这样才能够取得新的突破。

第四节　GLONASS全球导航卫星系统

GLONASS是Global Navigation Satellite System（全球导航卫星系统）的字头缩写，由卫星星座、地面监测控制站和用户设备三部分组成，现在由俄罗斯空间局管理。GLONASS卫星由"质子"号运载火箭一箭三星发射入轨，卫星采用三轴稳定体制，整星质量1400kg，设计轨道寿命5年。所有GLONASS卫星均使用精密铯钟作为其频率基准。第一颗GLONASS卫星于1982年10月12日发射升空。

GLONASS系统的卫星星座由24颗卫星组成，位于3个倾角为64.8°的轨道平面内，每个轨道面8颗卫星，轨道高度19100km，这一高度避免和GPS同一高程以防止两个星座相互影响，其周期为11h15min，8天内卫星运行17圈回归，3个轨道面内的所有卫星都在同一条多圈衔接的星下点轨迹上顺序运行。这有利于消除地球重力异常对星座内各卫星的影响差异，以稳定星座内部的相对布局关系。系统工作基于单向伪码测距原理，不过它对各个卫星采用频分多址，而不是码分多址。它的码速率是GPS的1/2。GLONASS未达到GPS的导航精度。它的主要好处是没有加SA干扰，民用精度优于加SA的GPS。然而，其应用普及情况则远不及GPS。GLONASS卫星平均在轨道上的寿命较短，后期增长为5年。

与美国的GPS系统不同的是，GLONASS系统采用频分多址（FDMA）方式，根据载波频率来区分不同卫星[GPS是码分多址（CDMA），根据调制码来区分卫星]。每颗GLONASS卫星发播的两种载波的频率分别为$L_1=1,602+0.5625A$（MHz）和$L_2=1,246+0.4375A$（MHz），其中k=1～24为每颗卫星的频率编号。所有GPS卫星的载波频率是相同的，均为$L_1=1575.42MHz$和$L_2=1227.6MHz$。GLONASS卫星的载波上也调制了两种伪随机噪声码：S码和P码。俄罗斯对GLONASS系统采用了军民合用、不加密的开放政策。GLONASS系统单点定位精度水平方向为16m，垂直方向为25m。

俄罗斯的GLONASS与美国的GPS工作原理是一样的，都是利用测量至少4颗卫星的相关数据来确定物体精确的三维位置、三维速度和时间。不过二者差别也很大。比如，GLONASS的卫星分布在3条轨道上，较适合于在高纬度活动的用户，而GPS的卫星分布在6条轨道上，对在中低纬度活动的用户比较有利。此外，两种系统在发射频率、所用坐标系等方面都有很大不同。不断提高精确度对于卫星定位系统来说无疑是最重要的。为进一步提高GLONASS系统的精度，俄罗斯的科技人员采用了广域差分系统、区域差分系统和本地差分系统3种办法。广域差分系统将在地面设3～5个站，在各站半径1500～2000km以内提供5～10m位置精度；区域差分系统可在离地500km以内提供3～10m位置精度，可用于航空、地面、海上和铁路运输系统以及测量等；本地差分系统则主要用于科学、国防和精密定位等领域。

有些卫星定位接收机已具有联合应用GPS和GLONASS系统进行定位处理的功能，这里暂时简单称为GPS+GLONASS系统，其是对纯GPS系统的改进，并具如下优点：

（1）可见卫星数增加1倍。GLONASS卫星星座组网完成后，可用于导航定位的卫星总数将增加1倍。在地平线以上的可见卫星数纯GPS系统时，一般为7～11颗；GPS+GLONASS系统则可达到14～20颗。在山区或城市中，有时因障碍物遮挡，纯GPS可能无法工作，GPS+GLONASS则可以工作。

（2）提高生产效率。在测量应用中，GPS测量所需要的观测时间取决于求解载波相位整周模糊度所需的时间。观测时间越长或可观测到的卫星数越多，则用于求解载波相位整周模糊度的数据也就越多，求解结果的可靠性越好。为了提高生产效率，常使用快速定位、实时动态测量（RTK）或后处理动态测量。但要满足一定的精度要求，必须正确求解载波相位整周模糊度，可观测到的卫星数增加得越多，则求解载波相位整周模糊度所需要的观测时间就可缩短得越多，因此，CPS+GLONASS可以提高生产效率。

（3）提高观测结果的可靠性。用卫星系统进行测量定位的观测结果的可靠性主要决定于用于定位计算的卫星颗数。因此GPS+GLONASS将大大提高观测结果的可靠性。

（4）提高观测结果的精度。观测卫星相对于测站的几何分布（DOP值）直接影响观测结果的精度。可观测到的卫星数量越多，则可以大大改善观测卫星相对于测站的几何分布，从而提高观测结果的精度。

第五节　其他卫星导航与定位系统

一、北斗双星导航定位系统——RDSS系统

（一）概述

北斗导航系统是我国建立的第一代卫星导航系统，在2000年10月随着2颗北斗导航实

验卫星的成功发射，标志着中国已拥有自主的卫星导航系统。美国第一个拥有全球卫星定位系统（GPS），继全球导航卫星系统（GLONASS）后，北斗导航系统的建立使我国成为世界上第三个具有卫星导航系统的国家。

北斗导航系统是全天候、全时段提供卫星导航定位信息的区域导航系统。该系统是由空间的导航通信卫星、地面控制中心和用户终端3部分组成。空间部分由2颗地球同步卫星负责执行地面控制中心与用户终端的双向无线电信号的中继任务。地面控制中心（包括民用网管中心）主要负责无线电信号的发送、接收及整个工作系统的监控管理。其中，民用网管中心负责系统内民用用户的登记、识别和运行管理。用户终端是用户使用的设备，可以直接接收地面控制中心经卫星转发的测距信号。地面控制中心包括主控站、测轨站、测高站、校正站和计算中心，主要用来测量和收集校正导航定位参数，完成测试和调整卫星的运行轨道、姿态，编制星历，形成用户定位修正数据和对用户进行定位。北斗导航系统的定位原理是1982年提出的"双星主动式卫星定位系统"，采用3球交会测星原理进行定位。以2颗卫星为球心，2球心至用户的距离为半径可作2个球面。另一个球面是以地心为球心，以用户所在点至地心的距离为半径的球面。3个球面的交会点即为用户的位置。

北斗导航系统的工作过程是：用户随时都可以收到卫星广播的询问信号，这个信号是由控制中心发给2颗卫星的，经卫星转发器播发，用户响应其中1颗卫星的询问信号，通过用户发射机同时向2颗卫星发送响应信号，再经卫星转发回到地面控制中心，控制中心接收到并解调用户发送来的响应信号，根据用户的申请服务内容进行相应处理。

北斗导航系统定位的计算方法是：控制中心测出用户发出的定位响应信号到2颗卫星的2个时间延迟，由于控制中心和2颗卫星的位置是已知的，从上述的2个时间延迟量可以计算用户到第一颗卫星的距离，以及用户到2颗卫星距离的和，而且也知道用户处在以第一颗卫星为球心的1个球面和以2颗卫星为焦点的椭球面的交线上，控制中心存有数字地图，查寻到用户高程值，计算出用户所在点的三维坐标，再通过卫星发给用户。北斗导航系统通信过程是：控制中心接收到用户发送来的响应信号中的通信内容，进行转换后再发送到北斗导航系统的用户终端收件人。北斗导航系统的工作步骤可概括如下：

（1）控制中心向2颗卫星发送询问信号。

（2）卫星接收到询问信号，经卫星转发器向服务区用户播发询问信号。

（3）用户响应其中1颗卫星的询问信号，并同时向2颗卫星发送响应信号。

（4）卫星收到用户响应信号，经卫星转发器发回控制中心。

（5）控制中心收到用户响应信号，解调出用户申请的服务内容；控制中心计算出用户的三维坐标位置，再将它发送到卫星，进行相应的处理；或者将用户的通信内容再发送，卫星又收到控制中心发来的坐标数据或者通信内容，经卫星转发器发给用户或者收件人。显然，北斗导航系统的工作过程是比较烦琐的，但是它采用码分多址（CDMA）制式，抗干扰能力大大优于现有的卫星导航系统。北斗导航系统对民用交通系统虽然存在着用户数量有限，每秒钟容纳用户150个左右，不能覆盖全球，对数字地图的依赖性等不足之处。但是，它是我国自主的卫星导航系统，不受他国的制约，其深远意义不言而喻。北斗导航系统最大的特点是具有通信功能，若充分发挥它的潜力，作用将非常大。北斗导航系统应用在车辆或船只跟踪管理上，控制中心能通过北斗导航系统的短消息通信功能和定位功能，适时地跟踪移动的车辆和船舶；应用在船只遇险报警上，能在短消息电文中报出船名、遇险类型和遇险位置；还可应用在海岛上的气象数据、航标遥测遥控的数据传输。

（二）北斗卫星导航系统的三大功能

快速定位：北斗导航系统可为服务区域内用户提供全天候、高精度、快速实时的定位服务。

简短通信：北斗系统用户终端具有双向数字报文通信能力，可以一次传送超过100个汉字的信息。

精密授时：北斗导航系统具有单向和双向两种授时功能。根据不同的精度要求，利用授时终端，完成与北斗导航系统之间的时间和频率同步，可提供数十纳秒级的时间同步精度。

（三）北斗卫星导航系统的应用领域

北斗卫星导航系统可以在服务区域内任何时间、任何地点为用户确定其所在的地理经纬度，并提供双向通信服务。系统可以为船舶运输、公路交通、铁路运输、野外作业、水文测报、森林防火、渔业生产、勘察设计、环境监测等众多行业，以及其他有特殊调度指挥要求的单位提供定位、通信和授时等综合服务。例如在西部和跨省区运营车辆，沿海和内河船舶的监控救援，水利、气象、石油、海洋和森林防火的信息采集，通信、电力、铁路网络的精确授时，公安保卫、边防巡逻、海岸缉私和交通管理的导航通信等。全球卫星导航定位技术已发展成多领域（陆地、海洋、航空航天）、多模式（静态、动态、RTK、广域差分等）、多用途（在途导航、精密定位、精确定时、卫星定轨、灾害监测、资源调查、工程建设、市政规划、海洋开发、交通管制等）、多机型（测地型、定时型、手持型、集成型、车载式、船载式、机载式、星载式、弹载式等）的高新技术国际性产业。

二、欧洲伽利略导航卫星系统计划

伽利略计划是欧洲旨在建设独立于美国GPS的一项全球卫星导航定位系统计划。欧洲航天局及其成员国法国是该计划的最积极倡导者。该项计划完成后，不但可以使欧洲拥有自己的卫星定位系统，为公路、铁路、空中和海上交通运输工具提供有保障的导航定位服务，获得工业和商业效益，而且可以使欧洲赢得建立欧洲共同安全防务体系的条件。

伽利略系统方案由21颗以上中高度圆轨道核心星座组成，公布的卫星高度为24000km。经概算，回归轨道卫星高度应为24045km，周期为52810.10s（或0.6129恒星日），每31圈回归一次，回归周期为19个恒星日。卫星位于3个倾角为55°的轨道平面内，另加3颗覆盖欧洲的地球静止轨道卫星，辅以GPS和本地差分增强系统，首先满足欧洲需求（估计全球增强需要9颗地球静止轨道卫星），位置精度达几米。伽利略系统独立于GPS，频段分开，但将与GPS系统兼容和相互操作，包括时间基准和测地坐标系统、信号结构以及两者的联合使用。根据欧委会的文件，伽利略虽是民间系统，但仍受控使用，采取反欺骗、反滥用和反干扰措施，在战时可以对敌方关闭。

第九章　海洋遥感基础

第一节　遥感的电磁辐射基础

一、电磁波辐射基础

（一）电磁波及其特性

空间中的电磁振源（辐射源或天线），会在其周围产生交变的电场和磁场，这种交变的电场和磁场之间相互激励向外传播从而形成电磁波。波动数由振幅和相位组成。早期的传感器通常仅记录电磁波的振幅信息，而舍弃相位信息。近年来发展的干涉测量技术中，相位信息的利用引起了广泛关注。从波长极短的宇宙射线到波长较长的无线电波之间，其中只有很小的一个波谱区的电磁波能被人眼看见，即可见光。

电磁波是以"场"的形式存在于自然界中的一种物质。由于电场（磁场）具有能量，所以电磁波的传播也是能量的传播。这种以电磁波形式传播出去的能量称为辐射能，其传播表现即为光子或量子组成的粒子流的运动。光子（或量子）是由原子和分子状态改变而释放出的一种稳定、不带电、具有能量和动能的基本粒子。实验证明，光照射在金属上能激发出电子，这种现象即光电效应。

电磁波在传播过程中，主要表现为波动性，但当电磁辐射与物质相互作用时，则主要表现为粒子性，这就是电磁波的波粒二象性。遥感传感器所探测到的目标物在单位时间内辐射（反射）的能量，由于电磁辐射具有粒子性，因此才具有统计性。遥感传感器所接收的电磁波辐射通量的方向和数量在遥感中是极其重要的。辐射通量定义为在单位时间内通过某一表面的辐射能量，单位为W或J/s。这种辐射通量构成了我们所研究的目标与遥感器之间联系的纽带。遥感器所接收的辐射通量的数量、性质和方向成为远离传感器目标存在的根据。电磁波的波长不同，其波动性和粒子性所表现的程度也不同，一般来说，波长愈短，辐射的粒子特性愈明显，波长愈长，辐射波动特性愈明显。遥感技术正是利用电磁波的波粒二象性实现探测目标物的。由两列（或多列）频率、振动方向、相位相同（或相位差恒定）的电磁波在空间叠加，引起振动强度重新分布，即出现交叠区某些地方的振动加强，某些地方的振动减弱或完全抵消的现象，这种现象称为干涉。能产生干涉的电磁波称为相干波。

电磁波偏振是指电磁波的电场振动方向的变化，这一概念在主、被动海洋遥感领域都具有重要应用。电磁波是一种横波，在自由空间中，电场、磁场相互垂直并垂直于波的传播方向。因此，只需其中一个场的方向和幅度，就可以从麦克斯韦方程确定另一个场的方向和幅度。传播方向确定后，电场的振动方向并不是唯一的，它可以是y、z平面内的任一方向。振动方向可以是不变的，也可以是随时间按一定方式变化或按一定规律旋转。任一振动方向的电磁波都可以分解为水平和垂直两个特定的偏振方向。通常把包含电场振动方向的平面称为偏振面，如果振动方向是唯一的，不随时间而改变，即偏振面方向固定，这种情况称为线性偏振。在一个固定平面内仅沿着一个固定方向振动的光为偏振光，线性偏振也称为全偏振光。太阳光是非偏振光，它在所有可能的方向上传播，其振幅可以认为是相等的，而非保持一个优势方向。介于自然光（非偏振光）与偏振光之间还有部分偏振光。

从某些辐射源产生的辐射，例如太阳，没有任何明显的极化特性。当电磁波到达接收器时，它的电场是随机取向的，这种情况称为随机极化或无极化。在某些情况下，波是部分极化，许多散射光、反射光、透射光都属于部分偏振光。波在与目标接触时发生的反射、吸收、透射和散射过程中，不仅其强度发生变化，其偏振状态也常常发生改变，这与目标的形状及其特性紧密相关。而一些人造光源（如无线电、激光、雷达发射）通常有明显的极化状态，入射波和再辐射波的极化状态在遥感中起着重要作用，它们对研究辐射源或散射体的性质提供了除强度和频率之外的附加信息。

（二）电磁波谱

各种电磁波按波长的长短（或频率的高低）依次排列而形成的图表，即为电磁波谱。电磁波的波段从波长短的一端开始，依次叫作 γ 射线、X射线、紫外线、可见光、红外光、微波和无线电波。

在电磁波谱中，各种电磁波的波长依产生电磁波的波源不同而不同。宇宙射线来自宇宙空间；γ 射线、X射线和紫外线是由于物质的原子核内状态的变化和原子中电子的跃迁产生的；近紫外光和可见光是由于物质中的原子、分子的外层电子跃迁时产生的；红外光是由于分子的振动和转动能级跃迁时产生的；微波是利用谐振腔及波导管激励与传输，并通过微波天线向空间发射产生的；而无线电波是由于电磁振荡发射产生的。各种电磁波的波长（或频率）不同，则它们的性质也有很大的差异。例如，可见光可被人眼直接感知，使人看到物体的各种颜色；红外线能克服夜障；微波能穿透云、雨、雾等。

遥感使用的电磁波主要有紫外线（$0.01 \sim 0.4\,\mu m$）、可见光（$0.4 \sim 0.76\,\mu m$）、红外光（$0.76 \sim 1000\,\mu m$）、微波（$1mm \sim 1m$）波段和高频电磁波（HF）（$10 \sim 100m$）。其中，可见光可分为红（$0.61 \sim 0.76\,\mu m$）、橙（$0.59 \sim 0.61\,\mu m$）、黄（$0.56 \sim 0.59\,\mu m$）、绿（$0.5 \sim 0.56\,\mu m$）、青（$0.47 \sim 0.5\,\mu m$）、蓝（$0.43 \sim 0.47\,\mu m$）、紫（$0.38 \sim 0.43\,\mu m$）7种色光；红外波段可分为超远红外（$15 \sim 1000\,\mu m$）、远红外（$8 \sim 15\,\mu m$）、中红外（$3 \sim 8\,\mu m$）、短波红外（$1.5 \sim 3\,\mu m$）和近红外（$0.76 \sim 1.5\,\mu m$）。

二、电磁辐射的基本定律

自然界的所有物体都具有辐射电磁波的性质。电磁波具有能量和光谱分布，这种能量分布依物体的发射率和温度而变化。由于这种辐射依赖于温度，因而叫作热辐射。

由于热辐射会因构成物体的物质及条件的不同而变化，为了能够衡量各种物体的热辐射本领，所以确定了以绝对黑体为基准的热辐射的定量法则。所谓黑体，是指任何波长的入射电磁波都全部吸收，既无反射也没有透射的物体。在一定温度下，它比其他任何物质的辐射能量都要大，也叫完全辐射体。黑体是一种假想的理想辐射体，黑体辐射是指黑体的热辐射，它是在一切方向上都均等的辐射。

任何物体的辐射能量的大小都是物体表面温度的函数。1879年，斯忒藩由实验得到关于物体这一特性的定性描述，即绝对黑体的积分辐射能 M（T）与其温度的4次方成正比，这就是斯忒藩-玻耳兹曼定律，该定律确定了某一温度点时，黑体全谱段具有总的潜在辐射能量。

在遥感中，当观测热辐射的温度时，由于通常观测物体不是黑体，所以必须使用发射率进行修正。发射率定义为观测物体的辐射能量与同观测物体具有相同热力学温度的黑体的辐射能量之比，也称比辐射率，此概念解决了灰体潜在辐射能的定量化。

发射率会随物质的介电常数、表面粗糙度、温度、波长观测方向等条件的变化而变化，取0～1之间的值。发射率与波长无关的物体叫灰体，依波长而变化的物体叫选择性辐射体。在选择性辐射体的情况下，称单位波长宽度的发射率为光谱辐射率。由于黑体没有反射和透射，所以黑体的发射率等于1。所有非黑体的发射率都小于1，故发射率也被称为一个物体的灰度，以鉴别它距离黑体的靠近程度。海洋表面为灰体，其辐射发射与相同温度下的黑体的辐射发射的比值，称为海水的发射率。物体在向外发射电磁波的同时，也被其他物体发射的电磁波所辐射。遥感的辐射源可分为自然电磁辐射源和人工电磁辐射源两种，它们之间没有什么原则区别。在遥感中，自然辐射源主要包括太阳辐射和地球的热辐射；人工辐射源主要有雷达和激光器。

三、地球的大气

（一）大气层分类

地球表面覆盖着一层由气体、液体颗粒和其他固体颗粒构成的混合层，即大气层。虽然大气层的上界没有明确的边界，但一般认为气态物质可以延伸到几百千米的高空。按大气的热力学性质，大气的垂直剖面分为4层：对流层、平流层、中间层和热层，这些层的顶部分别为对流层顶、平流层顶、中间层顶和热层顶。

（1）对流层（Troposphere）：这一层的特点是随高度的升高温度逐渐降低，气温以约6.5℃/km的递减率递减，直到约10km的高度（极地上空仅7～8km，赤道上空可达16～19km）。所有的天气活动（水蒸气、云、降水）也仅限于这一层。气溶胶粒子层通常存在接近地球表面的2km高度范围内，气溶胶浓度随高度升高呈指数下降。

（2）平流层（Stratoshpere）：平流层的范围是从对流层顶至50km。在较低的20km的平流层内，温度几乎是恒定不变的，在这高度之上的温度随高度增加而增加，直到约50km的高度。臭氧主要存在于平流层。对流层与平流层以内的大气质量占大气总质量的99%以上。

（3）中间层（Mesosphere）：中间层的范围为海拔50～85km，介于上下两个热层之间，又称"冷层"。在这一层里，温度随高度的增加而逐渐降低，递减速率约为39℃/km。大概在海拔80km处降到最低点，约为-95℃，也是整个大气层温度最低点。

（4）热层（Thermosphere）：又称电离层，是大气的最外层。热层从约85km向上延伸到几百千米。温度从500~2000K。气体主要以稀薄等离子体形式存在，因太阳紫外辐射和高能宇宙射线轰击而产生电离现象。无线电波在该层发生全反射现象。

上层大气通常是指对流层以上的大气层。许多遥感卫星就是在高度约800km的近极地太阳同步轨道上运行，这一高度远高于热层顶。

（二）大气成分

地球大气的成分按其浓度的变化幅度可分为痕量气体、变量气体、液态微粒和固体微粒。痕量气体是指那些浓度几乎恒定的气体，即浓度随空间、时间变化很小。大气中的氮气约占空气总量的78%，维持生命的氧气占21%，其余的1%由惰性气体、二氧化碳和其他气体组成。变量气体是指气体的浓度会随时间和空间有很大变化的气体，主要有水蒸气、臭氧、含氮和含硫化合物。除了气态物质，大气中还含有固体和液体微粒如气溶胶、水滴和冰晶，这些颗粒会聚集形成云、雾。

（三）大气对电磁波传播的影响

所有用于遥感的辐射能都要通过地球大气层，但各种遥感的路程变化较大，如航天遥感中的光学摄影机，由于其利用太阳光源，所以需要二次通过大气层；而红外辐射计是直接探测地表的辐射发射，它只需要一次经过大气层，并且电磁波传播路程的长度还取决于遥感器距地面的高度和观测角度。对于低空航空摄影，大气对图像质量的影响一般可忽略不计，但如果传感器获得的能量经过整个大气层，则大气效应会使其强度和光谱分布均发生变化，大气对图像质量的影响不能忽视。大气净效应与路径长度、电磁辐射能量信号的强弱、大气条件和波长等有关。

当电磁辐射穿过大气层时，大气中的粒子可能吸收或散射电磁波。大气中分子吸收的电磁波辐射能将转换成分子的激发能，散射则将入射光束的能量向空间的各个方向传播。总的效果是造成入射辐射的能量衰减。气体分子的能量可以以不同的形式存在，即跃迁能量、旋转能量、振动能量和电子能量。

（1）跃迁能量：分子质心的中心跃迁需要的能量。一个分子的平均动能等于 $\sigma T/2$，其中 σ 为玻耳兹曼常数，T 为气体的热力学温度（K）。

（2）旋转能量：分子绕一个通过其质量中心的轴旋转的能量。

（3）振动能量：组成分子的原子在它们的平衡位置附近振动产生的振动能量。这种振动与拉伸原子之间的化学键有关。

（4）电子能量：此能量取决于分子中电子的能量状态。旋转能量、振动能量和电子能量这三种形式的能量是量化的，即能量只能以离散量的形式变化，称为跃迁能量。当一束入射电磁波的频率与一个分子的可得的跃迁能量匹配时，这个电磁辐射的光子可能被分子吸收。

大气中的紫外光（UV）吸收主要是由于氧和氮原子及分子的电子跃迁。由于紫外线吸收，一些高层大气中的氧和氮分子经过光化学分解而成为原子氧和氮。这些原子在吸收热层中的太阳紫外线起了很重要的作用。氧气的光化学分解是形成平流层中的臭氧层的主要原因。

在可见光波段，电磁辐射吸收率较小。在红外波谱区，大气吸收主要是由于分子的转动和振动跃迁。主要的大气吸收成分是水蒸气（H_2O）和二氧化碳（CO_2）分子。H_2O 和 CO_2 分子的吸收带从近红外延伸到远红外（$0.7 \sim 15\,\mu m$）。在远红外区域，大部分的辐射被大气吸收。在微波波段，大气对微波辐射几乎透明。

大气的吸收作用主要是由大气层中的气体分子吸收引起的，例如水汽、臭氧、氧气和气溶胶等。气溶胶的吸收作用可由单次散射反照率反映出来，若单次散射反照率=1，则气溶胶就不具吸收性。对于大多数多光谱传感器来说，主要考虑水汽和臭氧的吸收作用，因为在可见光波段，其他气体只吸收很窄波谱区的电磁波能量，并且这些气体的含量很稳定。但对高光谱传感器而言，就必须考虑其他一些气体（如氧气）的作用。

第二节　可见光遥感基础

可见光遥感是利用安装在航空或航天遥感平台上的光学传感器探测地表反射或散射的太阳辐射，这种获取影像的方式类似于在高空拿相机拍摄地表的照片。光学遥感使用的电磁波范围从可见光、近红外（Near Infrared，VNIR）到短波红外（Short-Wave Infrared，SWIR）。电磁波从辐射源到传感器的传输过程中，经历了吸收、再辐射、反射、散射、偏振和波谱重新分布等一系列过程。在此传输过程中，电磁波的变化取决于它与介质所发生的相互作用。其中，电磁波与大气的相互作用近似于体效应，而与地表的相互作用则主要是与地表浅层物质的表面效应。理解这种相互作用机制和过程，对认识获得的遥感影像数据和地物的特性具有重要意义。由于不同物质反射和吸收各种电磁波的特性各不相同，因此，各种不同的物质可以通过分析遥感图像上目标的光谱反射特征区分开。根据成像过程中使用的光谱波段数，遥感系统可以分为全色成像系统、多光谱成像系统、超光谱成像系统、高光谱成像系统。

一、太阳辐射

太阳是光学遥感的唯一自然光源。太阳的中心温度约为1.5×10^7K，表面温度约为6000K。大气层外的太阳辐射光谱可以用黑体辐射波谱进行模拟，太阳辐射光谱曲线与温度为5900K的理想黑体所产生的光谱辐射曲线类似。太阳辐射覆盖了很宽的波长范围，由1nm直至10m以上，包括γ射线、X射线、紫外线、可见光、红外光、微波和无线电波。太阳辐射的能量主要集中在$0.31 \sim 5.6 \mu m$波谱区，约占全部能量的97.5%，其光谱的峰值约为$0.48 \mu m$，可见光部分集中了约40%的太阳辐射能量，因此，太阳辐射主要是短波辐射。在这一光谱区内太阳辐射的强度相当稳定；而γ射线、X射线、紫外线及微波波段的太阳辐射能小于1%，它们受太阳黑子及耀斑的影响，因而强度变化较大。太阳辐射的物理特性可用地基或机载传感器进行测量。

到达地球大气外边界的太阳辐射，约30%被云层和其他成分反射回到太空，约17%的入射太阳能被地球大气吸收，还有22%左右的太阳能被大气散射成为漫射太阳辐射，所以，作为直射太阳辐射到达地面的能量只占31%左右。通过大气层后，到达地面的太阳辐射光谱是经过大气窗口调制的，只在0.25～3μm波长范围仍保持着较显著的太阳辐射能量。

二、可见光在大气中的传输

电磁辐射的散射是由于辐射与物质之间相互作用导致部分能量再辐射到其他的方向，而不再沿着入射辐射路径。散射能有效削弱入射光束的能量，与吸收不同，这种能量没有丢失，而是被重新分配到其他方向。根据入射电磁波波长与介质微粒大小的相对关系，气体分子的散射可分为瑞利散射、米氏散射和无选择性散射。

如果微粒的大小接近或稍大于入射电磁波波长，其散射模型符合米氏散射定律。散射光强和角度分布可以用球形颗粒散射模型计算。然而，对于不规则的颗粒，计算会变得很复杂。大气中大多数气溶胶粒子引起的散射为米氏散射，气溶胶粒子的散射取决于其形状、大小和材料。

三、可见光与海面的相互作用

通常情况下，光滑介质表面对电磁波的反射和透射情况用菲涅尔反射系数和透射系数来描述，并使用菲涅尔公式计算这两个系数。菲涅尔公式是根据入射、水平极化、垂直极化的三束电磁波的电场和磁场在分界面分别遵守连续性原理导出，它能够圆满地解释许多光学现象，由于它是基于麦克斯韦方程，因此它适用于整个电磁波段。在分析菲涅尔反射和透射系数时，通常将电场矢量分解为垂直和平行于入射面的两个分量，垂直于入射面的分量在微波遥感领域习惯称之为水平极化分量。当太阳光入射到海洋表面时，光与海面的相互作用包括3个基本的物理过程，即反射、吸收和透射。

反射率也称半球反射率，是指入射电磁波到达两种不同介质的分界面时，从界面返回原介质的能量与入射能量的比值。反射率是波长的函数。影响海面反射率的因素除波长外，还与海表粗糙度、泡沫、海水的电学特性（电导、介电和磁学性质）以及海水的浑浊度、叶绿素等物质的含量有关。海洋的光谱反射率主要受海表粗糙度影响，海表粗糙度是相对于入射电磁波波长而言的，它是入射波长的函数，并与入射角密切相关。

电磁波与地表物质发生反射作用的形式有镜面反射、漫反射和方向性反射3种形式，当电磁波入射到一光滑表面时，全部或几乎全部能量按相反方向反射出去，且反射角等于入射角的反射称为镜面反射。镜面反射分量是相位相干的，振幅变化小，并且有偏振。当电磁波入射到某一粗糙表面时，入射能量以入射点为中心向整个半球空间均匀地反射出去的现象称为漫反射，又称朗伯反射或各向同性反射。漫反射电磁波的相位和振幅的变化无规律，且无偏振。对于可见光遥感，土石陆面、均匀的草地表面都可视为漫反射体。朗伯表面是一种理想化的表面，但实际上，自然界的大部分地表既非标准的朗伯表面，也不是完全光滑的"镜面"，而是介于这两者之间的非朗伯表面，其反射并不是各向同性的，而是具有一定的方向性，这种反射称为方向性反射。

吸收率也称半球吸收率，是指入射电磁波被地表吸收的比例。透射率也称半球透射率，是指电磁波入射到表面时，透过表面向另一种介质内部传播的电磁波能与入射电磁波能的比值。在介质内部，吸收和透射总是相伴而行的，定量地描述或测量各自的分量比较困难。菲涅尔反射率定义了辐射度的界面反射比；漫反射率定义了辐照度的内部漫反射比（"漫反射"代表多个粒子反射而不是面反射）；反射率定义了辐照度（或辐射度）的界面反射比。在许多文献中，反射率经常与菲涅尔反射率通用。此外，海面对光波的反射率与波长、入射角和海面的状况有关。当可见光波的入射角较小，海面相对平静时，遥感图像会因镜面反射效应而产生耀光或耀斑。地物的反射光谱特性曲线是描述地物的反射率随波长变化而变化的特性。不同种类的地物，光谱特性曲线各不相同。从原理上讲，如果一个遥感传感器的波段足够多，从遥感图像提取的地物光谱特性曲线就能用于区分各种不同的地物，这也是多光谱遥感的基础。

四、可见光在水体中的传输

太阳辐射能入射至海洋表面约占总功率的30%，其余的被大气吸收和散射，反射入太空。入射至海面的太阳辐射能中的一部分被海面直接反射或吸收，一部分透射进入海水。从实际测量的光谱特性发现，只有在可见光波段（0.4～0.76μm）的光才能透射入水，其他波段几乎全被海面反射或被表层水吸收。蓝色光波的透水性好，对于清洁海水可透射到水下十几米至几十米。透射入水的电磁波能经水体中的水分子、浮游植物、悬浮物等散射，其中一部分会往上传播（上行辐射），经水—气界面折射进入大气，这部分的反射照度（单位波长）称为离水反射辐射率，简称离水辐射率。显然离水辐射率含有浮游植物、悬浮物的有关信息。海水中的植物与陆地植物一样，在太阳光照射下会发生光合作用，绿色植物吸收二氧化碳释放出氧气，因此，透射入水的可见光有一小部分会被吸收。如果水体足够深，那么入射到水体的可见光在到达海底之前已完全衰减。如果水较浅，则透射进入海水中的光波传播到海底时会反射，再次经过水体的漫衰减后从水面进入大气，这也就是我们能看到水底景观的原因。

实地测量表观光谱从仪器和方法上可分为两类：剖面测量法和水表面以上测量法。剖面法是由水下光场测量外推得到水表面的信号，一般适合水深大于10m的一类水体。水表面以上测量法是采用与陆地光谱测量相似的仪器，通过严格定标、合理设置观测几何和测量积分时间，测量水表面的表观反射率、离水辐亮度等变量的值。水表面以上测量法是浑浊二类水体测量的主要方法。

五、可见光遥感资料处理

（一）大气校正

遥感平台上的传感器接收到的是大气顶的总辐射，包括地物本身受地球圈大气的吸收和散射而衰减后的辐射量，同时叠加了因大气散射作用的辐射量。大气吸收和散射等作用使得遥感图像不能真实地反映地表状况，大气校正是从卫星数据推算到地表反射率的过程。随着海洋定量遥感技术的迅速发展，特别是利用多传感器、多时相遥感数据进行水色参数反演、海洋资源环境分析及其气候变化监测等需要，大气校正方法研究对定量化遥感越来越重要。大气校正是海洋水色遥感的关键所在，90%以上的信号来自大气瑞利散射、气溶胶散射及太阳反射。因此，如何从微弱的信息中把来自水体和大气的辐射量分离，是海洋水色遥感应用的关键，直接影响水体组分的反演精度。

1.海洋水色遥感大气校正基础

太阳光子进入大气层后，会与大气分子和气溶胶等物质发生碰撞，其能量要么被吸收，要么被散射到其他方向。太阳辐射出来的能量会在其传播的过程中发生衰减，其辐射能量的传播方向和偏振方向也发生了改变，其中有部分经大气直接反射到外太空，有部分向下辐射与下垫面发生了作用。在海洋上，有下行部分太阳辐射经过海面被直接反射回去，有部分透射过海水进入水体中，与水体中的水分子、叶绿素、黄色物质和悬浮物等物质发生了吸收和散射衰减作用，有小部分辐射通过水体散射返回大气，这部分能量称为离水辐射。离水辐射和海表面反射辐射在上行过程中与大气再次发生吸收和散射作用，部分辐射透过大气返回外太空，但也有部分能量经过大气反射返回海面，再次与海面和水体发生光学作用。太阳辐射多次在大气和海洋之间发生相互光学作用，随着碰撞次数的增加，大气和海洋之间辐射交换逐渐减弱。

（1）大气分子吸收与散射作用。太阳辐射经过大气层时会被气体分子吸收一部分能量，大气分子通过改变分子的旋转、振动或者电磁状态完成对辐射的吸收。旋转状态的改变主要发生在微波或者远红外等低能量区域，振动状态的改变主要发生在较高能量的近红外区域，电磁状态的改变主要发生在紫外线和可见光部分等高能量区域。大气分子吸收主要源于氧气、臭氧、水汽、二氧化氮、甲烷和二氧化碳这6种气体的吸收作用。其中前4种气体在大气中分布稳定，与大气充分混合，可以看成常量；后两者在大气中变化较大，与时间和地点紧密相关。气体吸收对波长具有较明显的选择性。波长小于 $0.2\,\mu m$ 的电磁波几乎被氮气吸收，波长小于 $0.3\,\mu m$ 的太阳短波辐射在入射到地表之前已被臭氧吸收，氧气吸收主要发生在波长 $0.76\,\mu m$ 处，水汽吸收主要发生在大于 $0.7\,\mu m$ 波长上，二氧化碳主要发生在波长 $2\,\mu m$ 处，甲烷的吸收则发生在更长的波长处。不同的大气分子含量会具有不同的吸收率和透过率，但各种气体的吸收作用相对独立，其综合吸收作用是各种气体吸收作用的乘积。太阳辐射与大气分子发生碰撞时会发生散射作用，从而改变了光场能量分布。由于太阳辐射的波长远大于大气分子半径，其散射为瑞利散射。

（2）气溶胶的吸收与散射作用。气溶胶是悬浮在大气中的多种固体微粒和液体微小颗粒群，根据来源可以归纳为两类：①自然界，如火山喷发的烟尘、被风吹起的土壤微粒、海水飞溅扬入大气后而被蒸发的盐粒、细菌、微生物、植物的孢子花粉、流星燃烧所产生的细小微粒和宇宙尘埃等；②人类活动，如煤、油及其他矿物燃料的燃烧物质以及车辆产生的废气排放至空气中的大量烟粒等。

气溶胶通过改变局部行星反射率和吸收地球热辐射来影响全球气候，对地球辐射平衡起着重要作用。气溶胶的直接作用是增加行星反射率，使更多太阳辐射返回外太空，同时煤烟型等有色气溶胶具有强吸收性，能够吸收部分太阳光并转化为热能，减少到达地球表面的太阳辐射，对地球表面起降温作用。气溶胶还起到温室气体的作用，吸收部分地球热辐射，减缓地表降温的速度。气溶胶间接作用机制比较复杂，小粒径气溶胶可作为云凝结核，有助于形成和发展云层和降水，改变云层反射率和降水过程。气溶胶会增加大气层的反射能力，从而增加行星的反射率和卫星接收信号强度。要精确获取地表反射率必须知道气溶胶信息并进行有效的大气校正，而这正是目前水色卫星大气校正的焦点和难点所在。

随着空气相对湿度的增加，更多水汽依附在气溶胶表面，使得气溶胶吸收更多的水分，从而加大气溶胶的粒径和改变气溶胶的折射系数，进而改变气溶胶的吸收系数和衰减系数等光学属性。当然，相对湿度只对吸湿性气溶胶（水溶气溶胶或者海盐气溶胶）有作用，对一些非吸湿性气溶胶（矿物质气溶胶和煤烟型气溶胶等）不起任何作用。

（3）海表面对光辐射的作用：白冠是波浪破碎后漂浮在海面的白色泡沫，能增加海面的反射率，其光学影响是面积和其相应反射率的乘积。然而随着时间的增长，白冠的面积变大，但其反射率却减小，所以不能过高估计白冠反射率。可见光部分有效反射率高达22%，并且随着波长的增加反射率整体呈下降趋势，到2.7μm左右，有效反射率可以忽略不计。

2.一类水体大气校正方法

水色遥感数据大气校正的目的是为精确获取海面归一化离水辐亮度或者归一化离水辐射率，消除大气分子和太阳天顶角对离水辐射的影响。能够较客观地描述水下成分对离水辐亮度的影响，是海洋水色遥感算法及其水色产品的基础。

来自大气外层的太阳光通过大气的瑞利散射和气溶胶散射，其中一部分返回到卫星水色扫描仪，一部分直射和漫散射到达海面。到达海面的直射光，一部分由于镜面反射可能会穿过大气到达卫星水色扫描仪，另一部分经水面折射穿过水面，受到水色因子如叶绿素、悬浮泥沙和黄色物质等颗粒的散射后，再经水面折射穿过大气到达卫星水色扫描仪。

水次表面的另一部分继续向下到达真光层深度或到达海底并部分反射，经折射回到卫星水色扫描仪。对于一类水体，近红外波段的离水辐射率可忽略不计，则传感器在近红外波段接收到的大气顶层反射率都来自大气程辐射。根据两个近红外波段的大气程辐射率，估算气溶胶类型及其在其他波段的大气程辐射率，然后计算得到卫星接收到的海面离水辐射率。在气溶胶类型已知的情况下，可以根据近红外波段估算出光学厚度，从而可以计算其他波段的大气漫散射透过率。在大气漫散射率已知的情况下，就可以计算出海面离水辐射率。

一类大气校正算法的精度主要取决于实际海面在近红外波段的离水辐射是否可忽略。由于其气溶胶一般属于非吸收性或者弱吸收性气溶胶，而且其在近红外波段的离水辐射甚微，因而大部分一类水体处理精度可以达到业务化需求，其校正后得到的离水辐射率误差在5%以内。

3.二类水体大气校正方法

对于二类水体，高浓度的悬浮泥沙和叶绿素在近红外波段具有较高的反射率。假设忽略近红外波段离水辐射率，会过高估算气溶胶在可见光部分的反射率，波长越短，估算越偏高，所以在蓝光波段校正后得到的离水辐射率会出现负值，导致大气校正标准方法失效。

（1）迭代校正方法在大气校正的同时能够反演水下物质浓度。该算法需要一定的气溶胶模型和水下光学模型。其中，气溶胶模型由大陆气溶胶、海洋气溶胶和城市气溶胶按照不同比例混合而成。每种气溶胶成分都具特定的单次散射反照率、衰减系数、散射相函数和光学厚度等光学属性。由于这3种气溶胶类型的体积百分比之和为1，所以只要确定大陆气溶胶和城市气溶胶的体积百分比，就可以确定海洋气溶胶的体积百分比。在各个体积百分比已知的情况下，就可计算最终气溶胶的光学属性，接着根据单次散射理论计算气溶胶程辐射反射率和透过率等变量，最后用多次散射理论修正单次散射计算结果。只要知道海面反射率，就可以确定大气顶层表观反射率。迭代法基于特定的水体经验光学模型，而经验光学模型是在特定时空条件下建立的，只适合实验区域实验时间的水体光学模式，不能随意在其他地方运用该方法；要在其他区域运用该算法，需要对该区域首先建立该地区特有的水体光学模式。

（2）短波红外波段的校正方法：在短波红外波段，由于水体具有较高吸收率，其离水辐射率可忽略不计，符合暗目标假设条件。利用MODIS的短波红外波段信息去除可见光/近红外波段的大气影响，形成短波红外波段校正方法。用1240nm和2130nm波段代替两个近红外波段估算气溶胶类型和光学厚度，然后外推到可见光/近红外波段完成大气校正。该短波红外波段方法与标准方法流程非常近似，只是扩展其查找表的波长范围到短波红外波段。短波红外波段方法的校正精度取决于所取两个短波红外波段的信噪比。由于MODIS

短波红外波段是专为大气和陆地应用而设计的，其信噪比远低于水色遥感精度要求，所以两个短波红外波段组合校正方法存在较大不确定性。

把MODIS所采用的气溶胶查找表从可见光/近红外波段扩展到短波红外波段，对两个近红外或者短波红外波段的任意组合进行大气校正发现，在无误差的情况下，除了1640nm和2130nm组合，两个短波红外波段的任意组合的大气校正效果与两个近红外波段组合效果相当；在考虑误差的情况下，由于MODIS的3个短波红外波段是针对大气和陆地遥感应用而设计的，其设计信噪比较低，利用该短波红外波段进行大气校正会产生较大的不确定性，所以在较清洁水体，其校正精度不如两个近红外波段组合的校正精度。

（3）基于紫外波段的高浑浊水体大气校正算法：我国近海水体浑浊度高，特别是在杭州湾、长江口、苏北浅滩、渤海沿岸区域，水体浑浊度之高世界少有，致使标准大气校正算法在我国近海高浑浊水体失效。通过分析典型河口浑浊水体的实测归一化离水辐亮度光谱曲线（如长江口、密西西比河河口和奥里诺科河河口），发现由于陆源有机质（黄色物质、有机碎屑）在短波的强吸收作用下，蓝紫光波段的归一化离水辐亮度相对长波较小，可以假设忽略不计，进而提出了基于紫外波段的高浑浊水体大气校正算法。该算法的核心思想为：假设紫外波段（对于缺乏紫外波段的水色遥感器，可用最短波长的蓝光波段代替）的离水辐亮度可以忽略不计，利用紫外波段卫星接收信号来估算气溶胶辐射，并进一步外推获得整个可见光波段的气溶胶辐射，实现最终的大气校正。

利用辐射传输模型数值模拟及现场实测数据对紫外波段大气校正算法进行了验证，结果表明，该算法可以较精确地反演高浑浊水体的各波段离水辐亮度，并有效解决了标准算法（包括短波红外算法）在近海高浑浊水体出现的离水辐亮度负值问题。同时，该算法已成功应用于静止轨道海洋水色卫星GOCI遥感资料，获得了长江口小时级高时间分辨率的离水辐亮度，在极端浑浊的杭州湾也获得了较好的效果。

（4）基于实测光谱的大气校正方法：卫星接收到的是太阳辐射光谱经过大气—海面—水体—海面—大气的辐射传输过程后被遥感器接收到辐射率，包含大气、海面、水体各要素的混合信号，如何从混合信号中精确地分离出离水辐亮度是大气校正的主要任务。一类，水体在近红外波段具有强吸收作用，使卫星接收到的信号可假定为全部是大气散射的作用，由此可推算出气溶胶模式，实现大气与水体信号分离的目标。但对于二类水体，这种假设不成立，致使传统大气校正方法失效。

查找光谱的方法是确定一个判别法则，根据气溶胶遵守埃格斯特朗规律来查找与该规律最接近的光谱。其方法是：将查找表的每条光谱作为已知的离水辐亮度就可得到气溶胶散射率，采用最小二乘法与埃格斯特朗规律进行匹配，计算二者的光谱距离，具有最小光谱距离的那条光谱被认为是最遵守埃格斯特朗规律的。由此，该方法被用于处理SeaWiFS数据，取得了很好的结果。

该方法的优点是可得到气溶胶光谱用于匹配气溶胶模式，代替传统方法中近红外波段的单值匹配方法，使气溶胶模式匹配结果更稳定。

（二）海洋水色参数的反演

海水按照光学性质的不同分为一类水体和二类水体：一类水体的光学特性主要由浮游植物及其伴生物决定；二类水体的光学特性受浮游植物、悬浮颗粒物和黄色物质的影响。大洋水体是典型的一类水体，二类水体主要分布在近岸、河口等区域。二类水体的光学特性比一类水体的光学特性复杂得多。目前，水色要素反演算法主要有经验算法、半分析算法以及神经网络算法等。

第三节　海洋红外遥感基础

一、海洋的红外辐射特性

在红外遥感中，卫星上的红外探测器接收到的地球表面的辐射信号可能包括天空的直接热辐射、大气辐射照射到海面再经海面反射的红外辐射、太阳直射辐射照射到海面经海面反射的辐射、来自海表自身的热辐射。海洋吸收的部分太阳短波辐射能量将转变成其自身的内能，使水体的温度升高，然后再以长波辐射的形式向外发射，即热辐射。因此，在考虑热辐射与海洋表面的相互作用时，需要考虑海洋对入射的短波辐射的反射。根据基尔霍夫定律，在局地热平衡条件下，物体的光谱发射率等于它的光谱吸收率。$8 \sim 14 \mu m$热红外波谱区对应着大气窗口，并且集中了大多数地表物质的辐射峰值，在此波谱区，不同物质的发射率之间存在较大差异，但对于某一特定物质，其发射率的变化极小，即在此谱段可视为"灰体"。海水也具有这一特性。对于较纯净的海水来说，海水强烈的吸收有利于遥感中的红外辐射与无线电频率辐射，而次表面的反射十分微弱。海洋表面是非常复杂的能量交换区，海表温度是地球、太阳和大气相互作用的结果。海表温度与海表反射率、海表热学性质和海表的红外发射率等因素密切相关。在考察海洋表面温度的形成机制时，传导、对流和辐射3个方面都要考虑。

海洋红外遥感始于Nimbus-3影像数据的海面温度遥感，经过几十年的不断努力，目前该技术已相对成熟。红外遥感是指利用机载或星载的红外传感器探测地表及大气层的红外谱段的电磁辐射信息的遥感方式，一般可分为两类：中红外遥感和热红外遥感。红外遥感的传感器主要是红外辐射计和红外扫描仪。在整个红外谱区，辐射性质差异较大；$0.76 \sim 3.0 \mu m$波谱区主要以反射红外为主；$6 \sim 15 \mu m$波谱区主要以热辐射为主，反射辐射可以忽略不计；而在$3 \sim 6 \mu m$的中红外谱区，热辐射与反射的太阳辐射都不可忽视，必须同时考虑。相比可见光遥感，热红外信号一般较弱，但由于其波长较长，具有很大的绕射能力和穿透能力，不易受到雾、烟尘和气溶胶的影响，即使穿过大气层，热红外遥感也能够测到比较清晰的图像。使用卫星观测海表面的温度和盐度时，大气对海面红外信号的衰减属于噪声，因此，大气校正是热红外遥感中不可缺少的环节。

从某种角度来看，热红外遥感比可见光遥感更为复杂，主要表现在：热红外遥感的大气影响更加复杂，大气效应除了大气分子的吸收、大气散射外，还有大气本身的热辐射。尽管热红外波段的波长较长，大气散射作用的影响不如紫外和可见光遥感那么大，但此谱段内的大气分子与悬浮颗粒的吸收作用却很明显。主要的影响因素是水汽和气溶胶，它们既吸收外部辐射来的能量，又会自身发射热辐射能。地表物质本身的热过程比较复杂。地物吸收外围辐射来的能量会升温，进行热辐射又能降温。这个过程不仅与地物本身的热学性质（热传导率、热容量、热惯量等）有关，还与环境条件及地表热状况（风速、风向、气温、湿度、土壤水分、结构、地表粗糙度等）有关，并且吸热—散热存在"滞后"效应。改变地物温度的因素，除了地物自身热辐射之外，还与能量和质量的输送有关。例如，"显热交换"是地表与大气之间的热交换，而"潜热交换"是因地表水分蒸发消耗了部分热量，降低了地物的温度。这些作用同时存在，难以准确分割。地球表面的地物并非黑体，并且大部分的地表也不是朗伯面，因而有表面温度与发射率的分离问题，而这是一个难点。

二、大气成分对红外电磁波传输的影响

在热红外波段，大气对海面辐射的影响主要是通过吸收辐射和自发辐射的相互作用进行的。红外大气衰减计算主要考虑二氧化碳（CO_2）、臭氧（O_3）和水汽（H_2O）的影响。在大气中，只有CO_2的成分及分布是稳定的；O_3处于$20 \sim 30km$的高空，且白天的浓度大于晚上；水蒸气处于大气的底层（大约$10km$），水平分布变化很大，随时间的变化也很大。大气层的温度比海面温度要低，大气中各成分吸收了海面辐射后变成大气的内能，以较低的温度向外辐射，从而使光谱的峰值移向较长的波长。所以大气效应减少了到达传感器的辐射，也改变了在不同通道（波段）接收到的辐射度值。在大气稳定的情况下，大气透过率是各种大气成分吸收和散射作用的综合结果。除大气的影响外，红外传感器的误差源还包括红外传感器本身。根据普朗克黑体辐射定律，辐射率的热噪声产生的误差都可能造成温度测定的极大误差，因此要求辐射计具有较高的信噪比和稳定性。

三、红外遥感资料处理

海洋表面温度（Sea Surface Temperature，SST）是一个最基础的海洋环境参数，几乎所有的海洋过程，特别是海洋动力过程都直接或间接地与海洋温度有关。海温是划分水团的主要依据之一，是全球气候变化模式的主要输入量之一，与厄尔尼诺、拉尼娜现象、热带气旋、海—气交换等都密切相关，可反映海洋锋面和流系特征，还制约和影响着生物种群分布、洄游、繁殖等生命过程。因此，海温数据广泛应用于海洋动力学、海气相互作用、渔业经济研究、污染监测和海温预报应用等方面。利用各种辐射传输代码、模型和观测的大气温度和水汽廓线数据进行了SST反演。从卫星遥感来测定SST的方法有热红外测量和被动微波辐射测量，两种方法各有其优缺点。

（一）红外遥感海面温度的基本方法

假设红外遥感数据得到很好的辐射定标，反演高精度的SST将取决于校正这些波段干扰大气影响的能力。通过感应穿过大气层的热红外辐射来确定SST易于受几个环境因素的影响，包括太阳耀光（中红外波段）、大气的水汽吸收（热红外波段）、示踪气体吸收（所有波段）、气溶胶吸收的短暂变化，常常由于火山爆发、陆源灰尘吹到海洋上空等引起（所有波段）。由于每个红外波段总的大气透过率各不相同，因此，可基于各个波段测量的温度之间的差异来构建SST反演算法。这类算法中最简单的算法假设，对于小的水汽累积量，大气的光学厚度足够小，则任何一个波段测量的温度与真实地表温度之间的差异可以参数化为两个透过率不同的波段测量的温度差的简单的函数。

1.基于辐射传输方程的直接计算法

直接计算法是根据辐射传输方程，把从地面探空站或星载大气垂直探空仪获取的大气温度、水汽廓线数据及其他大气成分数据，输入LOWTRAN、MODTRAN等大气辐射传输软件，计算出大气透过率、大气下行辐射量、大气上行辐射量，再与地表比辐射率一起，则可推算出海洋表面温度。由于这种方法比较复杂，在实际运行系统中很少采用。

2.单通道统计方法

实际上，卫星上测量的辐射量都是在一定的波长内测得的，所以必须进行积分。辐射量可进一步转换为辐射的亮度温度，再与真实的海面温度进行比较，就可得到某一地理位置和某一时段上的大气订正量，这就是单通道统计法的思想。单通道大气统计方法是从大气辐射传输方程出发，考虑大气含水量和传感器观测天顶角的影响，建立遥感亮度温度与海面温度的经验公式，通过同步实测数据进行回归计算得到经验系数。

3.基于多通道的分裂窗方法

分裂窗或双窗是指利用10~12μm波区的2个波段或4μm的2个波段，建立SST反演模型，其原理如Deschamps和Phulpin所述。由于水汽对不同的热红外波段的影响不同，通过使用分裂窗（或双窗）技术，可以直接校正水汽吸收波段的卫星红外辐射能量的大气吸收贡献。Mcmillin在假定水汽是最主要的吸收气体、臭氧变化非常小、大气为晴空大气、不存在光谱反射太阳光的条件下，建立了反演海洋表面温度的模型。将多个红外通道测量值进行线性组合，可在一定程度上消除大气对红外传输的影响，最早使用的是多通道线性算法（Multi-Channel Sea Surface Temperature，MCSST）。

（二）海温反演数据处理流程

在海温反演数据处理流程中，需经过数据质量控制和订正处理、云检测、海温反演、海温数据综合分析和海温产品制作等处理过程，生成可用于海温预报的卫星海温反演产品。在海温反演的过程中，应特别注意卫星扫描数据的质量控制和云检测方法的应用，这直接关系到产品的质量。在进行海洋表面温度反演之前，需要对红外辐射计数据进行辐射定标，即把原始计数值定标为像元的辐射度值。

云覆盖问题是影响红外遥感数据空间连续性的最主要障碍。当利用红外辐射计遥感海面温度时，如果辐射计的瞬时视场内全部是云，那么传感器探测到的是云顶的发射辐射；如果瞬时视场部分被云覆盖，那么得到的是海表和云顶发射辐射的混合值。由于云顶温度通常低于海面温度，当使用这些被云污染的遥感数据进行海温反演时，得到的海温往往低于真实的海面温度。为了得到准确的海洋表面温度，需要对遥感数据进行严格的云检测。云检测就是通过对卫星观测到的目标物的辐射值或反射率与云的辐射值具有明显的差异，采用一定的方法识别影像中的云覆盖像元并且进行标记。遥感数据的云检测可以利用被观测对象自身的电磁波辐射或反射特性来进行，例如，可见光波段的云顶反照率比海面的反照率高，海面温度通常比云顶温度高。

第四节　海洋微波遥感基础

一、概述

微波遥感是指利用1mm~1m微波波段（300MHz~300GHz）的电磁波来探测地球大气、陆地和海洋的遥感方式。地表物质的微波反射、发射特性与它们对可见光或热红外的反射、发射无直接关系，因此，地物对微波的响应特征提供给人们一个完全不同的视角去认识自然界。微波遥感有主动、被动两种形式。主动微波遥感是指由传感器主动地向地面发射微波波束，再接收地面与这些微波相互作用后的回波信号，解译地表特征的遥感方式；而被动微波遥感与热红外遥感类似，是通过接收地表物质发射的微波辐射信号来解译地表特征。在海洋遥感中，微波传感器主要有微波辐射计、雷达高度计、散射计、合成孔径雷达。

与光学遥感相比，微波遥感有其自身的独特优势，具有全天时、全天候的工作能力。由于微波遥感不依赖太阳光，因而可以不受昼夜影响全天时工作，微波的大气衰减小，可在任何天气条件下工作；微波具有很强的穿透能力，不仅能穿透云、雾，而且能穿透一定厚度的植被、土壤、冰雪等，提供地表以下的一些信息；微波遥感可获得多波段、多极化、多角度的散射特征；微波对地表粗糙度、地物几何形状、介电性质（土壤水分等）敏感。因此，微波遥感具有广泛的应用前景，可用于调查地质构造、海洋内波、海冰、土壤水分、洪涝灾害等；另外，在军事方面也有重要应用。

二、海洋微波遥感基本参数

（一）微波遥感的测量参数

微波辐射计（Microwave Radiometer）是一个被动遥感传感器，用于记录来自地球的自然微波辐射，其不但可以用于测定观测视场内的总大气含水量，也可用于测定海表温度和海洋盐度。

雷达高度计（Radar Altimeter）向地面发射微波波束并记录地球表面后向散射的信号。地表的高程则可根据返回波束的时间延时来推算。

微波散射计（Wind Scatterometer）可用于测定海表风速和风向。它沿几个方向发出微波脉冲并记录来自海洋表面的后向散射信号的大小。后向散射信号的大小与海洋表面的粗糙度有关，而海表粗糙度与海面风场有关。因此，风的速度和方向可以通过推演得到。

合成孔径雷达（Synthetic Aperture Radar，SAR）可以用于测定海面风场和海洋内波，由于其具有成像功能，因此可用于海面油污、海冰和航行船只的探测。SAR成像过程中，微波脉冲由朝向地面的天线发射出去，后向散射返回到航天传感器的能量被测量到。SAR根据雷达原理，利用后向散射信号的时间延迟和方位向的多普勒效应分别形成距离向和方位向分辨率，从而生成图像。

（二）海表的微波辐射

地球表面的物质除了发射红外辐射，也发射微量的微波。微波辐射和红外辐射都属于热辐射，只是物质内部的运动状态不同。黑体的热红外辐射用普朗克定律表示，而微波辐射则遵循瑞利-金斯辐射定律。微波的辐射与热红外辐射类似，只是微波的波长更长，具有穿透云、雾等大气颗粒物的能力，但辐射的能量比热红外谱段小很多。微波辐射的能量与介质表面的温度和含水量等性质有关。无论是可见光、红外遥感还是微波遥感，都只能探测到海表面有限深度的海水的信息。在海洋的表层，波浪强烈地影响海表面辐射的传播，同时海洋表面流的流速和风速也是海洋遥感需要确定的参量。

1.海面的物理参数

海面的特征是大尺度和各种周期的波动。海面上的风浪和涌浪是属于宏观结构的大波动，而波纹、浪花和飞沫是属于微观结构的波动。风浪是由风所产生的一种短峰波。涌浪是由几千千米远洋面上的风暴的风所产生的，它是一种正弦波型的长波，波的周期为6～16s。由风浪、涌浪和大气湍流运动的相互作用造成了不规则的海面。

海面波浪有风波、重力波和表面张力波几种形式。风波是指在洋面上由局地风吹所激起的海洋波系统，它形成了随机的海洋高度剖面；重力波是作用在扰动水团上的主要恢复力，是重力的波动，波的长度大于1.73cm；而表面张力波是作用在扰动水团上的主要恢复力，是表面张力的波动，波的长度小于1.73cm。由于风力、重力、水流等因素的影响，海面总是在不停地波动，波动的幅度通常用海面粗糙度来描述，一般可分成若干个等级，并与最大的表面波动高度有关。

2.海面模型

海表的统计描述由它的方向谱给出，定义成表面波高的自相关函数的傅里叶变换。海表的演变包括时间和空间的演变。

由于在海-气界面的摩擦阻力，从海面上刮来的风首先扰动表面层，开始时产生毛细波。随后部分毛细波的能量转移至波长更长的重力波上，并且随着时间的推移，与波峰和总能量相关联的波长增加。这个过程一直持续到形成一个平衡状态，即输入的风能与耗散的能量正好一致。在这种状态下，海浪被说成是充分成长的，形成重力波所需要的时间比形成毛细波所需要的时间更长。从空气中吸收动能不仅形成了波浪，而且迅速地削弱海面上的风，同时建立大气边界层，并沿着海表层拖拉，产生表面海流。当风停止时，短波会快速消失，然而长波会经历更长的时间并可能持续几天时间，这使它们可以传播更远的距离和增加局部产生的波能。随着时间的流逝、季节的更替，把风做的功、太阳的加热、蒸发和冷却交织在一起，形成整个海盆流。这个过程并不就此停止，而是海流反复扰动地球热量，影响大气并促进风形成，最后风又扰动海洋。

3.海水的介电常数

在海洋遥感中，海洋的微波辐射可以用微波辐射计进行探测。微波辐射计的工作波长一般为1.5～300mm（频率为1～20GHz）。星载微波辐射计接收到的辐射能量可分解为以下部分：海面的发射辐射经大气衰减后被传感器捕获的部分；大气的上行发射辐射经大气衰减后被传感器捕获的部分；大气的下行辐射经海面反射和大气衰减后进入传感器的部分；太阳发射和深空的背景辐射。对于波长较长的微波，大气、气溶胶、雾霾（干雾）、尘埃或云层中微小水粒引起的散射影响很小，可忽略不计。而降雨形式的液态水的散射辐射，可能使大气在微波频率上变得不透明，但微波传感器仍可视为有效的全天候仪器。在微波被动遥感中，一般用同"灰体"（目标物）具有相等辐射率的黑体的热力学温度来描述一般物体的微波辐射特性。这个在相同波长条件下，与"灰体"具有相等辐射率的黑体的热力学温度被称为"灰体"的亮度温度（Brightness Temperature，TB）。微波辐射计接收到的海面辐射的微波信号就是用辐射度或辐亮度表示。海表的微波辐射的总功率，会随着海水的温度的增加而增大。微波的黑体辐射与其温度的关系以及按波长的分布，同样遵循电磁波辐射的基本物理定律。

由于在波长较长的微波波段，热辐射很微弱，因此卫星上传感器接收到的信号也很弱。为了降低噪声电平，观测视场必须做得很大，这就是星载微波辐射计的空间分辨率通常比光学传感器更低的原因。

（三）海表的微波散射

当微波波束入射到地球表面时，被照射的地面目标会将入射电磁波能量向空间各个方向散射，其中返回到波源方向的散射能量称为后向散射。散射有两种基本形式：一种是由分布式介质表面产生的散射，称为表面散射，它的主要影响因素为表面介质的介电常数和粗糙度；另一种是由体目标产生的散射，叫体散射。体散射通常是在介质不均匀或不同介质混合的情况下产生的，例如降雨、疏松的土壤和植被区。对于一般的地表，后向散射可以表达为面元模型（表面散射）和点散射体模型（体散射）的综合效应。雷达回波强度的描述和度量一般用后向散射截面（Radar Cross Section，RCS）或后向散射系数（Backscattering Coefficient）。后向散射截面定义为经后向散射返回至传感器功率与入射功率密度之比，用有效散射面积表示。

（四）海面的微波透射

当微波入射到地—气分界面时，除了发生散射、反射外，还有部分微波能量会透过表面入射到地表的内部，这就是微波的透射。对于一些地表物质，如松土、植被、积雪、冰、岩石等，微波能穿透到达一定深度。

（五）雷达方程

主动式雷达属于侧视成像工作模式，即雷达发射天线以一定时间间隔向垂直于飞行方向的一侧沿扇状波束宽度发射微波脉冲，照射一个狭长地带，再通过接收天线接收回波，经后续处理生成图像。雷达图像有两个分辨率，一个是沿着飞行方向的方位分辨率，另一个是垂直于飞行方向的距离分辨率。在真实孔径雷达成像中，地面分辨率受限于从天线发送出去的微波波束的尺寸。地面上更精细的细节可以通过使用更窄波束来探测。波束的宽度与天线的尺寸成反比。也就是说，天线越长，波束越窄。从天线发射的一束微波波束照射到地面的范围称为天线的"足迹"，在雷达成像时，记录的信号强度由"足迹"内目标物的后向散射决定。增加天线的长度将使天线的"足迹"变小，为了获得地面的高分辨率图像而让航天器携带一个很长的天线并不可行。为了克服这一限制，SAR利用空间飞行器的运动从一个实际装载的小天线（例如ERS 10m）模拟得到一个大天线（ERS SAR约4km）。

星载雷达的测量过程是：雷达发出的电磁波向下传播，由海面返回的后向散射携带着海面的信息，这些信息连同噪声被雷达接收，天线是发射或接收电磁波的设备。微波遥感中常见的天线主要有偶极子天线、喇叭天线、抛物面天线及卡塞格伦天线等。天线在向空间中辐射电磁波时，在各个方向上辐射的能量是不均匀的，通常用天线方向图进行描述，天线辐射能量最大的波束称为主波束，主波束宽度通常指的是半功率点之间的宽度，而这个宽度内集中了天线辐射的主要能量，称之为天线辐射的主瓣，主波束周围分布着能量较小的辐射，通常称为旁瓣。

（六）影响雷达回波的因素

在微波遥感中，雷达的后向散射回波的强度对应着雷达图像的亮度值，它的大小取决于许多因素，包括微波频率、极化方式、入射角；物理因素，如表面材料的介电常数，介电常数强烈依赖于水分含量；几何因素，如表面粗糙度、斜率、相对于雷达波束方向的目标定位；地表覆盖类型（土壤、植被或人造物体）。

1.微波的频率（Microwave Frequency）

微波穿透云层、降水或地表覆盖物的能力取决于其频率。一般来说，波长越长则穿透能力越强。SAR的后向散射强度随表面粗糙度增加而增加。然而，"粗糙"是一个相对量。表面粗糙与否取决于测量仪器的尺度。如果用一个米尺（meterrule）来测量表面粗糙度，则凹凸尺度为1cm级或更小的表面会被视为光滑表面。如果在显微镜下观察，则一个凹凸尺度为零点几毫米的表面将视为很粗糙。对于SAR成像，表面粗糙度的参考尺度是微波的波长。如果表面凹凸小于微波波长，则表面是光滑的。例如，如果用L波段（波长为15～30cm）SAR进行探测，则粗糙度为5cm左右的表面的后向散射为一小辐射，因而雷达图像会比较黑。然而，同样的表面在X波段（波长为2.4～3.8cm）的SAR图像上会显示为明亮。

ERS和Radarsat SAR都是使用C波段的微波，而JERS SAR则使用L波段。C波段可用于获取海洋和冰的特征图像，同时它也有很多陆表应用。L波段的波长比C波段更长，则它的穿透力更强，因此，它对森林和植被研究也很有用。

2.微波的极化方式（Polarization）

在微波海洋遥感中，通常将与入射面垂直的电场分量定义为水平极化分量，即H极化分量；将在入射面内的电场分量定义为垂直极化分量，即V极化分量。在电磁波与地面物质相互作用后，电磁波的极化状态可能改变。因此，后向散射微波能量中通常含有混合着的两种极化状态。SAR传感器可能被设计成用来探测后向散射辐射的H或V极化分量。因此，一个SAR系统可能有4种极化组合——"HH""VV""HV""VH"，这取决于发送和接收的微波信号的偏振状态。例如，ERS SAR卫星发送V极化波束，但只接收V极化微波脉冲，所以它是一个"VV"极化合成孔径雷达。而Radarsat卫星上搭载的SAR是HH极化SAR。

由同向极化到异向极化的转换过程称为去极化。极化方式是否改变由被照射目标的物理和电特性决定。不同极化方式会造成地面物质对电磁波的不同响应，使雷达回波强度不同，并影响到对不同方位信息的表现能力。利用不同极化方式图像的差异，可以更好地观测和确定目标的特性和结构，提高图像的识别能力和精度。例如，用HH极化图像比用VV极化图像更容易区分海冰和海水，因为海冰在两种极化图像上都比较亮，而海水在HH图像上更暗。

3.入射角（Incident Angles）

雷达波的入射角是指入射雷达波束与地表法线之间的夹角。微波与地表之间的相互作用依赖于入射到地表的雷达波束的入射角。ERS SAR视场中心的入射角为23°的固定角度。Radarsat是第一个装载有多波束扫描模式的星载合成孔径雷达，这种多波束模式可在不同入射角和不同分辨率条件下获取地面的微波图像。ERSSAR的23°入射角最适合探测海浪及其他海洋表面特征。一个更大的入射角可能更适合其他应用。例如，一个大的入射角将增加森林与已伐区的对比度。使用两种不同的入射角度获取同一地区的SAR图像可用于重建该地区的立体形象建设。

4.地表粗糙度（Surface Roughness）

对入射雷达脉冲来说，光滑的表面就像一面镜子，绝大部分的入射雷达波能按照镜面反射规律反射出去，即反射角与入射角相同，雷达接收的散射回波非常少。因此，诸如道路、跑道或平静的水面等平坦表面，通常在雷达图像上显示为暗区，这是由于大部分的入射雷达脉冲因镜面反射而被反射到别的方向去了。粗糙表面会把入射雷达脉冲按照漫反射的形式散射到半球空间的各个方向上去，其中的一部分雷达波能会后向散射回到传感器接收端，后向散射的能量的数量与地面目标的特性有关。平静的海表面在SAR图像上显示为暗色调。然而，粗糙海表则可能表现为亮色调，特别是当入射角较小时。油膜的出现会使海表变得更平滑。在一定的条件下，即当海表面足够粗糙时，油膜可被识别出来，因其就像在明亮的背景下的黑暗的补丁。

通常情况下，树木和其他植被相对于入射微波波束来说是中等粗糙的目标物，因此，它们在雷达图像上呈现为中度明亮的特征。热带雨林具有典型的后向散射系数，介于-7～-6dB之间，并且空间均一，随时间变化很小。因此，热带雨林曾被用作对SAR图像进行辐射校准的定标物。

5.地表的含水量（Water Content）

表面物质的含水量与其复介电常数直接相关，含水量越大，介电常数也越大。自然界中大部分干燥物质的介电常数在3～8dB之间变化，但水的介电常数高达约80dB。另外，复介电常数依赖于物质的组成和温度，是温度、波长的函数。例如，水的复介电常数在可见光波段约为1.77dB，但在微波波段则可能达到80dB。裸土区的色调可以从很黑到很亮，这主要取决于土壤的粗糙度和水分含量。通常情况下，粗糙的土壤在图像上呈现明亮色。如果土壤的粗糙度相同，土壤的水分含量越高，在图像上则越亮。

6.角反射效应（Corner Reflection）

当两个光滑表面相对于入射雷达波呈直角分布时，雷达脉冲经两次镜面反射后，绝大部分的雷达辐射能会反射到天上的雷达传感器。在雷达脉冲从水平地面（或海面）弹出时，由于角反射或双边界效应，在雷达图像中可能出现非常明亮的目标。这样的例子有航行在海上的船、高层建筑以及普通金属物体如货物集装箱，建筑区和许多人造物经常由于角反射效应而在雷达图像上呈现为亮斑。

二、微波与海面的相互作用

（一）海洋的微波辐射模式

在海洋遥感中，海面的微波辐射不仅依赖于海面的发射率和海面温度，还与频率、偏振特性、水体的介电常数、观测天顶角和方位角及海表面的粗糙度等物理性质有关。此外，海洋的微波辐射还与海洋的盐度有关，在波长较小（约小于8cm）时，微波辐射随盐度S增大而增大。在微波频率，海表的发射率较低（一般为0.3）。海表的发射辐射不仅依赖于海表温度，也取决于海表粗糙度、入射角、极化方式。海洋表面波混合着水平极化和垂直极化脉冲，还改变着本地入射角，毛细波会导致辐射发生衍射，海表泡沫会增加水平极化和垂直极化发射率。当风速较低时，海面粗糙度对发射亮温的影响是主要的，而泡沫的影响是次要的；当风速达7m/s时，估计泡沫的面积覆盖达1%，对发射亮温的贡献约为2K；然而当风速继续加大时，粗糙度（又称陡度）的影响趋于饱和，在饱和风速以上，泡沫对发射亮温的贡献是主要的。这些效应与风之间的关系在已有的许多文献中有明确的描述。结合风矢量和倾斜+泡沫+衍射关系的模型提供了计算海表发射率的一种方法。

对于粗糙海面，海面发射率的计算要复杂得多，因为海面粗糙度不但会影响海面、微波辐射强度，而且会影响极化状态；另外，海面形成的白冠及泡沫是空气和水的混合物，会增加海面发射率。粗糙海面的微波发射率计算模型主要可分为两类：一类是通过计算粗糙海面对入射波的散射，从而求解海面的反射系数，进而根据能量守恒和灰体辐射的基尔霍夫定律，获得海面发射率，这一类模型称为"间接模型"，如光学类模型、传统的微扰法和双尺度模型；另一类则是直接求解电磁波坡印廷矢量在粗糙海面的通量，这一类模型称为"直接模型"。

（二）海面的雷达波散射模式

20世纪70年代，海面上雷达波散射理论和实验方法的研究已取得一些实用成果。最初人们曾试图提出一种同时包括水面物理属性和雷达后向散射性质的数学模式。1957年，卡律曾设想把海面看成由一些大小不等任意取向的小平面元所组成，尽管这个模式给出了海面的真实物理图像，但它却无法说明诸如逆风—顺风比和去极化等某些后向散射的特点。后来，赖特注意到了小尺寸粗糙度对散射过程的强烈影响，他提出了一个由微细粗糙表面（海面）叠加在比它大得多的平滑的波浪起伏表面（浪涌）之上的组合海面模式。这个方法采用了被海浪调制的小扰动法，海浪起着改变小面相对于水平面的倾斜角的作用。根据这个思路，出现了更为精细的组合海面模式。这个模式吸取了分析大散射体的基尔霍夫方法。

电磁波在海面的散射理论建立在电磁波扰动理论研究基础之上。基于Rice对电磁波扰动理论的研究，发展了电磁波在海面的两尺度散射理论。对于雷达波与海面的相互作用，雷达波的散射特征可以用组合模型来近似描述。该模型认为，天底附近入射角小于15°时，镜面散射占主导，即散射反射能量来自向着接收天线的镜面状的波小面贡献；而在大入射角时，布拉格（Bragg）型散射为主导，即投影到海面的电磁波信号波长与海洋波浪谱的某一正弦波分量相匹配时，产生共振散射，向接收天线反射能量。对于真实的海面，海面的雷达后向散射受倾斜、速度聚束和流体力学调制，而由海面运动和雷达平台的运动产生的多普勒频移造成的布拉格谐振是主要的散射机制。一般研究时，只要满足布拉格谐振条件，就按入射角将海面划分为镜面、平稳和遮蔽区。

当雷达波近似于垂直入射时，雷达接收的能量来自海面上呈一直线的镜面状小面散射的雷达波，即镜面反射是海面上许多像镜子似的小平面的反射产生的。有关镜向散射场的理论结果在高度计海洋遥感领域常被用到。

小扰动法是描述海洋散射的最通用方法之一。布拉格散射常被用来描述小扰动模型的机理。对于微波海面散射而言，在中等风速和中等入射角的条件下，海面微波散射的主导机制是布拉格共振散射。由于微波散射计及SAR等传感器的入射角度恰在中等入射角范围内，因此布拉格共振散射理论适合用来分析散射计和SAR数据中的海面散射特征。布拉格散射是一种共振散射机制，布拉格共振散射效应是雷达回波的两种特殊回波之一。布拉格散射既与地物走向有关，又与传感器的飞行方向有关，还与地物间垂直距离有关。若地物走向平行于飞行方向，且地物的垂直距离是波长的倍数时则会产生布拉格散射。

通常对于海面而言，海浪的波高一般能达到1m多，并且在大的波浪上面还覆盖着小的风浪和毛细波，即由大尺度的重力波和小尺度的短重力波或张力波组成，因而可将海面简化为仅含有两种尺度粗糙度的组合表面，即大尺度粗糙面和小尺度粗糙面，并且小尺度粗糙度是按照表面大尺度粗糙度的斜率分布来倾斜的。对于微波波段电磁波来说，与其共振的布拉格波波长很短，属于短重力波或张力波，由于大尺度海浪的存在，必然导致雷达局地入射角度受到大尺度波浪斜率的影响，而且布拉格散射场与入射角度也不呈现线性关系。因此，为了提高海面散射回波的求解精度，有必要考虑大尺度波浪倾斜调制的影响。一般说来，海洋表面的后向散射可描述成组合表面模型，即镜面散射模型和布拉格模型的叠加。接近垂直入射时，第一种模型起主导作用，而在大角度入射时第二种模型起主导作用。

三、微波遥感资料处理

所谓卫星资料反演，是指从卫星原始数据获得定量海洋环境参数的数学物理方法，即从电磁场到地球物理性质的逆运算。反演方法有准解析、数值模拟、统计回归以及三者结合的方法。

（一）高度计资料的处理与产品

在数据预处理基础上，针对影响测高精度的误差项进行修正，并重新对卫星雷达回波进行跟踪。

1.海况偏差

海况偏差由海洋波浪造成，它分为两部分：一部分是电磁偏差（EM偏差），它是由雷达脉冲与海面相互作用造成的平均海面的下降；另一部分是跟踪或偏斜偏差，它是由跟踪器确定的半功率点位置造成对海面高度估计偏低的误差。这两部分合称为海况偏差。偏斜偏差可以通过数据的后处理消除，电磁偏差不能够完全消除。

2.轨道误差

卫星轨道位置的不确定性在短期内是整个测高的最大误差源。轨道误差指的是每条轨道的轨道误差，它与每条轨道的测量有关，并且这个误差与几百千米空间尺度上每月或更长时间的平均值有关。T/P每条轨道的轨道误差均方根约为2.5cm，其中包含了随机的和系统的误差。

3.环境误差源

在海面高度的观测中除了地转流造成的高度变化外，海面高度同样还受海洋潮汐和大气逆压的影响而发生变化。潮汐是由于地球、月亮和太阳之间的相对运动造成的；大气逆压是海面压强的空间变化对海面高度的影响。因为上述因素造成的海面高度是海面真实的变化。若要确定地转流，那么潮汐和大气逆压的影响必须去除。

4.潮汐

海洋潮汐具有不同的频率成分，包括半日潮、全日潮和每周的、每月的、半年的和一年的潮汐。潮汐能够使海面发生1~3m的变化，除了大的海浪外，它对海面变化的影响最大。在T/P卫星之前，潮汐模式主要依靠在海岸和岛屿附近的潮汐站配合。在高度计对海盆内部潮汐高度的观测中，通过T/P观测和海面实测与潮汐数值模式结合使得对潮汐各主要分量振幅的测量达到1cm的误差。基于潮汐模型，大部分潮汐信号可以从高度计测高数据中去除，这能极大地改善地转流反演的精度。

5.大气逆压

大气逆压效应为时间尺度在两天以上时海面高度对海面压强空间变化后的响应。海面压强空间上均匀的变化不影响海面高度，这里压强的变化一般指的是空间平均后的压强。压强的变化满足以下条件：压强每增加1hPa，海拔降低1cm。逆向气压校正在开阔海域效果好，但在边缘海域和湾流经过海域校正效果差。虽然逆向气压和干对流层校正是海面压强的函数，但它们有本质的区别：干对流层校正与海面的位移无关，大气逆压效应则是物理海面的位移。大气逆压效应校正与干对流层路径延迟校正类似，使用ECMWF海面压强数据来消除。大气逆压校正的误差约为3hPa或3cm的位移。

（二）卫星雷达高度计标准产品

卫星雷达高度计的标准产品为L0级、L1级和L2级3个级别的产品。

（1）L0级产品。雷达高度计0级数据是经过分路、解传输帧处理并打上时标的原始数据。

（2）L1级产品。雷达高度计数据的一级产品分为L1A和L1B两级产品：①L1A级数据是经过时间标识和地理定位后的数据；②L1B级数据是经过分轨、FFT格式转换、高度跟踪值和斜率值格式转换以及带有定位信息及描述信息的数据。

（3）L2级产品。雷达高度计数据的二级产品是通过一级产品数据进行反演并经过海陆标识和质量控制后的产品数据。二级产品数据分为临时地球物理数据（Interim Geophysical Data Records，IGDR）、遥感地球物理数据（Sensor Geophysical Data Records，SGDR）和地球物理数据（Geophysical Data Records，GDR）3 种产品。在科学研究及应用中，用得最多的是地球物理数据，即 GDR 数据。所以雷达高度计传感器测量数据的处理显得更为重要。GDR 数据是 1Hz 数据，即数据产品中数据采样间隔是 1s。但是卫星测量时每秒钟采集 20 个数据。通常 1Hz 数据是将 20Hz 数据进行平均处理得到的。原始卫星雷达高度计数据量大、结构复杂，相应的数据处理算法需考虑的因素较多。根据使用数据的用户需求，对卫星雷达高度计数据处理之后生成 SGDR、IGDR 和 GDR 等数据产品。对用户来说，不管是计算全球平均海平面、有效波高、海面风速、海洋潮汐、海洋大地水准面还是重力异常等参数，主要使用的数据是 GDR 产品。

（三）辐射计标准产品

辐射计的大气参数数据，包括海面风速、水汽含量、液态水含量及降雨等信息。辐射计数据资料包括L0级、LI级、L2级及L3级产品。

（1）L0级数据产品是经过分路、解传输帧处理并打上时标的原始数据。

（2）L1级数据产品包括标识扫描周期起始时间、轨道位置、扫描点地理定位天线温度校正系数、轨道运行状态、平台姿态、入射角、方位角、亮温等信息。

（3）L2级数据产品包括反演得到海面风速、水汽含量、液态水含量及降雨等信息。

（4）L3级数据产品是全球亮温或者反演得到的海洋大气参数日、月平均数据。

（四）合成孔径雷达资料的处理与产品

1.SAR成像基本原理

合成孔径雷达（Synthetic Aperture Radar，SAR）是一种微波侧视成像雷达，集合成孔径技术、脉冲压缩技术和数字信息处理技术于一体，作为遥感设备，其图像分辨率基本上与光学图像相当，从它获取的图像里可以获取丰富的信息。星载SAR具有全天候、全天时、高分辨率的成像探测能力，为获取地球空间信息提供了重要手段。SAR能同时实现对观测对象的距离向和方位向的高分辨率成像。距离向的高分辨率是通过发射大的时间带宽积的线性调频脉冲信号，经过回波信号的脉冲压缩来实现的；方位向的高分辨率是利用雷达平台与照射目标之间的相对运动，使目标散射的回波成为近似的线性调频信号，通过脉冲压缩技术来实现的，方位压缩过程等效于等间隔的天线阵元在空间上合成一个长的实孔径天线，即合成孔径的概念。

2.SAR资料的处理

SAR数据处理的两个关键步骤是：0级SAR数据成像处理和1B级SAR数据处理。数据经两级处理后生成最终产品。

（1）0级SAR数据成像处理。接收、转录和解译后的数据经过原始数据统计、多普勒中心估计、校准脉冲/噪声脉冲分析、调焦/校准参数测定等处理后，得到SAR数据的信号属性和质量参数，主要参数是脉冲重复参数、原始数据统计值和多普勒中心估计值。

（2）1B级SAR数据处理。1B级数据处理由需求驱动，用户需要提出处理要求，如产品类型、处理参数和成像区域选择等。1B级数据处理基于设备数据包和成像结构，用CS成像处理算法将各种成像模式下获取的数据生成SSC数据集，SSC是生产强度图像的基础产品。经探测、多视和波束整合处理得到的地距投影多视探测产品称为多视地距探测产品（Multilook Ground-range Detected，MGD），斜距投影多视探测产品称为多视斜距探测产品（Multilook Slant-range Detected，MSD），地理编码后的产品有地理编码椭球纠正产品（Geocoded Ellipsoid Corrected，GEC）和增强型椭球纠正产品（Enhanced EC，ECC）。

3.SAR数据产品

SAR数据产品包括：高分辨率聚束成像模式，单极化或双极化方式获取的数据；聚束成像模式，单极化或双极化方式获取的数据；条带成像模式，单极化或双极化方式获取的数据；宽扫成像模式，单极化方式获取的数据；波模式成像模式获取的数据。

第十章　海洋水色遥感

第一节　海洋水色卫星发展历程

从1985年至今，海洋卫星的发展经历了7个五年计划，每个五年计划在需求论证、规划编制、项目立项、型号研制、工程系统建设、组织体系各环节中，集智创新，攻坚克难，海洋卫星逐步实现了从科学试验到业务运行、从单一型号研制到系列化、业务化、型谱化组网部署以及卫星与地面天地一体统筹发展。开始阶段打基础，步伐慢一点，变化小一点，但每个五年计划都有新的突破，每个五年计划都上了一个新台阶，每个阶段都有闪光的亮点，不断推动国家空间民用基础设施能力建设。海洋卫星规划、型号研制、工程建设及应用成果已经在"十三五"期间得到全面体现，获得的数据已经在海洋、海岸带、海岛、南北极调查监测，以及陆地调查、监测、评估中发挥着重要作用。

一、早期论证，著名科学家提出尽快发展中国的海洋卫星技术

我国政府十分重视海洋卫星工作。1985年，国家海洋局会同相关部门组织专家开始第一颗海洋卫星的立项论证。1987年1月，王大珩等26位著名科学家署名写信给党中央和国务院，提出尽快发展中国的海洋卫星技术。1987年，国家海洋局组织完成了《海洋卫星立项研制工作报告》和《海洋卫星技术经济综合论证专题报告》，计划发射一颗由雷达高度计、微波散射计、水色成像仪和微波辐射计、数据收集系统等有效载荷组成的海洋卫星，但由于技术与经济条件所限，该计划未能立项。

二、"八五"重启卫星立项，编制首个海洋卫星与卫星海洋应用规划

1993年，国家海洋局重新启动海洋卫星立项论证。1994年成立专家组开展了海洋一号

卫星的立项论证工作，组织编制了《海洋卫星和卫星海洋应用"九五"计划和2010年长远规划》《发射系列海洋环境卫星的初步论证报告》《发射系列海洋水色卫星的初步论证报告》《海洋卫星地面应用系统立项论证报告》。根据规划，我国将以海洋一号水色卫星系列为起点，逐步在我国建立海洋卫星体系，陆续发射海洋水色卫星、海洋动力环境卫星和海洋综合卫星系列，逐步形成以我国卫星为主导的海洋空间监测网，此规划得到了国家计委和国防科工委的大力支持。

三、"九五"期间卫星工程组织与队伍得到落实，首颗海洋卫星及地面接收系统分别批复立项，海洋卫星写入《中国的航天》白皮书

"九五"期间国家海洋局把海洋卫星列为"六个一"重点工程之一。1996年成立了海洋卫星总体部。1999年，国防科工委任命了海洋水色卫星地面应用系统总指挥与总设计师。2000年，由中编办批复同意正式成立国家卫星海洋应用中心。1997年，海洋水色卫星的综合论证报告通过了由航天工程专家陈芳允、任新民、陈述彭院士等29位国内航天、遥感和海洋界知名专家组成的论证报告评审委员会的评审，国防科工委于1997年正式下达了《关于海洋水色卫星立项研制的批复》。1999年，国家发展改革委批准海洋一号A（HY-1A）卫星地面接收系统建设工程项目立项。1999年，国家海洋局组织上报了《我国海洋卫星和卫星海洋应用"十五"计划和2015年发展规划》，计划发射海洋一号、二号、三号卫星等10颗卫星并建立天地一体化地面应用系统。2000年11月发布的《中国的航天》白皮书中，明确了海洋卫星系列是我国长期稳定的卫星对地观测体系的重要组成部分。

四、"十五"期间首颗卫星发射实现零的突破，后续卫星得到立项

2002年5月15日，我国第一颗海洋水色卫星HY-1A成功发射，结束了我国没有海洋卫星的历史，在国内外产生重大影响，极大地推动了海洋立体监测体系和空间对地观测体系的发展。2002年9月18日，在人民大会堂举行了HY-1A卫星交付仪式。2003年发布了首个中国海洋卫星应用年度报告。2005年，国防科工委、财政部下达了我国第二颗海洋水色卫星海洋一号B（HY-1B）的立项批复。

五、"十一五"期间首颗国际合作卫星立项，首颗动力卫星批复立项，在轨卫星有了接替

2006年，中国国家航天局（CNSA）和法国国家空间研究中心（CNES）签订了"关于合作实施中法海洋卫星（CFOSAT）的谅解备忘录"。2009年，国防科工局、财政部批复了CFOSAT立项，国家海洋局代表用户负责CFOSAT卫星工程相关建设。2006年，国家发

展改革委批准HY-1B卫星地面应用系统建设工程项目立项。2007年4月11日，HY-1B卫星成功发射使我国海洋立体监测系统迈上了一个新台阶，实现了由试验型向业务服务型卫星的转化。2007年，国防科工委、财政部联合批准了我国第三颗海洋卫星海洋二号（HY-2）的立项研制。

2008年，国务院批复了《国家海洋事业发展规划纲要》，提出"稳步推进海洋水色、海洋动力环境和海洋监视监测系列卫星体系建设"。

六、"十二五"期间两部规划确定未来发展，首颗动力环境卫星发射

2012年，国务院批复了《陆海观测卫星业务发展规划（2011—2020年）》，确定了在"十二五"末及"十三五"期间将发射8颗海洋观测业务卫星，其中包括海洋水色星座4颗、海洋动力环境星座2颗和主用于海洋的雷达星座2颗。陆海观测卫星业务发展规划的出台，确立了海洋卫星在我国对地观测体系中的重要地位，也加速了后续海洋业务卫星的发展进程。

2015年10月，我国发布了《国家民用空间基础设施中长期发展规划（2015—2025年）》。关于海洋观测卫星的主要内容如下：服务我国海洋强国战略在海洋资源开发、环境保护、防灾减灾、权益维护、海域使用管理、海岛海岸带调查和极地大洋考察等方面的重大需求，兼顾陆地、大气观测需求，发展多种光学和微波观测技术，建设海洋水色、海洋动力卫星星座，发展海洋监视监测卫星，不断提高海洋卫星综合观测能力。海洋水色卫星星座；发展高信噪比的可见光、红外多光谱和高光谱等观测技术，建设上、下午星组网的海洋水色卫星星座，以提高观测时效性。海洋动力卫星星座；发展微波辐射计、散射计、高度计等观测技术，建设海洋动力卫星星座。海洋环境监测卫星；发展高轨凝视光学和高轨合成孔径雷达（SAR）技术，并结合低轨SAR卫星星座能力，实现高、低轨光学和SAR联合观测。2011年8月16日，我国首颗海洋动力环境卫星海洋二号A（HY-2A）卫星成功发射，创造了我国遥感卫星领域首次实现厘米级高精度测定轨、首次实现主被动微波遥感器于一体等多个第一，引起了国内外的广泛关注和巨大反响，标志着我国海洋系列卫星体系初步形成。2014年，海洋二号卫星地面应用系统建设项目（第一期）获得批复。

七、"十三五"期间卫星组网业务化运行，星地系统同步建设，成效显著

2017年，国家海洋局和国家国防科技工业局联合发布了《海洋卫星业务发展"十三五"规划》，提出到2020年我国将研制与发射海洋水色卫星星座、海洋动力卫星星座和海洋监视监测卫星3个系列海洋卫星，并实现同时在轨组网运行、协同观测，基

本建成系列化的海洋卫星观测体系、业务化的地面基础设施和定量化的应用服务体系。"十三五"期间9颗海洋卫星获得批复立项，包括海洋水色业务卫星HY-1C/1D、海洋动力业务卫星HY-2B/2C、两颗1米C-SAR卫星、HY-2D动力环境卫星、新一代水色卫星及海洋盐度卫星。

"十三五"期间共发射6颗海洋卫星，包括HY-1C/1D、HY-2B/2C、CFOSAT及高分三号（GF-3）卫星。其中，2016年8月10日，GF-3卫星的成功发射改善了我国民用天基高分辨率SAR图像全部依赖进口的状态，并在引领我国民用高分辨率微波遥感卫星应用中起到重要示范作用。2018年10月7日、10月25日分别发射了HY-1C、HY-2B卫星，开启了海洋水色、海洋动力环境业务卫星新征程。2018年10月29日，CFOSAT成功发射，中国国家主席习近平与法国总统马克龙互致贺电。CFOSAT工程是中法两国在航天工程与海洋科学领域高水平合作的重要成果，体现了创新、协调、绿色、开放、共享五大发展理念，谱写了共商共建共用新篇章。2020年6月11日、9月21日和2021年5月19日分别发射了HY-1D、HY-2C、HY-2D卫星，海洋水色、动力环境业务卫星组网观测终于实现，"九五"期间制定的规划全部实现。

"十三五"期间地面系统的基础建设不断夯实，国家民用空间基础设施"十二五""十三五"海洋观测卫星地面系统、定标与真实性检验场网项目获批。建立了包括北京、海南（三亚、陵水）、牡丹江3个地面站和雪龙船载接收系统组成的地面接收站网、定标场网与海洋卫星数据处理中心。

第二节　海洋水色遥感机理

一、大气辐射传输

通常用辐射传输方程描述电磁波与介质的相互作用。

（一）吸收

大气对某些波段的电磁波有弱吸收作用，在进行辐射传输计算时可将其作为折射率虚部合并到散射的计算过程中；而对于大气有强吸收作用的波段（强吸收带），遥感器在进行波段设置时通常要避开，因此其辐射传输过程可暂不做考虑。在紫外到红外光谱范围内，大气主要吸收水汽、二氧化碳、臭氧和氧，以及一氧化碳、甲烷和氧化二氮等微量元素。

（二）散射

根据散射体粒径大小，可将大气对光的散射分为大气分子散射和气溶胶散射。大气分子粒径远小于水色遥感关注的波长范围（紫外—红外），因此能够满足瑞利散射理论。其散射光的能量与波长的4次方成反比，前向和后向散射对称。气溶胶是指悬浮在大气中的固态和液态颗粒物的总称，直径在$0.001 \sim 100 \, \mu m$，其对光的散射近似满足MIE散射理论，前向和后向散射不对称。

大气气溶胶粒子主要分布在对流层和平流层。平流层的气溶胶时空分布较为稳定，对流层气溶胶粒子的组成和来源复杂，具有时空多变性。气溶胶粒子按成分可划分为6种：水溶性粒子、沙尘性粒子、海洋性粒子（主要成分为海盐）、煤烟、火山灰、75%硫酸水溶液液滴。其中煤烟气溶胶吸收性强，其复折射指数的实部和虚部随波长增大而增大，沙尘和海盐气溶胶复折射率虚部随波长增大而减小。前4种气溶胶按比例混合，构成了不同的气溶胶模型，主要的气溶胶模型有乡村型、城市型、海洋型等。粒径在$0.1 \sim 10 \, \mu m$的粒子对光传输的影响最大，而粒径小于$0.2 \, \mu m$的气溶胶粒子（称为爱根核），仅对可见光的短波波段和紫外波段光的传输有少量影响。由于气溶胶粒径分布范围较大，因此通常利用粒子谱分布函数来表示各粒子半径附近单位粒子半径内的粒子数，以描述气溶胶粒子的总体分布特征。

二、水体辐射传输

（一）吸收

吸收主要包括纯海水吸收、浮游植物吸收、黄色物质吸收和非藻类颗粒物吸收。

1.纯海水的吸收

纯海水包括纯水，溶解的无机盐（如$NaCl$、KCl、$MgCl_2$、$MgSO_4$和$CaSO_4$等）和溶解的气体（如N_2、O_2、CO_2）。无机盐和气体的吸收作用非常微弱，所以通常认为纯海水的吸收为常量。

2.浮游植物色素的吸收

浮游植物色素是大洋水体中吸收可见光的最主要组分，主要包括叶绿素a、叶绿素b、叶绿素c、胡萝卜素、叶黄素等，其中以叶绿素最为普遍。由于色素的吸收与色素浓度、组成、细胞粒径，以及色素在细胞内的分布等均有关，因此色素的吸收并非常量，具有明显的时空变化。

3.黄色物质的吸收

黄色物质是有色溶解有机化合物的统称（一般粒径小于0.2μm），主要的物质组成为棕黄酸和腐殖酸。大洋水体中的黄色物质主要源于浮游植物降解物，浓度较低；近岸水体中则主要来自陆源物质，浓度通常较高。

4.非藻类颗粒物的吸收

非藻类颗粒物主要是指粒径大于0.2μm，除去藻类颗粒物后的剩余部分，通常包括陆源碎屑、矿物粒子和各种微生物的分解产物。二类水体的非藻类颗粒物质主要为无机悬浮物和有机碎屑，一类水体则主要为有机碎屑。非藻类颗粒物质的吸收光谱与黄色物质类似，随波长的增加呈指数衰减。

（二）后向散射

后向散射包括纯海水的后向散射和悬浮颗粒物的后向散射。

1.纯海水的后向散射

纯海水的后向散射包括两部分，即纯水和无机盐的后向散射。

2.颗粒物的后向散射

颗粒物的后向散射是海水总后向散射的主要贡献来源。开阔大洋中的颗粒物主要由有机颗粒物组成；而在近岸水体中，无机颗粒物后向散射的占比可达40%～80%。颗粒物的后向散射系数随波长的增加呈指数衰减。

第三节　卫星水色遥感数据处理

一、辐射定标

随着卫星遥感定量化应用的不断深入，及时发现并校正遥感器辐射响应的变化，并评价遥感器自身辐射特性，成为卫星遥感应用与发展的重要环节。遥感器辐射定标是从遥感数据中精确估计地表信息的关键环节。卫星发射前，须对星载遥感器进行绝对辐射定标；卫星升空后，由于仪器本身光学和电子系统的衰变，其辐射性能必将发生改变，导致与发射前的定标结果存在一定的偏差，因此还需要进行在轨辐射定标。根据星载遥感器定标阶段的不同，可将辐射定标分为实验室定标、在轨星上定标和在轨替代定标。

（一）实验室定标

卫星遥感器发射前的定标是实现遥感定量化的重要环节，也是在轨星上定标和替代定标的基础。根据定标光源的不同，可将发射前定标分为实验室定标和外场定标。实验室定标以人造光源为主，对遥感器的各项基本参数进行观测及定标。在实验室定标中，又可将定标工作分成光谱定标和辐射定标两个方面。光谱定标主要是获得遥感器基本光谱特征，如波段的中心波长、波段宽度、光谱响应、半高宽及带外响应等。辐射定标是指可见光—近红外波段的绝对辐射定标，两者定标光源分别为积分球和黑体。遥感器各谱段的入瞳处辐亮度与输出计数值为线性关系。

（二）星上定标

卫星在运输、发射等过程当中，由于振动、加速度冲击及环境变化等因素的影响，会使遥感器光学和电子系统发生变化。此外，遥感器在轨长期运行期间，其光学元件效率的下降、电子器件的老化等也使得遥感器响应发生改变，因此沿用发射前的定标系数会产生较大的误差。星上定标又称为在轨定标或飞行定标，其作用与实验室定标类似。根据光源的不同可以分为内置灯定标、太阳定标和月球定标。

1.内置灯定标

内置灯定标是采用星载标准灯作为星上定标的光源，对其进行辐射定标。对于可见光、近红外波段，小型钨丝灯通常作为星上内置光源。钨丝灯功耗低且发射光谱很精确，但内置灯的发射通常会随着时间的推移而减弱，因此通常采用反馈电路来控制电流以保持辐射恒定。

内置灯定标法一般又分为两种形式：灯和漫射板组合方式、灯和积分球组合方式。前者是利用漫射板反射的辐亮度对遥感器进行定标，早期的CZCS和Landsat5 TM都采用这种定标方式，该方式难以实现对遥感器全孔径、全视场定标。灯和积分球组合方式是利用积分球将点光源转化为均匀性更好的面光源，从而实现对遥感器全孔径、全视场的定标。定标灯位于卫星平台内部，可以通过指令进行频繁的定标操作，缺点是只能对整个光路中的部分器件进行定标；同时，标准灯的光谱与太阳差异较大，在定标时还需进行光谱匹配校正，从而增加了定标的不确定度。随着时间的推移，定标灯自身也会发生衰变，但这是无法识别和溯源的，因此需要增加其他的星上定标设备。

2.太阳定标

太阳定标是一种基于反射辐亮度的定标方法，定标源为太阳辐射，一般用于遥感器的可见光和近红外波段的定标。太阳是均匀且高度稳定的朗伯光源，实测资料表明，太阳辐射的变化不超过0.2%。在大气层外，太阳辐照度的光谱分布是确定的，其光谱积分值可以认为是一个常数，即太阳常数。太阳定标是通过星载定标器将太阳辐射引入卫星遥感器，并将太阳辐射调节到遥感器测量的动态范围内，从而实现绝对定标。

星上太阳定标主要采用"太阳+漫射板"和"太阳+衰减板+漫射板"两种定标方式。"太阳+漫射板"的星上定标方式是将漫射板置于卫星外部整个光路的最前方，利用太阳辐射实现星上辐射定标。太阳漫射板是一个全孔径、端对端的定标器，为太阳光反射波段提供太阳光的测量值。漫射板在可见光、近红外、中红外光谱区域具有近似朗伯体的反射谱。这种方法很好地解决了全光路和光谱分布差异的定标问题，但是也存在缺点：一是漫射板直接暴露在外太空，经太阳长期直晒后会出现严重的衰减；二是太阳漫射板反射的大部分波段的辐亮度接近遥感器动态范围的上限值，会出现饱和现象。为减缓漫反射板的衰减，延长其工作寿命，同时使探测器不出现饱和现象，一般会在漫射板的前方增加一个衰减板，构成"太阳+衰减板+漫射板"的星上定标方式，可以认为它是"太阳+漫射板"定标方式的一种改进。在定标结束后，太阳漫射板孔径屏蔽门将关闭，以防止太阳漫射板长期暴露于太阳直晒之下。

总体来看，MODIS（Moderate-resolution Imaging Spectroradiometer）星上定标系统因其具备很高的准确性而得到广泛应用，其星上定标设备主要包括太阳漫射板监测仪、太阳漫射板、光谱辐射定标装置和黑体等。太阳漫射板监测仪主要用于太阳漫射板衰变的监测，光谱辐射定标器主要用于跟踪MODIS从发射前至在轨运行期间的定标变化情况，黑体主要用于红外波段的定标工作。

相较于其他定标方法，太阳定标能对整个光路中的所有光学元件进行定标，实现全光路定标，且太阳漫射板定标源可充满遥感器孔径，实现全孔径定标。但是，太阳定标也有自身的局限性。由于定标时太阳漫射板直接暴露在太阳高能紫外辐射照射下，漫射板反射极易衰减；由于受几何位置约束，不便于频繁进行定标操作，只能在轨道的某几个固定位置进行定标。

3.月球定标

目前，月球是除了太阳以外所能观测到的亮度最大的光源。利用月球进行定标，不会受大气的干扰，而且月球的反射可认为是不变的。美国国家航空航天局在"月球自动观测"（Robotic Lunar Observatory）的计划中，利用地球辐射计从多年的月球辐照度观测当中获得了ROLO模型。卫星遥感器在运行轨迹方向观测到的月球图像会出现拉伸现象，这会使月球表观辐照度值增大，但该影响可以进行校正。NASA也通过地球静止业务环境卫星GOES（Geostationary Operational Environmental Satellite）探索了月球定标的可行性。GOES采用统计方法得到月球积分亮度，不同方法的统计结果与地面模型结果之间存在差异，显示其还不能用于绝对定标。与内置灯定标和太阳定标相比，开展月球定标的优势在于：光源长期稳定，不同卫星上的遥感器都可观测月球，不需要进行发射前特性分析，遥感器不需要额外的设计费用，不需要复杂的星上机械机构。但是，其定标方法也存在缺点：卫星平台需要经常调整姿态，每个月仅有一到两次观测的机会，需要精确的月球辐射模型等。

（三）替代定标

在轨替代定标是指卫星运行期间，选择地面某一区域作为替代目标，通过对替代目标的观测以实现卫星遥感器的辐射定标。不同于星上定标系统，替代定标是将卫星遥感器和大气校正算法作为整个系统来加以考虑的，是星上定标的有效补充和扩展。

1.场地定标法

场地定标法从20世纪80年代开始就应用于遥感器的辐射定标，经过多年的发展，其技术已经日趋成熟，目前绝大多数卫星遥感器的可见光近红外通道都采用该方法进行过辐射定标。以美国亚利桑那大学光学研究中心Slater教授为代表的一批科学家提出了利用地球表面大面积均匀稳定的地物目标，实现在轨卫星遥感器的辐射校正。由于这些场地足够大、均一、无云，且能够很好地了解其地面特性，因此被用来作为辐亮度和反射率定标的参考目标。场地定标主要包括3种方法：反射率法（Reflectance-based method）、辐照度法（Iradiance-based method）和辐亮度法（Radiance-based method）。在场地定标法当中，应用最广的是反射率法。

反射率法是在卫星遥感器飞越辐射校正场的同时，准同步进行地面目标反射率、大气光学参数、探空和常规气象观测，通过对地表及大气观测数据的处理及星—地光谱响应匹配，获取大气辐射传输模型所需的输入参数，利用模型计算卫星遥感器入瞳处各波段的辐亮度或反射率，从而建立图像计数值与对应辐亮度或反射率之间的关系，实现辐射定标。

反射率法需要开展定标场区的反射率观测，定标误差小于5%。该方法的局限性在于需要花费较大的人力、物力，且定标次数受到大气条件和过境时间限制，可能无法及时检测到遥感器的变化。

2.场景定标法

稳定场景定标法是从某种均匀稳定地表区域的长时间序列图像中，剔除无效、云干扰和大角度观测图像，选择符合替代定标要求的多幅遥感图像，依据试验场地历史及准同步光谱数据，经过辐射传输模拟和地表方向性校正等，实现遥感器的辐射定标。稳定场景法根据地表下垫面的不同，又可分为沙漠场景法、极地场景法、海洋场景法和云场景法等。海洋场景法是指选择海洋作为研究区域，实现遥感器的绝对辐射定标。具体又可以分为瑞利散射法、海洋耀光法、气溶胶散射法和系统定标法。瑞利散射法主要是对蓝、绿波段进行绝对辐射定标，选择清洁的大洋水体，通过瑞利散射模拟计算出大气中瑞利散射的大气层顶辐亮度理论值，同真实图像的数字值进行比较，确定定标系数。

3.交叉定标法

在交叉定标过程当中，需要对目标遥感器和参考遥感器进行光谱匹配和辐照度匹配。交叉定标的关键是建立参考遥感器与目标遥感器图像之间的关系，利用参考遥感器的定标系数，来推导出目标遥感器图像的表观辐亮度或反射率，从而得到目标遥感器各通道的辐射定标系数。参考遥感器的高精度定标是实现交叉定标的前提，参考遥感器与目标遥感器应具有相近的光谱响应函数，两者的空间分辨率也应接近。为了获得更多的同步观测图像，两者最好还具有较高的时间分辨率和较大的幅宽。

二、大气校正

卫星水色遥感器对海观测信号中的约90%来自大气光散射的贡献，大气校正就是将水色传感器接收总信号中的大气散射贡献剔除，从而获取离水辐射信息的过程。

（一）瑞利散射校正

瑞利散射计算方法主要包括大气辐射传输方程数值求解方法和单次散射近似算法。辐射传输方程数值求解计算精度高，但计算复杂，有多种辐射传输方程的计算方法，如离散坐标法（DISORT）、倍加法（Adding-Doubling）、逐次散射法和Monte Carlo模拟等。单次散射近似算法计算相对简单，但是精度有限。

（二）气溶胶散射校正

由于大气分子的散射贡献可精确计算，因此大气校正的关键问题是如何实现气溶胶辐射贡献的准确剔除。对于清洁大洋水体，有较为成熟的大气校正算法，如业务化应用的近红外波段（NIR）暗像元大气校正方法，主要集成到相应的水色卫星数据处理软件SeaDAS中。NIR暗像元大气校正方法，假设近红外波段的离水辐射为零，从而估算得到近红外波段的气溶胶辐射贡献，然后选择与研究区最为接近的气溶胶模型，计算得到其他波段的气溶胶散射贡献，最终实现气溶胶散射贡献的剔除。

第四节　卫星水色遥感信息提取

一、海洋光学参量

水体光学性质可分为两类：固有光学特性（IOPs）和表观光学特性（AOPs）。IOPs只依赖于介质的特性，与介质周围的光场环境无关，包括吸收系数（a）、后向散射系数（b）和体散射函数（β）等；AOPs既依赖于介质本身也依赖于周围光场环境特性，包括遥感反射率和漫衰减系数等。海洋光学遥感反演的光学参数主要包括吸收系数、后向散射系数和漫衰减系数。

半分析方法是反演固有光学参数的主要方法，可分为以下两类：一是自下而上方法（BUS），首先模拟海水主要组分的吸收和后向散射光谱，进而得到遥感反射率的模拟值，将模拟值与观测的遥感反射率真实值进行比较，利用优化法进行数值求解。该类方法的代表性算法为GSM（Garver Siegel-Maritorena）。二是自上而下方法（TDS），采用循序渐进的方法，首先获取海水的总吸收和总后向散射，然后将总吸收进一步分解为海水主要组分的吸收。该方法的代表性算法为QAA（Quasi-Analytical Algorithm）。

二、水色组分浓度

（一）叶绿素a浓度

叶绿素是水体中浮游植物进行光合作用的重要色素，其中叶绿素a是浮游植物普遍含有的色素，其浓度可以在一定程度上反映浮游植物的生物量、水体营养化程度。开阔大洋水体的叶绿素a浓度反演精度相对较高，其原因在于这类水体的光学性质主要由浮游植物主导，通常将这类水体称为一类水体。而沿岸水体则受陆源物质排放的影响比较严重，其光学性质由浮游植物、悬浮颗粒物和黄色物质共同决定，叶绿素a浓度的反演受到悬浮物和CDOM的影响，反演精度相对较低。

（二）悬浮物

悬浮物浓度是重要的水质参数之一，包括水中的有机颗粒和无机颗粒，其含量直接影响水体透明度、浑浊度、水色。

（三）黄色物质

黄色物质，也称有色溶解有机物（CDOM），其浓度通常采用355nm、375nm、440nm等波长的吸收系数表示。吸收系数越大，对应的CDOM浓度就越高。CDOM是一类重要的光吸收物质，其吸收光谱从紫外光到可见光随波长的增加大致呈指数下降趋势。

四、其他

（一）初级生产力

海洋初级生产力，是指浮游植物、底栖植物及自养细菌等生产者通过光合作用制造有机物的能力，一般用单位时间单位面积所固定的有机碳或能量来表示。海洋初级生产力是海洋生态系统物质和能量循环的基础，对于深刻理解海洋生态系统及其环境特征、海洋生物地球化学循环过程以及海洋在全球气候变化中的作用，均具有重要意义。

在一定的光照条件下，海洋初级生产力与叶绿素浓度呈线性相关，这是海洋初级生产力遥感估算的基本原理。基于此原理，研究者在海洋初级生产力估算方面开展了大量的研究工作，初级生产力的遥感估算模型大致可分为经验模型和生态学数理模型两类。

经验模型：通过海洋初级生产力与叶绿素浓度以及温度、光照、营养盐等多种因素线性统计关系，来实现初级生产力的估算。经验模型在海洋初级生产力遥感研究的初期应用较为广泛，但随着研究的深入，研究者发现不同海域内的地理环境、气象水文条件、海洋动力过程等不同，导致海洋初级生产力与叶绿素浓度之间的关系存在差异，经验公式的参数需要根据研究海域和时间进行调整，而这种参数的调整往往没有规律可循。另外，遥感反演仅能得到表层的叶绿素浓度，无法得到叶绿素浓度的垂向分布，且两者之间也没有显著的关系，上述不足导致经验模型的精度相当有限，近年来已经较少使用。

生态学数理模型：通过分析海水中光与浮游植物光合作用的响应，找出初级生产力和影响它的各项因子之间的数理关系，属于半经验半理论模型。利用遥感手段获取生态学数理模型中的某些参数，进行相应处理后，用来估算海洋初级生产力。

（二）透明度

透明度是最基本的海洋水文参数，反映水体的浑浊程度与海水中悬浮物、叶绿素、黄色物质的含量密切相关，可用于识别水团和流系等。

（三）颗粒有机碳（POC）

颗粒有机碳是海水中有机颗粒物的碳含量，其中有机颗粒物包含浮游植物、浮游动物细胞及其相应的非生命碎屑、陆源有机颗粒物等。颗粒有机碳是碳在海水中的主要存在形式之一，是海洋碳循环研究中重要的参数，其分布受物理、化学、生物过程等众多因素的影响。POC浓度与海水中悬浮颗粒物的光学后向散射具有较好的相关性，利用这种相关关系结合后向散射系数的反演，可以建立POC反演算法。

第十一章 海洋环境监测

第一节 海洋环境监测概述

海洋环境监测就是要对海洋环境质量状况，包括环境污染和生态破坏的状况进行全面的调查研究，定量的科学评价。其基本目的是全面、及时、准确地掌握人类活动对海洋环境影响的水平、效应及趋势。最终目的是保护海洋环境，维护海洋生态平衡，保障人类健康。为此，这里主要围绕海洋环境监测为中心的几个问题，如海洋环境监测的作用、基本任务、监测分类、监测特点与原则及海洋环境监测计划的制定与实施等。具体分述如下。

一、海洋环境监测的作用

海洋环境监测是海洋环境保护的"耳目"，是海洋环境管理的重要组成部分。海洋环境管理必须依靠海洋环境监测。海洋环境监测的作用具体表现在以下五大方面。

（一）海洋环境监测是沿海社会经济和海洋生态环境可持续发展的客观要求

随着沿海地区人口不断增加、发展布局不合理、淡水资源严重缺乏、食品和矿产资源明显不足等问题日渐明显，使沿海地区的可持续发展面临着严峻考验。解决上述问题的出路在于合理规划海洋资源的开发利用，通过实施海洋环境监测以及科学研究，掌握海洋环境状况自身的规律，从海洋环境中能持续获取物质、能量、空间、信息，并使海洋开发利用活动与海洋环境的客观规律相适应，实现可持续发展。

海洋环境监测是海洋环境保护的重要组成部分，海洋环境的质量、受污染的程度和污染的趋势等问题，必须通过先进的技术、设备和科学的方法进行监测才能掌握。同时，如何合理开发和利用资源，也必须依靠科学的环境监测数据才能制定出正确的环境决策。因此，搞好海洋环境监测，既是海洋环境保护的关键，又是海洋生态环境和沿海社会与经济可持续发展的客观要求。

（二）海洋环境监测是海洋环境预测预报、减灾防灾的基础工作

海洋环境监测可以为海洋预测预报提供所需资料，是海洋环境管理工作顺利开展的前提和基础。通过长期连续、有目的的监测，将帮助人们深刻认识和掌握自然灾害的形成和发展规律，并在分析大量资料的基础上做出高质量的海洋灾害预报。同时，海洋防灾减灾管理、防御对策和措施的制定也需要丰富的海洋环境监测资料为基础。而对于已出现的人为灾害，也需要以海洋环境监测的资料为基础进行分析、判定并制定防治措施。也就是说，只有对灾害的过程、特点、范围、规模及强度充分了解，才能制定出有效的防御方案。

（三）海洋环境监测是保护海洋环境、维护人体健康的重要条件

人类在开发利用海洋的同时，必须注意保护和改善海洋环境，而这些又必须以海洋环境监测资料为依据。从微观角度来看，通过对这些资料的分析研究，可使人们对海洋环境健康有更明确和直观的认识。从宏观角度来看，可以掌握海洋环境的变化趋势，来制定环境保护相关的政策、法规、计划和标准。同时，海洋环境监测中的很多项目和应用海洋环境监测结果的领域，对于人们维护自身的健康也具有重要作用。例如，海洋环境监测中的常规监测项目——大肠杆菌，是测量人粪尿入海污染的一个重要指标。该项监测指标已在我国海洋环境监测中应用了二三十年，对保护海洋环境，维护人体健康，起到了重要的作用，并由此监测指标指导一些直接管理决策，如关闭游泳场、贝类栖息地和改进城市污水排海设施等。

（四）海洋环境监测是海洋资源开发利用的基本需求

在海洋资源开发利用中，为了达到降低投资、环境健康和资源持续利用等目的，既需要使用资源状况的基础数据，确定开发利用的区域，又需要海洋环境资料，确保开发利用区域的科学、经济和安全。例如，海洋油气资源、海洋水产资源、海洋旅游资源及围海造田等的开发利用，都要对使用海域的海洋环境条件有深刻的了解，避免盲目、无序地开发利用。同时，通过对海洋环境监测结果的研究，能够增强对海洋生态系统的理解。例如，生物的变异性及人类社会对它们的影响等，在监测到类似方面的信息时，管理人员便可根据环境问题的重要程度，依次重新调整管理措施的轻重缓急，保证海洋资源的合理开发利用。同时，海洋资源不仅包括生物资源、化学资源、矿产资源，还储存着海上的风、波浪、潮汐等潜在的能源。这些海洋能源的开发利用，同样需要准确、连续的海洋环境监

测资料为依据来选择最佳的海洋能源开发场址。总之，海洋环境监测资料无论是对生物资源、非生物资源，还是对动力资源、空间资源的开发利用，都具有非常重要的指导意义。

（五）海洋环境监测是维护国家安全，促进海洋环境管理的重要保障

由于海洋空间的广度远远超过陆地，同时海洋对陆地的制约作用日趋增强。于是海洋所具有的战略地位也就越来越重要。实际上，辽阔的海洋不可避免地存在着许多关于权益、资源和开发利用的争端，为了维护国家管辖海域主权权益，需要国家的力量来确保实现，而这支力量，一是国家的执法管理和军事力量，二是科学技术支持系统。海洋环境监测工作正是科学技术支持系统的重要组成部分。同时，海洋环境监测资料在海洋军事上的应用也是非常广泛的。因为未来海战是空中、水面和水下相结合的立体战争。海洋水文、气象、地质等一系列海洋环境要素的变化，对海上作战、训练和新式武器实验都有重要影响。为了有效防止可能的海上入侵，必须加强海洋环境监测。另外，环境保护的关键在于研究人类与环境之间在进行物质和能量交换活动中所产生的影响，而研究这些活动间的相互关系都是在定性、定量化的基础上进行的，这些定量化的环境信息只有通过环境监测才能得到。同时，海洋环境监测也是检验海洋环境政策效果的标尺，监测资料也是各级政府制定海洋环境政策的基本依据。

二、海洋环境监测的任务

海洋环境监测的基本任务主要是为控制污染总量制定管理目标、政策、法律、法规及环境建设、资源开发等提供科学依据，并强调要对海洋环境各要素的经常性监测和系统掌握、评价海洋环境质量状况及发展趋势。具体任务如下。

（1）掌握海洋环境污染的来源及其影响范围、危害和变化趋势，掌握主要污染物的入海量和海域质量状况及中长期变化趋势，判断海洋环境质量是否符合国家标准。

（2）积累海洋环境本底资料，为研究和掌握海洋环境容量，实施环境污染总量控制和目标管理提供依据；为监控可能发生的环境与生态问题，尽早预报提供依据；为研究验证污染物输移、扩散模式，预测新增污染源和二次污染对海洋的影响和制定环境管理提供依据。

（3）为制定及执行海洋环境法规、标准及海洋环境规划，污染综合防治对策提供数据资料，以及有针对性地进行海洋权益监测，为边界划分，保护海洋资源、维护海洋健康提供资料。

（4）为经济建设、环境建设、维护生态平衡、合理开发资源及保护人体健康，开展海洋环境监测技术服务提供科学依据。

（5）检验海洋环境保护政策与防治措施的区域性效果，反馈宏观管理信息，评价防治措施的效果。对海洋环境中各项要素进行经常性监测，及时、准确、系统地掌握和评价海洋环境质量状况及发展趋势。

三、海洋环境监测的分类

海洋环境监测的分类方法很多，有按手段方式分类的，也有按实施周期长短和目的、性质进行分类的，这主要依据实施过程的具体情况而定。

（一）按监测手段和方式分类

这种分类方式有化学监测、物理监测、生物监测等。

1.化学监测

化学监测是指对海洋生态系统各种组成成分（水、沉积物、生物）中污染水平进行的测定。

2.物理监测

物理监测是指对噪声、振动、电磁辐射、光、热等一类污染的监测。物理环境污染与其他类型环境污染有显著区别，物理环境污染不因有毒物质排放引起，大多具有局域性强、无残留的特点，甚至许多物理污染无形无色、不具有传统意义的形态。然而，物理环境污染同样会对人及生态环境造成不同程度的危害，可以说是"隐形的杀手"。按照环境中物理性因素的不同，物理监测可以分为噪声监测、振动监测、电磁辐射监测、光环境监测、热环境监测和放射性监测。

3.生物监测

生物监测是指利用生物对环境污染的反应信息，如群落、种群变化、畸形变种受害症候等，作为判断海洋环境污染的影响手段而进行的测定。

（二）按监测实施周期长短和性质来分类

这种分类方式比较典型的有例行监测、临时监测、应急监测、研究性监测等。

1.例行监测

例行监测又称常规监测，是指在基线调查的基础上，经优化选择出若干代表性测站和项目，对测定海域实施长周期的监测。

2.临时监测

临时监测是指一种短周期的监测工作，其特点是机动性强，与社会服务和环境管理有更直接关系的监测方式，如出于经济或娱乐目的，对特定海域提出特殊环境管理要求时，可用临时性监测。

3.应急监测

应急监测是指在突发性海洋污染损害事件发生后，立即对事发海区的污染物性质和强度、污染作用持续时间、侵害空间范围、资源损害程度等的连续的短周期的观察和测定。

4.研究性监测

研究性监测是指为弄清楚目标污染物而进行的监测。通过监测弄清污染物从排放源排出至受体的迁移变化趋势和规律。当监测资料表明存在环境问题时，应确定污染物对人体、生物和景观生态的危害程度和性质。

（三）按目的要求或特殊情况来分类

这种分类方式针对性较强，如海洋资源监测、海洋权益监测、海洋要素监测定点监测等。

1.海洋资源监测

海洋资源监测是指对包括海洋生物、矿产、旅游、港口交通、动力资源、盐业和化学资源等进行的监测与调查，因为海洋资源包括可再生资源和不可再生资源，必须通过调查、监测才能达到合理开发和利用。

2.海洋权益监测

海洋权益监测是指为维护国家或地区的海洋权益，在多国或多方共同拥有的海域进行的以保护海洋生态健康和海洋生物资源再生产为目的的维护国家海洋权益的海洋监测。

3.海洋要素监测

海洋要素监测是指在设计好的时间和空间内，用统一的可对比的采样和监测手段，获取海洋环境质量要素和陆源性入海物质的资料。海洋环境要素监测包括海洋水文气象要素、生物要素、化学要素、地理要素等的监测。

4.定点监测

定点监测是指在固定站点进行常年更短周期的观测，其中包括在岸（岛）边设一固定采样点，或在固定站附近小范围海区布设若干采样点两种形式的监测。

5.专项监测

专项监测是指对某一专门需要的监测，如废弃物倾倒区、资源开发、海岸工程环境评价等进行的监测。

四、海洋环境监测的特点及原则

由于海洋是地球演化尺度的自然客体，所以在与演化痕迹相关的测量技术上就必然有其特点，正因为有这样的特点，海洋环境监测中就必须遵循一定的原则，这是符合逻辑的。

（一）海洋环境监测的特点

准确地说，是海洋环境监测技术特点，而且是一门高精度的测量技术特点，这些特点归纳起来有下列两个方面：

1.海洋监测是一门综合技术

这是由于海洋监测对象的多样性造成的，而且海洋有极广的范围、极大的深度及温度、盐度的极小差别等客观现象，所以它是一门高精度的测量技术。并且，与这个高精度测量相适应的传感技术的要求都成为这门技术发展的动力。

2.海洋监测技术是一门集成技术

虽然海洋监测技术发展较晚，但是在20世纪后半叶已经完成了从机械测量向自动化、电子化和智能化过渡的全过程，而且由于海洋环境的特殊性，它综合了图像控制和深潜等高精技术，已成为具有自己特色的集成技术。

（二）海洋环境监测的原则

由于海洋环境监测涉及面很广，既有环境监测、资源监测、权益监测，又有常规监测、应急监测、定点监测、专项监测，等等。因此在实施监测时必须遵循轻重缓急、因地制宜、整体设计、分步实施、滚动发展的原则，如突出重点原则、优先监测污染物原则、多功能一体化原则等。

1.突出重点的原则

如近岸和有争议的海区，是我国海洋监测的重点海域。在近岸区，应突出河口、重要海湾、大中城市、工业近岸海域及重要的海洋功能区和开发区的监测；在近海区，监测的重点是石油开发区、重要渔场、海洋倾废区和主要的海上运输线附近；在权益监测上，以海域划界有争议的海域为重点。

2.优先监测污染物的原则

在探明海洋污染物分布、出现频率及含量，确定新污染物名单，研究和发展优先监测污染物的检查方法后，待方法成熟、条件许可时，可列为优先监测污染物，或者具有广泛代表性的项目，可考虑优先监测。

3.多功能一体化的原则

如以水质监测为主体的控制性监测，以底质监测为主要内容的趋势性监测，以生物监测为骨架的效应监测，以及危害国家海洋权益为主要对象的权益性监测为例，应当形成兼顾多种需求的多功能一体化监测体系。

五、海洋环境监测计划的制定与实施

根据监测任务，项目负责人必须按照计划的任务设计监测范围、监测站位，确定监测项目、监测频率和采样层次。监测计划的制定应根据《海洋监测规范》的要求，并立足于现实人员条件和仪器设备等，具体工作如下。

（1）海洋环境质量监测要素主要包括以下内容：海洋水文气象基本参数、海水中重要理化参数、营养盐类有毒有害物质、沉积物中有关理化参数和有害有毒物质、生物体中有关生物学参数和生物残留物及生态学参数、大气理化参数、放射性元素。

（2）站位布设应满足以下基本要求：依据任务目的确定监测范围，以最少数量测站所获取的数据能满足监测目的为要；基线调查站位密，常规监测站位疏，近岸密，远岸疏，发达地区海域密，原始海域疏；尽可能沿用历史测站，适当利用海洋断面调查测站，照顾测站分布的均匀性和与岸边固定站的衔接。

（3）各类水域测站站位应遵循以下原则：海洋区域，在海洋水团、水系锋面，重要渔场、养殖场，主要航线，重点风景旅游区、自然保护区、废弃物倾倒区及环境敏感区等区域设立测站或增加测站密度；海湾区域，在河流入汇处、海湾中部及湾海交汇处，参照湾内环境特征及受地形影响的局部环流状况设立测站；河口区域，在河流左右侧地理端点连线以上，河口城镇主要排污口以下，减少潮流影响处设立测站，如建有闸坝，站位应设在闸上游，若河口有支流汇入站位应设在入汇处下游。

（4）海洋环境监测被批准后，由项目负责人或首席科学家负责制定实施计划，同时做好各项目准备工作，包括专业人员确定、分工，船只安排与业务协调，配制海上作业用试剂，准备和调试海上作业用仪器、器皿、设备、用具等。

（5）海上作业时，应按照《海洋监测规范》GB 17378—2007的有关要求获取样品和数据资料，并准确做好记录和标识。采集的样品按要求保存，海上作业完成后应及时送实验室分析测试，实验室应按照规范中的相应条款规定的方法和技术要求，在规定时间内完成样品预处理、分析、测试和鉴定工作。海洋环境监测的详细内容与监测方法，参阅国家标准《海洋监测规范》GB 17378—2007。

第二节 海洋环境监测状况

一、海洋环境监测发展状况

（一）监测仪器向微型化、多参数化方向发展

海洋环境的复杂性，要求海洋环境监测仪器能够进行现场、原位、在线监测，并且兼具小型、灵敏、快速、自动化等特点。由于微电子、微型传感器、计算机技术、新材料技术、遥感卫星技术及各种高新技术的应用，海洋环境分析监测仪器的设计发生了根本性改变。很多仪器正在向小型化、微型化、多参数化的方向发展。微生物技术、光电技术、生物芯片技术、分子生物学技术及其他多种新技术不断被吸收应用于传感元件，新一代新型监测仪器正推动着海洋环境监测仪器的发展。目前已有多家仪器公司生产便携式多参数水质监测仪，这些监测仪器大多由多个单功能或多功能的微型探头组合而成，如美国哈希公司生产的Hach Hydrolab多参数水质监测仪，最小外径不足5cm，可以监测溶解氧、pH、氧化还原电位、电导率（盐度、总溶解固体、电阻）、温度、深度、浊度、叶绿素a、蓝绿藻、罗丹明WT、铵/氨离子、硝酸根离子、氯离子、环境光、总溶解气体共15种参数。此外，色谱仪、分光光度仪、X射线荧光光谱仪、热分析仪等仪器的体积也大大缩小，目前已有便携式的气相色谱仪、光谱仪、近红外光谱仪、X射线分析等便携式分析仪器面世。

由于海洋高盐、高复杂性、辖区面积广阔等特点，海洋环境监测仪器与淡水水质监测仪在设计方面存在一定差异。一些海洋浮标、潜标和海底监测平台位于远离陆地的远海或深海，不能像岸基监测平台一样频繁地更换仪器试剂、能源，故海洋环境监测仪器除了向小型化、多参数化方面发展外，低耗能、溶剂消耗少也是未来海洋环境监测仪器发展的一个方向。

另外，海洋微生物丰富，长期在水下工作的监测仪器不可避免地会遭到海洋生物的附着和损坏，导致仪器性能下降，使用寿命缩短，特别是一些敏感元件表面发生少量的腐蚀和生物附着就能够使器件的工作性能受到损坏，进而使整个仪器系统的测量准确度和可靠性下降。又由于海洋中的许多极端环境，诸如海底高压、海底热液喷口等，海洋环境监测仪器在未来的发展过程中，必定要发展新型的对极端环境耐受力较强的传感探头或监测

方法，并与材料防腐和防生物附着技术结合，以研制出体积小、溶剂用量少或无溶剂、抗干扰能力强、防生物附着、防腐蚀的高效敏感的多参数海洋监测仪器。我国的海洋监测仪器产业在高端产品、创新研究方面，遭遇国外垄断、技术封锁，在中低端产品方面有自己的产品，但仍缺乏关键的核心技术，缺乏对工艺和关键材料的深入研究，关键技术仍然依靠进口。除此之外，用户对国产仪器缺乏信任也是造成我国监测仪器相对落后、裹足不前的一个重要原因。目前，我国除了温盐深测定仪器外，其他理化监测仪器的成型产品还很少，海洋仪器研发和生产厂家较少，国内的海洋监测仪器生产厂家的规模均不大，且缺乏自主创新产品。

（二）海洋环境自动监测系统集成

海洋环境自动监测系统主要有两方面优势：一是采用原位监测的手段能够实时在线反映海洋环境的变化情况；二是采用自动监测，大大减少了人力投入，方便获得连续、稳定、长期的监测数据。

原位监测是指对原位测试对象采用安装传感器、采集器、通信器等方式，进行自动化、电子化、数字化、联网化的连续、动态、实时更新数据的原位测试，原位监测是很多科学家大力推崇的用于海洋环境监测的方法。早期海洋环境监测部分环境要素是通过海上样品采集，带回实验室分析检测的方法，这种方法是将待监测的环境要素与海洋环境脱离，既不能真实地反映海洋环境状况，也不能获取连续实时的数据。而原位探测能够监测海洋区域的空间和瞬间连续变化的信息，真实反映海洋环境活动演化的动态体系，且操作简便、灵敏度高和反应速率高，特别是在海洋极端环境条件下，如深海高压、海底热液喷口、极区海洋等，样品的采集和保存面临很大的挑战，原位监测则能深入这些区域，获得全面准确的海洋环境信息。原位监测技术是对传统海洋学研究方法的一次重大突破，它的应用对促进海洋资源的探测、海洋环境的监测与保护和海洋科学的研究有重要的意义。

随着传感技术和通信技术的发展，海洋自动监测技术迅速崛起，目前各海洋强国都组建了适用于海洋动力学要素和海洋环境污染物的同步自动观测网络，包括岸基海洋环境自动监测平台、自动监测浮标、潜标和海床基固定及移动自动监测平台。如何研制体积小、耗能低、数据实时传输、适应海洋复杂环境、多功能多参数、可长时间连续稳定工作的自动监测系统，仍是未来海洋环境监测发展的重点方向。

（三）深海观测技术

深海蕴藏着丰富的油气资源、矿产资源、生物及基因资源。近年来，各国在深海的竞争日益激烈，深海成为继海面/地面观测、空中遥测遥感之后地球科学的第三个观测平台，深海观测系统正逐步成为海洋技术领域的研究热点。可视化的、实时的、长时序的深海环境监测，对海洋矿产资源的成矿机理、开发环境、环境影响评价等研究；对深海生物及其基因研究，都有重要意义。由于深海高压等特点，几乎所有的浅海监测仪器都不能直接应用于深海，必须通过采用特殊材料、构建新型微型化电极或光学元件、采用光电机一体化等手段。研制耐高压、耐海水腐蚀、低耗能的观测仪器，发展适用于深海环境（如高压、高温、高盐等）监测的传感器或仪器；发展适于深海环境观测的移动或固定平台发展水下观测系统的供电、数据通信和组网技术；发展空间、水面、水下、海底多平台立体观测技术；建立长期的水下或海底观测网，是深海海洋环境监测技术发展的基本趋势。

（四）区域海洋环境立体监测网络与信息服务

国际先进区域立体实时监测体系通过"实时观测—模式模拟—数据同化—业务应用"形成一个完整链条；通过互联网为科研、经济及军事应用提供服务，区域海洋环境立体监测更强调整体性、系统性的观测；根据区域环境特点，通过岸基、船基、海基、海床基、空基、天基相结合，形成空—天—海一体化监测，向人们提供立体、连续、实时、长期的海洋数据。随着社会的发展，环保理念已被越来越多的人接受，海洋开发产业得到了长足发展，海洋环境监测不仅是为了满足科研和国家的需要，越来越多的企业和个人也希望了解海洋环境信息。已有很多国家将信息服务纳入区域海洋环境立体监测网络，通过互联网与政府相关部门、科研单位甚至是个人共享监测网络的数据信息。今后，发展以社会需求为导向，以服务经济、社会发展和国家利益为目标的区域海洋环境立体监测网络及信息服务将成为海洋环境监测发展的一个重要方向。

（五）海洋环境监测全球化网络

海洋是一个连通的整体，要想真正了解海洋，必须从全球大尺度上进行研究。目前国际上正在积极展开各个地区、各个国家观测系统的联合运作，以实现在各国现有观测网络基础上进行联合观测和数据共享，提高全球性海洋观测能力。由联合国教育、科学及文化组织政府间海洋学委员会和世界气象组织合作，联合发起的全球海洋观测系统（GOOS）便是基于海洋监测全球化思想提出的，通过联合各个国家、单位，全球布点，研究大尺度海洋气候循环及其演化规律。

二、发达国家海洋环境的监测及其特点

全球海洋环境，特别是海岸带环境的持续恶化引起了各沿海国家的关注，对海洋环境的监测管理受到了空前的重视。这里着重介绍国外海洋环境监测简况及特点。

（一）国外海洋环境监测简况

主要有国际组织和区域性组织发起的环境污染监测，前者是在联合国系统内负责组织和协调全球海洋污染监测与研究的国际机构，后者如地中海和波罗的海的环境污染监测。而发达国家的海洋环境监测，如美国、日本及欧洲一些国家的海洋环境监测。

1.美国的海洋环境污染监测

美国涉及海洋环境污染监测的机构很多，其中主要有环境保护局（EPA）、国家海洋与大气管理局（NOAA）、卫生与公众服务部（DHHS）、内政部（DOI）、国防部（DOD）、国家航空和宇宙航行局（NASA）、能源部（DOE）、核管理委员会（NRC）、全国科学基金会（NSF）、海洋污染研究发展和监测机构间委员会（COPRDM），以及农业部运输部、全国海洋污染监测网等，具体情况如下。

（1）环境保护局：从事海洋废物排放、近岸油气开发、水质恶化及毒性物质和其他污染物影响所引起的污染问题的研究，在海洋污染常规监测中起主要作用。它在全国设有包括海洋在内的水质监测系统，全面掌握水质状况。

（2）国家海洋与大气管理局：隶属商务部，开展海洋污染研究和监测工作，实施近岸水域监测规划，并对重要商业鱼类所含某些污染物进行监测，它被指定为组织协调和执行全国海洋污染研究、发展和监测计划的领导机构。

（3）全国海洋污染监测网：根据COPRDM的建议，美国组建了全国海洋污染监测网，由划分明确的区域监测网组成，并建立了区域工作组，分别是东北的纽约斯托尼布鲁克、西北的加利福尼亚州的萨迪纳、西部湾的路易斯安那州新奥尔良、西北的华盛顿西雅图、东南的佐治亚州亚特兰大、大湖区的密歇根州安阿伯。在每一个监测区以一个部门或组织为中心的负责机构，其主要任务是协调海洋监测规划并在区域内交流有关海洋污染监测的情报和资料。

2.日本的海洋环境污染监测

根据日本有关法律的规定，日本总理府的环境厅、运输省的海上保安厅和气象厅、农林省的水产厅及各都道府县都结合各自的需要和从自身有关业务出发，进行海上环境污染监测。

（1）海上保安厅。负责日本近海海水与底质的污染监测，特别重视对油污染事件的监测。在海上保安厅本部设立有海上保安试验中心，在海上保安厅水路部成立海洋污染调查室，并在下属管区成立了公害监测中心，以此形成了开展海洋污染监测的组织系统。海上保安厅主要是用巡逻船、飞机和小型直升机从事污染监测，同时还实行了监测员制度，组成海洋污染监测网。其监测范围，在太平洋一侧为200海里以内，在日本海和黄海一侧以海区中线为界。监测断面基本与黑潮、亲潮和对马暖流相垂直，共设70个采样点。此外，为了掌握一些主要的内海、内湾污染物质的向海外扩散的情况，在东京湾骏河湾、伊势湾、大阪湾、丰后水道、鹿儿岛湾、濑户内海等地共设53个采样点，以上测点每年监测两次，监测项目为油类、多氯联苯等。另外，海上保安厅还对海水中人工放射性物质的分布及变化规律进行监测，同时对计划投弃放射性固体废物的预定海域实施环境调查。

（2）环境厅。负责全国的环境治理、计划制定、经费分配、法令执行等职能。在海洋环境监测方面，主要负责内湾的污染监测。环境厅委托各都道府县共负责200个内湾的水质污染监测和调查。根据国家的统一环境标准，海域分A、B、C3种类型，究竟哪些海域适应哪一类型还需要具体指定。为了指定海域适应国家环境标准的类型和制定具体的环境标准，各都道府县必须经常地监测所指定海域的水质污染状况。其监测项目主要为pH、溶解氧、化学需氧量、大肠菌群、N–正己烷萃取物、氰化物甲基汞、有机磷、六价铬砷、总汞、多氯联苯等，监测频率每月1次。

具体执行时，都道府县长官每年与国家的地方行政机关协商，制定一个包括监测水域、监测站位的监测项目和方法的计划，然后由国家和地方公共团体按计划实施。各实施单位将测定结果全部报送监测水域所属的都道府县长官，都道府县长官作为一种义务将测定结果发表，国家则将都道府县的报告在全国发表。

（3）气象厅。日本气象厅设有几条有代表性的监测断面，监测和研究日本近海和西太平洋海域的污染状况。气象厅在西太平洋的污染监测具有本底调查的性质，是世界气象组织太平洋污染监测系统的一部分。而日本周围海域的断面每年监测4次，西太平洋断面每年监测2次，监测项目除了水温、盐度、海流潮汐之外，还有溶解氧、化学需氧量、pH、无机磷、总磷、亚硝酸盐氮、硝酸盐氮、氨氮、叶绿素、浮游生物、重金属、石油等。

（二）发达国家海洋环境监测的特点

欧美等发达国家和海洋环境保护组织和海洋环境监测与评价方面进行了长期的探索和研究，对于当前全球海洋所面临的海洋污染、渔业资源衰退、海洋生境改变与丧失、外来物种入侵和赤潮灾害频发等诸多环境问题，都积累了丰富经验，发布了一系列较为先进的管理政策、科学理论和监测技术方案，并成功应用于海洋环境保护的实践中。现归纳起来主要有以下6个方面的特点：

1.重视海洋环境监测与评价方法体系的完善与统一

对于地理区域上有交叠的OSPAR和欧盟的一些所开展的海洋环境和评价工作，也非常重视不同计划间技术方法的协调一致，既提高了监测与评价项目的运行效率和数据的使用效率，又避免了重复工作。

2.重视水体的富营养化评价

由于生活污水排放量和农业化肥施用量的激增，富营养化已成为全球性的环境焦点问题。因此，就目前的海洋环境监测而言，各个国家和地区海洋水体监测重点均置于富营养化及相关的问题上。

3.重视海洋环境生态状况的监测和综合评价

在海洋生态系统退化问题日益严峻的形势下，各沿海国及海洋环境保护组织均将海洋环境监测和评价的重心自污染监测向生态监测转移，按生态功能划分监测区域，以更加明确水质保护目标。同时，在全国河口状况评价项目中采用系统化的指标，通过未受人类活动干扰的对照环境条件的比较，对河口的综合生态状况偏离原始状态的程度进行了综合的评估，但目前国际上的生态监测和评价方法尚不成熟。确定科学的生态健康状况的评价指标和评价阈值，建立适宜的综合评价方法体系，是困扰从事该领域工作的生态学家和海洋环境学家的最大难题。

4.重视污染源的监测

海洋污染源除了点源外，还有农业灌溉水排放、城市径流和污染物的大气沉降等非点源，入海污染源数量庞大且分散，管理难度大，不确定性也较大。因此，各国在加强点源排放监测的基础上，制定了非点源污染源污染整治行动计划，采取全流域水质保护的综合管理模式，以满足滨海地区点源和非点源污染治理的需要。为了降低营养盐的向海输入，美国最新版的海洋政策要求沿海各州制定并强制执行营养盐水质标准，减轻非点源污染，实施以污染物最大总量为指标的点污染源和非点污染源排放减少计划。OSPAR的"联合评价与监测项目"对于点源和非点源污染的监测与评价均提出了详细的技术要求，并根据污染源的类型分别开展了河流和直排口监测以及大气综合监测。

5.强调海洋环境监测和评价的区域特征

海洋环境具有明显的区域特征，因而在监测和评价时不能"一刀切"，要根据各个不同评价水域的水动力学、生物和化学等背景状况，划分适宜的评价单元，并选择评价指标和评价标准。

6.强调海洋环境监测和评价的公众服务功能

以海洋环境是否能满足人类使用、利用海洋资源的需求为目的的监测和评价项目，为加强对人类活动管理提供科学依据和决策支持，切实将海洋环境监测和评价工作与保护海洋环境免受人类活动影响的管理工作紧密结合。

第三节　海洋环境监测技术

一、监测船性能与设备的要求

监测船性能与设备直接关系到各项样品的采集和测试的准确度。监测船性能要求包括船舶吨位抗风浪性能、甲板机械实验室等的性能要求；设备要求包括采样设备、监测仪器设备等的要求。具体分述如下。

（一）监测船性能要求

对于在河口、近岸浅水区作业的监测船，排水量一般为100～150t，吃水深度0.5m，航速12kn左右，并有抗搁浅性能。对于在中近海水域作业的监测船，排水量一般为600～2000t，吃水深度25m，航速14～16kn。

对船体结构和有关装置的要求，总体来说，船体结构要牢固，抗风浪性要强，受风压面要小，续航力不少于两个月，装有侧推和可变螺距和减摇装置。需有适应海洋监测用的甲板及机械设备，有观测、采样和样品存储的空间以及检测、处理各种要素用的实验室、计算机室和导航通信系统；对于专用的监测船，还必须设有可控排污装置，对兼用监测船，亦需改装排污系统，以便减少船舶自身对采集样品的污染影响。

（二）采样设施的要求

设有水文、水样采集、沉积物采样和浮游生物采样绞车和生物吊杆，采样绞车处应有装保护栏杆的突出活动操作平台。对于监测仪器，要求在出航前对各种仪器设备进行全面检查和调试，并将情况填入"海上资料仪器设备检查记录表"。使用仪器设备，必须是经国家法定标准计量机构计量认证、批准生产或经过鉴定合格的产品，国外引进的仪器设备，必须经过验收，确认符合仪器标明质量参数方可使用，同时必须定期经国家法定标准计量机构检定。对于专用监测舶实验室的要求：实验室位置适中，应选择摇摆度最小处，并靠近采样操作场所；有独立的淡水供应系统，排水槽及管道需耐酸碱腐蚀；实验桌面耐酸碱，并设有固定各种仪器的支架、栏杆、夹套等装置；配备有样品冷藏装置、防火器材及急救药品箱。

二、海洋大气样品的采集

海洋大气污染调查采集的目的是了解和掌握海洋上空有害物质的分布和迁移的规律，跟踪污染源和评价污染物入海通量，为海洋环境保护和管理提供资料和科学依据。样品的采集与处理包括采样站的要求、采样类型、样品保存、样品处理以及注意事项，其中以采样类型为重点。

（一）采样站的要求

首先考虑站位选择要有代表性，即代表所采样的大气环境；采样高度要求当地尘灰和浪花达不到采样器所安放的位置；船上采样应安装有采样架，架子高度以避开船甲板环境污染为宜，保持风速风向传感装置自动控制抽气泵的正常运转，避开船上烟尘的污染。

（二）采样类型

有气体样品采集、颗粒样品采集和雨水样品采集之分。

气体采样方法有溶液吸收法和固体吸附法。前者是由抽气泵系统和吸收管组成；后者是利用某些固态物质对被测气体的吸附特性采集样品，而后利用物理或化学方法解吸。这种方法选择性强，便于样品保存和传递。

颗粒样品采集。这种采集器有两类，即过滤式和撞击式，这两种采集系统都由采样头、流量计、调压器和抽气泵4部分组成。而滤膜通常采用玻纤滤纸、定量滤纸和醋酸纤维滤膜。根据被测物质的不同性质和含量而采用不同的滤膜类型，如定量滤膜主要用于硫的分析，定量滤纸可用于重金属分析，玻纤滤纸可用于有机物的测定。

雨水样品采集。主要用于降雨量测定和雨水中被监测物质含量的测定。近海雨水收集可使用聚乙烯、玻璃或不锈钢制成的容器，安放在离地1~3m的高度。船上收集时，收集器应放在甲板迎风处，并避免浪花溅入和烟灰沾污。常用的雨水收集器有容积雨水收集器和湿式雨水收集器。大容积雨水收集器一般是敞开式的，优点是简便、可靠、不需要电源驱动，而湿式雨水收集器只有在下雨时才使用，如目前常用的雨滴传感自动雨水采样器，其优点可以把每次降雨分成不同时间间隔的样品。

（三）样品保存

对于气体样品的保存，如果采集后的气体样品不能当天分析，则应放在冰箱内保存，在采样、运输和储存过程中，应避免阳光直接照射；对于颗粒样品的保存，如果是截留在滤膜上的颗粒样品，保存时应把滤膜对折，注意让滤膜上的颗粒截留面朝内，然后把滤膜放进预先清洗干净的塑料袋，再放入冰箱内保存；对于雨水样品的保存，如果用于无机离子分析的雨水样品，当pH在3.5～4.5，在4℃温度下可保存8个月，但氯化物和磷酸盐的含量可能会变化。而pH大于5时，由于生物活动可能会使组成改变，一般采样延续时间不超过1周。

（四）样品处理

要求在干净的环境中进行；分取滤膜时必须剪取滤膜有效暴露部分；处理有机物样品的器具和容器要求用玻璃、铝或不锈钢材料的制品；处理微量金属元素样品时，其器具如镊子、垫板、移液管头等要求采用聚乙烯材料制品。

（五）注意事项

在收集和处理气体、颗粒、雨水样品采样设备，尤其是大洋空气采集时，必须特别注意周围环境，操作人员的手、头发、衣服等可能引起的沾污问题。同时，为了以后的数据分析，采样时应同时收集温度、湿度、风向、风速、气压等资料，以及天气形势图。

三、海水样品的采集

（一）采样

内容由样品分类、采样方式和采样器、采样时空频率的优化、采样站位的布设组成。

1.样品分类

有瞬时样品、连续样品、混合样品和综合水样之分。

瞬时样品，是指不连续的样品，无论在水表层还是在规定的深度和底层，一般均用手工采集，在某些情况下也可用自动方法采集。考察一定范围海域可能存在的污染或者调查监测其污染程度，特别是在较大范围采样，均应采集瞬时样品。对于某些待测项目，如溶解氧硫化氢等溶解气体的待测水样，应采集瞬时样品。

连续样品，通常包括在固定时间间隔下采集定时样品及在固定的流量间隔下采取定时样品。采集连续样品常用在直接入海排污口等特殊情况下，以揭示利用瞬时样品观察不到的变化。

混合样品，是指在同一个采样点上以流量、时间、体积为基础的若干份单独样品的混合，用于提供组分的平均数据。若水样中待测成分在采集和贮存过程中变化明显，则不能使用混合水样，要单独采集并保存。

综合水样，即把从不同采样点同时采集的水样进行混合而得到的水样（时间不是完全相同，而是尽可能接近）。

2.采样方式和采样器

海水水质样品的采集，分为采水器采样和泵吸式采样。海水采样器的采样方式通常有开—闭式采样，闭—开—闭式采样，前者是将采样器开口降到预定深度后，由水面上给一信号使之关闭，这是常用的方式。后者是将采样器以密闭状态进入海水，达到预定深度后打开，充满水样后即关闭，如表层油样采样器等。而泵吸式采样是将塑料管放至预定深度后，用泵抽吸采集样品。此外，采集表层水样时，还可用塑料水桶来采集。

无论使用何种采水器采集水样，均应防止采水器对水样的沾污，如采集重金属污染样品时，应避免使用金属采样器采样，在采样前应对采样器进行清洁处理等。从采水器中取出样品进行分装时，一般按易发生变化的先分装的原则，先分装测定溶解气体的样品，如溶解氧、硫化物、pH等，再分装受生物活动影响大的样品，如营养盐类等，最后分装重金属样品。

3.采样时空频率的优化

采样位置的确定及时空频率的选择，首先应在对大量历史数据客观分析的基础上，对调查监测海域进行特征区划。特征区划的关键在于各站点历史数据的中心趋势及特征区划标准的确定。然后根据污染物在较大面积海域分布不均匀性和局部海域相对均匀性的时空特征，运用均质分析法、模糊集合聚类分析法等，将监测海域划分为污染区、过渡区及对照区。

4.采样站位的布设

这里有采样布设的原则和采样层次之分。采样布设的原则，即监测站位和监测断面的布设应根据监测计划确定的监测目的，结合水域类型、水文、气象、环境等自然特征及污染源分布，综合诸因素提出优化布点方案，这要在研究和论证的基础上确定。采样的主要站点应合理地布设在环境质量发生明显变化或有重要功能用途的海域，如近岸河口区域重大污染源附近。在海域的初期污染调查过程中，可以进行网格式布点。影响站点布设的因素很多，所以要遵循以下原则：能够提供有代表性信息；站点周围的环境地理条件；动力场状况（潮流场和风场）；社会经济特征及区域性污染源的影响；站点周围的航行安全程度；经济效益分析；尽量考虑站点在地理分布上的均匀性，并尽量避开特征区划的系统边界；根据水文特征、水体功能、水环境自净能力等因素的差异性，来考虑监测站点的布设；监测断面的布设应遵循近岸较密、远岸较疏，重点区（如主要河口、排污口、渔场或养殖场、风景，游览区、港口码头等）较密、对照区较疏的原则。

（二）水样的保存与预处理

这里着重介绍海水样品的过滤、样品容器的材质选择和洗涤以及样品保存的要求与方法。

1.海水样品的过滤

根据各个监测项目的要求不同，有的是测定总量，有的是测定溶解态含量，有的是测定颗粒态中的含量，测定溶解态或颗粒态中含量的，需要将样品进行过滤。过滤时使用的滤膜孔径为0.45μm的微孔滤膜。凡能通过滤膜的称为"溶解态"，被滤膜截留的部分称为"颗粒态"。在过滤前，滤器应先清洁（首先用HNO_3浸泡，然后用蒸馏水或去离子水清洗，最后用待过滤水样冲洗数次），以防滤器对过滤水样中待测物质的吸附和沾污。

2.样品容器的材质选择和洗涤

贮存水质样品的容器材质的选择应按以下原则进行：容器材质对水样的沾污程度应最小；便于清洗和对容器器壁进行处理，使之对重金属、放射性核素及其他成分的吸附能力最低；容器的材质具有化学和生物方面的惰性，使样品与容器之间的作用保持在最低水平。此外，还应考虑抗破裂性能、运输是否方便、重复使用的可能性及价格等。

大多数含无机成分的样品，多采用聚乙烯、聚四氟乙烯等材质制成的容器，如常用的高密度聚乙烯，适用于水中硅酸盐、钠盐、总碱度氯化物、电导率、pH等分析样品的贮存；对光敏物质多使用吸光玻璃材质，有机化合物和生物品种常储存在玻璃材质容器中。为了最大限度地避免样品受到沾污，容器必须彻底洗涤（特别是新容器），使用的洗涤剂种类取决于盛装的水样中待测物质的性质。对于一般性用途，可用自来水和洗涤剂清洗尘埃和包装物质后，用铬酸和硫酸洗涤液浸泡，再用蒸馏水淋洗。对于聚乙烯容器，先用1mol/L的盐酸清洗，对某些项目如生化分析水样盛装用的容器，还需用硝酸浸泡，然后用蒸馏水淋洗。如待测定的有机成分需萃取的，也可用萃取剂处理盛装容器。对于具塞玻璃瓶，在磨口部位常有溶出吸附现象。聚乙烯瓶易吸附油分、重金属、沉淀物及有机物，在清洗时要特别注意。

3.水样保存的基本要求与保存方法

水样存放过程中，由于吸附、沉淀、氧化还原微生物作用等物理、化学和生物作用，样品的成分就可能发生变化。如金属离子可能被玻璃器壁吸附；硫化物、亚硫酸盐、亚铁和氰化物等可能逐渐被氧化而损失，六价铬可还原为三价铬；硝酸盐、亚硝酸盐和酚等由于生物作用而易起变化。因此，采样和分析时间间隔越短，分析结果越可靠。某些项目，特别是海水物理性质的测定，要在现场立即进行，以免样品输送过程中发生变化。对于不能及时测定的样品，需采取一定的保护措施，以尽量减少样品在贮存运输过程中的变化。但至今还没有一个理想的保存方法能完全制止水样理化性质的变化，对于保存方法的基本要求只能尽量做到减缓水样的生化作用、减缓化合物或铬化物的水解及氧化还原作用、减少组分的挥发损失、避免沉淀或结晶析出所引起的组分变化。

常用的水样保存方法有以下3种。冷藏法即水样在4℃左右保存，最好放置于暗处或冰箱中，这样可以抑制生物的活动减缓物理作用和化学作用速度。化学试剂加入法即往水样中加入某一种可以阻止细菌生长或杀死细菌的试剂。常用的试剂有氯仿、$HgCl_2$等。控制溶液pH即酸化法和加碱法，其中酸化法是为防止金属元素沉淀或被容器壁吸附，可加酸到pH小于2，使水样中的金属元素呈溶解态。一般酸化后的海水水样可保存数周（采样的保存时间短些，一般为16d）；加碱法是对酸性条件下容易生成挥发性物质的待测项目（如氰化物等），可以加入NaOH将水样的pH调节到12以上，使其生成稳定的盐类。

四、海洋沉积物样品的采集

（一）海洋沉积物采样站位的布设

沉积物样品采样站位，一般有两种形式：一种是选择性布设，另一种是综合性布设。选择性布设，通常是指在专项监测时，根据监测对象及监测项目的不同，在局部地带有选择地布设沉积物采样点，如排污口监测以污染源为中心，顺污染物扩散带按一定距离布设采样点。而综合性布设，是根据区域或监测目的的不同进行对照、控制、削减断面布设，如在某港湾进行污染排放总量控制监测中，可按区域功能的不同进行对照、控制、削减断面布设。布设方法可以是单点、断面、多断面、网格式布设。

（二）沉积物样品的采集

不同目的的采集，常需选择不同的沉积物采样器，为此应考虑以下方面：贯穿泥层的深度，齿板锁合的角度，锁合效率（避免障碍的能力），引起波浪振荡和造成样品的流失或者在泥水界面上洗掉样品组成或生物体的程度，在急流中样品的稳定性。在选择沉积物采样器时对环境、水流情况应预先有所了解，然后根据采样面积和采样船只设备统筹考虑。

采集表层沉积物，常用抓斗式采泥器，其式样与普通的装运抓斗相似，这种抓斗式采样器结构简单，使用方便可靠，对船上设备来说要求最低，其缺点是碎屑有时妨碍抓斗关闭。抓斗式采样器在使用前首先要测定水深，将绞车的钢丝绳与采样器连接，并检查是否牢固。然后慢速开动绞车将采泥器放入水中，稳定后在常速下放至海底一定距离（3~5m），再全速降至海底。此时采样器着底，并将钢丝绳适当放长，浪大流急时更应如此。然后慢速提升采泥器，使其离底后快速提升至水面，再行慢速，当采泥器高过船舷时，停车，将其轻轻降至接样板上。打开采泥器上部耳盖，轻轻倾斜采泥器，使上部积水缓缓流出。若因采泥器在提升过程中受海水冲刷，致使样品流失过多或因沉积物太软，采泥器下降过猛，沉积物从耳盖中冒出，均应重采。

采集柱状样品，通常采用重力取样管。最简单的重力采样管就是一条金属管，附加上一些重物。采样时，让其利用重力下落打入沉积物中，再用绞车提起。调节附加重物的重量可控制打入的深度。重力取样管可以采集几十米长的沉积物柱状样品，在沉积物采样中一般先采表层样了解沉积物的类型，若为沙砾沉积物，就不必作重力取样。柱状采样过程与表层沉积物采样过程基本相似，取样管自海底取上来后应平放在甲板上，倒出上部积水，测量打入深度，再用通条将柱状样缓缓挤出，按顺序排在接样板上进行处理和描述。若柱状长度不足或样管斜插入海底，均应重采。

（三）样品的现场描述

无论是表层样还是柱状样，采到甲板上应立即进行现场描述，描述的内容有颜色、气味、厚度、沉积物类型和生物现象。沉积物的颜色往往能够反映沉积环境条件、描述时应参照统一标准（《海洋调查规范》）进行描述。在鉴别颜色的同时用嗅觉闻一闻有无油味、硫化氢味及其气味的轻重，并记录之。

厚度是指沉积物表层的浅色层的厚度，能反映其沉积环境。取样时可用玻璃试管轻插入样品中，取出后量取浅色层厚度。柱状取样时，可描述取样管打入深度，样柱实际长度及自然分层厚度，沉积物类型可根据《海洋地质调查》对照描述。对沉积物还要进行生物现象描述，描述一般从以下方面考虑：贝壳含量及其被破碎程度，含生物的种类及数量，生物活动遗迹。其他特征根据《海洋调查规范 第4部分：海水化学要素调查》GB/T 12763.4—2007进行描述。

（四）监测时间与频率

采样频率依各采样点时空变异和所要求的精密度而定。一般来说，由于沉积物相对稳定，受水文、气象条件变化的影响较小，污染物含量随时间变化的差异不大，采样频次与水质采样相比较少，通常每年采样一次，与水质采样同步进行。

（五）样品的分装与保存

这里有两种情况：一种是表层沉积物分析样品的分装与保存，另一种是柱状样分析样品的分装与保存。具体操作如下。

1.表层沉积物分析样品的分装与保存

先用塑料刀或勺从采泥器耳盖中取上部0~1cm和1~2cm的沉积物，分别代表表层和亚表层的沉积物。如遇沙砾层，可在0~3cm层内混合取样。一般情况下每层各取3~4份分析样品，取样量视分析项目而定。如果一次采样量不足，则应再采一次。不同监测项目的样品分装如下：

（1）取刚采集的沉积物样品，迅速地装入100mL烧杯中（约半杯，力求保持样品原状），供现场测定氧化还原电位用（也可在采泥器中直接测定）。

（2）取约5g新鲜湿样，盛于5mL烧杯中，供现场测定硫化物（离子选择电极法）用。若用比色法或碘量法测定硫化物，则取20～30g新鲜湿样，盛于125mL磨口广口瓶中，充氮后塞紧磨口塞。

（3）取200～300g湿样，放入已洗净的聚乙烯袋中，扎紧袋口，供测定铜、铅、锌、镉、铬、砷、硒用。

（4）取300g湿样，盛入250mL磨口广口瓶中，充氮后密封瓶口，供测定含水率、粒度、总汞，油类、有机碳、有机氯农药及多氧联苯用。

2.柱状样分析样品的分装保存

样柱上部30mL内按5mL间隔，下部按10mL间隔（超过1m酌定），用塑料刀切成小段，小心地将样柱表面刮去，沿纵向切开3份（3份比例为1：1：2），两份量少的分别盛入50mL烧杯（离子选择电极法测定硫化物，如用比色法或用碘量法测定硫化物时，则盛于125mL磨口广口瓶中，充氮气后密封保存）和聚乙烯袋中，另一份装入125mL（或250mL）磨口广口瓶中。

（六）沉积物分析样品的制备

这里也分为两种情况：一种是供测定铜、铅、镉、锌、铬、砷、硒的分析样品制备，另一种供测定油类、有机碳、有机氯农药及多氯联苯的分析样品制备。具体内容如下：

1.供测定铜、铅、镉、锌、铬、砷、硒的分析样品制备

先将聚乙烯袋中的湿样转到洗净并编号的瓷蒸发皿中，置于80～100℃烘箱内，排气烘干，再将烘干后样品摊放在干净的聚乙烯板上，用聚乙烯棒将样品压碎，剔除砾石和颗粒较大的动植物残骸。将样品装入玛瑙钵中。放入玛瑙球，在球磨机上粉碎至全部通过160目尼龙筛，也可用玛瑙研钵手工粉碎，用160目尼龙筛加盖过筛，严防样品逸出，将加工后的样品充分混匀；缩分分取10～20g制备好的样品，放入样品袋，送各实验室进行分析测定。其余的样品盛入250mL磨口广口瓶（或有密封内盖的200mL广口塑料瓶中），盖紧瓶塞，留作副样保存。

2.供测定油类、有机碳、有机氯农药及多氯联苯的分析样品制备

将已测定过含水率、粒度及总汞后的样品摊放在已洗净并编号的搪瓷盘中，置于室内阴凉通风处，不时地翻动样品并把大块压碎，以加速干燥，制成风干样品；将已风干的样品摊放在聚乙烯板上，用聚乙烯棒将样品压碎，剔除砾石和颗粒较大的植物残骸；在球磨机上粉碎至全部通过80目尼龙筛，也可用瓷研钵手工粉碎，用80目金属筛加盖过筛，严防样品逸出，将加工后的样品充分混匀；缩分分取40~50g制备好的样品，放入样品袋，送各实验室进行分析测定。

五、海洋生物样品的采集

（一）海洋生物样品采样站位的布设

站位布设应根据实际情况，以覆盖和代表监测海域（滩涂）生物质量为原则，采用扇形（河口近岸海域）或井字形、梅花形、网格形方法布设监测断面和监测站位。生物监测断面布设基本与沿岸平行，重点考虑河口、排污口、港湾和经济敏感区。港湾水域监测断面按网格布设，按监测目的和项目的不同站点布设而有所侧重。

（二）样品采集

生物样品的采集，先要考虑样品的来源、选择样品的一般原则，最后考虑样品采集的种类，具体如下。

1.生物样品的来源

生物样品的来源主要有：生物测点的底栖拖网捕捞；近岸定点养殖、采样，如贻贝和某些藻类；渔船捕捞；沿岸海域定置网捕捞及垂钓渔获；市场直接购买，包括经济鱼类、贝类和某些藻类。

2.选择样品的一般原则

海洋生物种类繁多，并不是所有生物都适合做监测对象，所以在选择样品时要考虑以下原则：能积累污染物并对污染物有一定的忍受能力，其体内污染物含量明显高于其生活水体；被人类直接食用的海洋生物或作为食物链被人类间接食用的生物；大量存在，分布广泛，易于采集；有较长的生活周期，至少能活一年以上的种类；生命力较强，样品采集后依然是活体；固定生息在一定海域范围，游动性小；样品大小适当，以便有足够的肉质分析；生物种群中的优势种和常见种。一般来说，常选择贻贝、虾类和鱼类来做样品。除了考虑上述的原则之外，还应根据不同的目的选择采样地点，从考虑样品的代表性和评价环境质量出发，采集地点主要应在近岸海域，如潮间带和近岸水域，最好在水质和沉积物采样点都采集生物样。采样时间应选择在生物生长处于比较稳定的时期，一般以冬末初春季节采样为好。如果为了了解在不同季节生物体内的污染含量的变化情况，则在每个季节里都应采样。

3.样品采集

分为贝类样品采集、藻类样品采集、检测细菌学指标（粪大肠菌群、异养细菌）样品采集、虾鱼类样品采集。

（1）贝类样品采集。挑选采集体长大致相似的个体约1.5kg，如果壳上有附着物，应用不锈钢刀或较硬的毛刷去除，彼此相连的个体应用不锈钢刀开分。用现场海水冲洗干净后，放入双层聚乙烯袋中冰冻保存，用于生物残毒及贝毒检测。

（2）藻类样品采集。采集大型藻类样品100g左右，用现场海水冲洗干净，放入双层聚乙烯袋中冰冻保存（-20～-10℃）。

（3）检测细菌学指标（粪大肠菌群异养细菌）样品采集。检测细菌学指标的生物样品，应现场用凿子铲取栖息在岩石或其他附着物上的生物个体。栖息在沙底或泥底中的生物个体可用铲子采取，或用铁钩子扒取，在选取生物样品时要去掉壳碎的或损伤的个体（指机械损伤），将无损伤、生物活力强的个体装入做好标记的一次性塑料袋中，然后将样品放入冰瓶冷藏（0～4℃）保存不超过24h，全过程严格无菌操作。

（4）虾、鱼类样品采集。虾和鱼类等生物的取样量为1.5kg左右，为了保证样品的代表性和分析用量，应视生物个体大小确定生物的个体数，保证选取足够数量（一般需要100g肌肉组织）的完好样品用于分析测定。用现场海水冲洗干净，冰冻保存（-10～20℃）。

4.样品的保存和运输

样品的保存，是指在样品运输前，应根据采样记录和样品登记表清点样品，填好装箱单和选样单，由专人负责将样品送到实验室冷冻保存。生物残毒和贝毒检测样品应保存在-20℃以下的冰柜中。用于微生物检测的样品运回实验室后，应立即进行检测。样品运输，是指样品采集后，若长途输送，需把样品放入样品箱（或塑料桶）中，对无须封装的样品，应将现场清洁海水淋撒在样品上，保持样品的润湿状（不得浸入水中）。若样品处理须在采样24h后进行，可将样品放在聚乙烯袋中，压出袋内空气，将袋口打结，将此袋和样品标签一起放入另一聚乙烯袋（或洁净的广口玻璃）中，封口、冷冻保存。

六、监测数据处理

监测数据处理包括监测误差的分类和监测中的数据处理两方面。对海洋环境监测的基本要求，必须具有代表性、精密性、准确性、完整性和可比性，特别是在实验室分析工作中准确性是最为重要的。

（一）监测误差的分类

工作实践中都可看到，任何测量的分析过程中，误差是不可避免的。误差是指监测分析结果与真实性之间的差异，误差总是客观存在于一切分析测量的结果中。误差按其来源可分为系统误差、随机误差和过失误差3种类型。

1.系统误差

系统误差是指在分析测试条件中，有一个或几个固定因素不能满足规定的要求而引起的误差。这种误差产生的根源主要有下列3种：标准溶液浓度配制错误造成的误差、计算仪器未经核正造成的误差、试剂和水的质量不合乎要求造成的误差。例如，大气采样器的流量计要定期进行流量校正，如果某台采样器的流量有较大误差，使用时未经校正，结果使用该台仪器采集的所有数据会存在系统的误差；又如，某实验人员在配制硫酸根标准溶液时，把硫酸钾错当成硫酸钠来称量，这样配制出来的标准溶液的浓度只有规定浓度的81.61%，因此计算出来的样品浓度会高出原有浓度的22.53%。

2.随机误差

随机误差亦称偶然误差。因为同一个样品进行数个试份平行测定时，其结果往往不会是完全相同的。彼此间总是有些误差，这种误差是由于测定时的条件不可能完全等同而产生的，其主要原因有下列4种：各次称量、吸取、读数的误差不可能完全相同，量器的误差也不可能完全一致；消解、分离、富集等各种操作步骤中的损失量或沾污程度不尽相同；滴定终点的色调判断不可能完全一致；测量仪器受到外界条件的限制，在使用过程中不可能是恒定不变的。总而言之，随机误差没有一定的方向性，其大小也不是固定值，但与分析方法、仪器性能、实验室条件及操作人员的技巧等密切相关。

3.过失误差

完全是由一些意外的因素造成的，无任何规律可言，但危害很大，就如广大监测分析者所说的"一个错误的数据比没有数据更坏"，所以要特别注意。常见的意外误差因素有下列一些实例：看错取样量，称样时看错了砝码从而引起了错误的称样量；用错了移液管而导致分析结果偏差；样品在加热消解过程中有大量的迸溅损失；萃取分离富集时有大量泄漏；大批样品分析时，某个程序发生错号，严重时将会造成众多样品的结果异常；使用的计算机程序有误又未经审核复算，报出了不正确的数据；算错了富集或稀释倍数，如某实验室把六价铬0.5mg/L的浓度错报为0.25mg/L，像此类误差可认为最典型的过失误差。

在上述的3类误差中，系统误差可通过量器校正、标准溶液比对、方法验证等一系列措施使之减少。过失误差主要通过加强分析人员的责任心和基本操作技巧的训练，健全实验室的规章制度、严格遵守操作规程等方法来减少其发生的概率。随机误差客观上是不可避免的，其大小因实验室性能而异，因人而异，但可利用统计方法加以估算和处理。

（二）监测数据的处理

海洋环境监测过程中，有时会出现可疑数据和离群数据等现象。这些都对监测质量带来不利影响，为此必须进行处理，而处理必须遵循一定原则。

1.可疑数据的取舍

一组（群）正常的测定数据，应是来自具有一定分布的同一总体。若分析条件发生显著变化，或在实验操作中出现过失，将产生与正常数据有显著差别的数据，称为离群数据，而仅怀疑某一数据可能会歪曲测定结果，但尚未经过检验判定为离群数据时，则此数据称为可疑数据。

（1）可疑数据的检验。剔除离群数据，会使测定结果更客观；若仅从良好愿望出发，任意删去一些表观差异较大并非离群数据，虽由此得到认为满意的数据，但并不符合客观实际。因此，对可疑数据的取舍，必须参照下述原则处理：仔细回顾和复查产生可疑值的试验过程，如果是过失误差，则可舍弃；如果未发现过失，则要按统计程序检验，决定是否舍弃。

（2）离群数据的判别准则，要按照下列准则执行：计算的统计量不大于显著性水平 $\alpha =0.15$ 的临界值，则可疑数据为正常数据，应保留；计算统计量大于 $\alpha =0.05$ 的临界值但又小于 $\alpha =0.01$ 的临界值，此可疑数据为偏离数据，可以保留取中位数代替平均数值；计算的统计量大于 $\alpha =0.01$ 的临界值，此可疑数据为离群数据，应于剔除，并对剩余数据继续检验，直到数据中无离群数据为止。

（3）离群数据的检验方法。常用的检验方法有Dixon检验法、Grubhs检验法和Cochran最大方差检验法等。

2.两均数差异的显著性检验

运用统计检验程序，判别两组数据之间的差异是否显著，可以更合理地使用数据，做出正确的结论。

七、监测报告和成果归档

海洋环境监测工作的最后程序，就是要写好监测报告。

（一）监测报告

其内容包括前言、监测区基本环境状况、环境质量状况及其分析以及环境对策建议。具体内容如下：

1.前言

介绍本次监测概况，任务及其来源，监测范围及地理坐标，监测船及监测时间，站位及监测项目，采样和监测方法，数据质量评述。

2.监测区基本环境状况

包括自然地理状况及水文气象状况，陆源性污染状况。

3.环境质量状况及其分析

包括各介质环境质量要素的特征值分析和空间分布，各环境质量要素与有关标准对照分析，各介质反映的环境质量状况评述，综合环境质量评价及其成因探讨。

4.环境对策建议

根据海域环境质量评估，结合区域社会经济特点，提出针对性的环境管理和改善环境质量状况的建议。

（二）成果归档

其内容包括两部分：一是归档内容，二是归档要求。

1.归档内容

归档资料主要内容包括任务书、合同、监测实施计划；海上观测及采样记录，实验室检测记录，工作曲线及验收结论；站位实测表，值班日志和航次报告；监测资料成果表；成果报告最终原稿及印刷件；成果报告鉴定书和验收结论。

2.归档要求

其内容包括如下：将档案材料系统整理编目，经项目负责人审查签字，由档案管理人验收后保存；未完成归档的监测成果报告，不能签订或验收；按资料保密规定，划分密级妥善保管；磁盘、磁带等不能长期保存的载体归档资料，应按载体保存限期及时转录，并在防磁、防潮条件下保存；持续时间为两年以内的监测项目，于验收或鉴定前后两次完成归档、持续时间为两年以上的监测项目，还应在每个航次结束后两个月内归档一次，监测成果报告半年内归档。

第四节　海洋渔业生态环境监测数据库系统的设计和实现

一、数据库系统的设计

海洋渔业生态环境监测数据库系统分成三大模块，包括数据输入模块、数据统计分析模块和外部数据导入模块。数据输入模块分别提供浮游植物、浮游动物、底栖生物、鱼卵仔鱼、水化学、底质和水文以及污染生物体残留量数据的输入界面；数据统计分析模块由两部分组成，即单航次数据统计分析和多航次数据统计分析；外部数据通过外部数据导入模块转化进入数据库系统。数据库系统主要包括18张表，表与表之间用关联字段以一对多或一对一的关系组合形成关系数据库。整个数据库系统以航次表为起点，以一对多关系联结站位表，再以站位表为节点，以不同方式联结不同各表。

生物因子数据库包含生物个体数、生物量、标本号、采样方法、日期、时间、地点、中文名、拉丁文名、类群、多样性指数、数量百分比等字段；水文、水质数据库则包括层次、水温、盐度、透明度、营养盐、DO、pH、COD、油类、重金属、叶绿素等字段；底质数据库包括重金属、油类等字段；生物体残留量数据库由重金属、石油烃等污染因子字段组成。

二、模块设计

模块设计内容包括数据输入模块、数据分析统计模块和外部数据导入模块的设计及实现3个方面。

（一）数据输入模块

数据输入是数据库系统的一个重要功能，为了便于数据的快速准确输入及识别，利用Access窗体对象，共设计了6种数据输入界面，以实现数据的分类输入。

1.种名录

在生物类数据库结构中引入种名录表，以一对多的方式分别与各自生物量表联结，可以分别选用拼音、拉丁文或代码输入，这样不仅减少了重复输入的工作量，还可避免由于同种异名等原因造成的输入错误。

2.生物多样性

它是评估生物系统状态的一个重要指标，主要包括丰度均匀度、多样性和单纯度。在生物类数据库中使用VB-ADO调用相关表中数据，在数据输入完成的同时，利用Access触发功能计算生物多样性及种类百分比组成，并将计算结果反馈给相应的表，达到数据输入和常规统计同步完成的目的。

3.纠错功能

在鉴定浮游生物样品时，同一种生物若被分开记录，则会导致多种计算错误，这种错误在种类丰富的调查站位中特别常见，因此在输入模块中加入检测模块，一旦发生此类错误，检测模块显示重复种的名称和重复次数。

（二）数据分析统计模块

根据海洋渔业生态环境监测的需要，在分析模块中提供了生物个体数、优势度、极值等的统计分析，以及水质、底质和贝类中污染物质残留量的评估。按统计范围，可分成单航次数据统计模块和多航次数据统计模块。模块调用从窗体输入、存储在表中、相互关联的数据，利用Access的查询、报表和窗体功能，结合VBA，实现统计分析模块的各种功能。该模块由统计条件、报表和查询3部分组成。

1.统计条件

统计条件包括航次序号、经纬度、种类名、类群等，根据经纬度等条件可将调查区域划分成不同的水域，实现分区域的统计分析。种类名、类群等条件可快速查找该种或该类群的数量分布信息。

2.报表模式

模块提供了22种报表模式，根据其数据类型，大致可分成如下4类。

（1）明细表：分别详细罗列了每个调查站位的具体信息。如生物多样性、种类数量、百分比统计，以及最大最小值平均值、方差等。

（2）摘要表：包括每个站位的分类群统计资料和航次综合统计资料。

（3）种类表：每个种的平均数量、百分比、优势度，以及分类群的数量、百分比和类群种类数，并且以不同的颜色和字体表示不同等级的优势度。

（4）综合评价表：结合海水水质标准、底质标准和重金属、油类和苯酚等污染物质的算术平均值、单项指数法、内梅罗指数、均方根、向量模型，评估调查区域的水质和底质的污染等级。

3.查询功能

查询功能设计包括4类16种查询模式。交叉查询：该查询结果输出传统的生物统计报表。种类查询：根据统计条件中的种类名，输出该种类的各种信息。类群查询：根据统计条件中类群名，输出该类群各站位的总数量。生态类群查询：查询各生态类型在该航次中的总数量及百分比。

（三）外部数据导入模块的设计及实现

由于不同类别的信息往往来自多台计算机或多个单位，为了便于数据的归档、综合分析，需要将这些信息分门别类地导入单一数据库的相应表中。外部数据导入模块根据航次名、输入单位，识别这些信息是否属于同一航次；根据站位名、日期、时间和水层信息共同判断信息是否属于同一站位、是分层还是连续观测站位信息。仅需填写需要导入数据的航次序号、数据的位置即可完成数据的导入工作，极大地简化了数据的整理归档工作。

参考文献

[1]李金生.工程测量[M].武汉：武汉大学出版社，2020.

[2]余培杰，刘延伦，翟银凤.现代土木工程测绘技术分析研究[M].长春：吉林科学技术出版社，2020.

[3]李英冰.测绘工程设计[M].武汉：武汉大学出版社，2019.

[4]李涛.工程测量不动产测绘[M].武汉：武汉理工大学出版社，2021.

[5]孔令惠.测绘工程管理[M].郑州：黄河水利出版社，2019.

[6]李潮雄，田树斌，李国锋.测绘工程技术与工程地质勘察研究[M].北京：文化发展出版社，2019.

[7]吕建涛，苏建平，蒋志超.无人机摄影测量[M].郑州：黄河水利出版社，2021.

[8]赵国梁.无人机倾斜摄影测量技术[M].西安：西安地图出版社，2019.

[9]李艳，张秦罡编；何先定，等.无人机航空摄影测量数据获取与处理[M].成都：西南交通大学出版社，2021.

[10]胡志强，潘发，袁金.航空摄影测量技术与无人机移动测量研究[M].北京：文化发展出版社，2019.

[11]吕翠华，杜卫钢，万保峰，等.无人机航空摄影测量[M].武汉：武汉大学出版社，2022.

[12]周金宝.无人机摄影测量[M].北京：测绘出版社，2022.

[13]辛晓岗，樊儒，王治国.遥感技术与测绘工程[M].沈阳：辽宁大学出版社，2018.

[14][美]希利·马丁（Seelye Martin）著；李庶中，译.海洋遥感导论[M].2版.北京：电子工业出版社，2022.

[15]韩震，周玮辰，张雪薇.卫星遥感技术在海洋中的应用[M].北京：海洋出版社，2018.

[16]徐青.星载合成孔径雷达海洋遥感导论（上）[M].北京：海洋出版社，2019.

[17]王晶.遥感卫星虚拟组网的海洋环境信息提取技术及应用[M].青岛：中国海洋大学出版社，2021.

[18]林明森.海洋动力环境微波遥感信息提取技术与应用[M].北京：海洋出版社，2019.

[19]陈卫标，刘东.海洋遥感激光雷达[M].北京：海洋出版社，2020.

[20]毛志华，刘东，贺岩，等.海洋激光雷达探测技术[M].北京：科学出版社，2023.

[21]崔晓健，梁建峰，方志祥，等.海洋环境安全保障大数据处理及应用[M].北京：科学出版社，2023.

[22]禹定峰.海洋遥感原理方法及应用[M].北京：电子工业出版社，2023.